大棚梨与寄接梨

Pear Culture by Means of Plastic Tunnel
and Top-grafted Flower Buds

王　涛　滕元文　著

U0306571

中国农业科学技术出版社

图书在版编目（CIP）数据

大棚梨与寄接梨/王涛，滕元文著.—北京：中国农业科学技术出版社，2013.11
ISBN 978-7-5116-1409-4

Ⅰ.①大… Ⅱ.①王… ②滕… Ⅲ.①梨－果树园艺 Ⅳ.S661.2

中国版本图书馆CIP数据核字(2013)第250247号

责任编辑　闫庆健　胡晓蕾
责任校对　贾晓红

出　版　者　中国农业科学技术出版社
　　　　　　北京市中关村南大街12号　邮编：100081
电　　　话　（010）82106632（编辑室）　（010）82109704（发行部）
传　　　真　（010）82106625
网　　　址　http://www.castp.cn
经　销　者　各地新华书店
印　刷　者　北京富泰印刷有限责任公司
开　　　本　787mm×1 092mm　1/16
印　　　张　15
字　　　数　294千字
版　　　次　2013年11月第1版　2014年1月第2次印刷
定　　　价　65.00元

前　言

　　东南沿海地区是我国砂梨的主产区，栽培历史悠久，种质资源丰富。与北方相比，江南气候温暖湿润，果品成熟期早，具有明显的"早熟"优势。因此，其早熟梨的发展具有明显的产业优势。但在产业发展过程中，存在着台风影响、品种单一、上市期集中、综合品质不高、相对效益较低等问题，其中台风是东南沿海梨业发展最大的制约因素。

　　针对东南沿海地区梨产业发展存在的问题，我们围绕"防风"、"高效"、"优质"三个关键点，从品种结构优化和栽培技术创新两个方面进行了各项试验和技术攻关，相继形成了5项科技成果。在适栽优良系列品种筛选的基础上，开发出"前期促成、中期避雨、后期露地"的南方大棚梨栽培技术，基本明确了大棚梨熟期、产量和品质的影响因子及生理调控机制，使梨果实成熟期提早近一个月，避开了台风盛发期和梨果上市集中期；同时，引进消化台湾寄接梨技术，解决了南方地区二次花导致减产的问题，通过在早熟品种的内膛强枝上寄接晚熟品种的花芽，创新出一套梨寄接两熟型高效栽培新技术，充分利用了光热资源和树体营养，实现一年两次采收的高效栽培目标；最终形成了以"采用早熟品种、应用抗风树形、进行大棚栽培、结合寄接生产"为技术核心的沿海多台风地区梨高效优质栽培技术体系，为该地区梨产业可持续发展奠定理论和技术基础。

　　本书旨在系统总结和提炼课题组十几年来在梨高效优质栽培技术方面的研究成果,为课题组明确新的研究方向,进一步完善沿海多台风地区梨高效优质栽培技术体系奠定基础,也为梨学相关方向的科研、推广及种植提供参考。

　　本书由浙江省农业科技成果转化项目"东南沿海梨高效优质栽培技术示范与推广"和国家现代农业(梨)产业技术体系建设专项资金资助出版。书名取自成果中最具代表性的两项新技术——《大棚梨和寄接梨》,并大量应用了在科研与推广过程中积累的照片,力求全书图文并茂,装帧精美,兼具学术性和可读性。希望本书的出版有助于大棚梨和寄接梨研究的发展和深化,推动南方地区尤其是南方沿海地区梨高效优质栽培技术的推广,促进我国梨产业的可持续发展。

　　由于作者水平的限制,相关研究的广度和深度均显不足,所以书中难免存在一些缺点甚至错误,敬请读者批评指正。

2013 年 10 月

目 录

第一章 绪 论 ……………………………………………………… 1

一、研究背景与意义 ……………………………………………… 1

（一）我国梨树的生产情况 ……………………………………… 1

（二）东南沿海地区梨产业存在的问题 ………………………… 3

（三）研究意义与来源 …………………………………………… 5

（四）国内外相关研究进展 ……………………………………… 7

二、研究思路与方法 ……………………………………………… 14

（一）总体思路 …………………………………………………… 14

（二）研究方案 …………………………………………………… 14

（三）试验区概况 ………………………………………………… 16

三、主要科技成果 ………………………………………………… 21

（一）梨树抗风栽培技术研究 …………………………………… 21

（二）南方梨大棚高效优质栽培技术研究与应用 ……………… 22

（三）梨寄接两熟型高效栽培技术 ……………………………… 23

（四）浙东南梨地方品种评价、筛选与栽培农艺创新 ……… 24

1

（五）东南沿海梨高效优质栽培技术研究与应用 …………… 25

四、主要结论与创新 ……………………………………… 27

（一）主要结论 …………………………………………… 27

（二）主要创新 …………………………………………… 31

（三）成果转化 …………………………………………… 35

第二章 东南沿海适栽优良品种系列筛选 ……………… 38

一、地方种质资源的调查与利用 ………………………… 38

（一）浙江省梨地方优良品种的利用现状 ……………… 38

（二）温岭箬包梨种质资源的调查及开发利用 ………… 48

（三）大果型晚熟梨优良品种——蒲瓜梨的选育与评价 …… 54

二、露地栽培适宜品种的筛选 …………………………… 58

三、大棚栽培适宜品种的筛选 ·················· 61

（一）大棚栽培适宜品种的初步筛选 ·············· 61

（二）大棚优良中熟砂梨品种的筛选 ·············· 64

（三）大棚优良早熟梨新品种的筛选 ·············· 67

四、晚熟寄接梨适宜品种的筛选 ················ 71

（一）产量与单果重 ···················· 72

（二）采收期的果实品质 ·················· 72

（三）贮藏期的果实品质 ·················· 75

（四）适宜的晚熟寄接梨品种 ················ 76

第三章　梨树矮化优质栽培技术研究 ··········· 77

一、沿海涂地梨幼树培育技术研究 ············· 77

（一）综合定植技术对梨苗成活率及生长发育的影响 ······ 77

（二）拉枝对梨幼树生长和花芽形成的影响 ·········· 80

（三）沿海涂地梨幼树培育的关键技术 ············ 82

二、梨树抗风树形的培养与结构分析 ············ 84

（一）抗风树形的树体结构与特点 ·············· 84

（二）抗风树形的适宜负载量 ················ 85

（三）抗风树形的培养与管理 ················ 86

三、梨无（少）锈套袋技术研究 ·············· 88

（一）砂梨果皮锈斑的成因、影响因素及对策 ········· 88

（二）传统套袋工艺对砂梨果实品质的影响 ·········· 92

（三）两次套袋对翠冠梨果皮特征和品质的影响 ········ 95

（四）一次套袋对翠冠梨果实品质和果皮解剖结构的影响 ··· 100

（五）套袋对翠玉梨果实品质的影响 ············ 103

四、梨果灵等植物生长调节剂的应用研究 ········· 104

（一）植物生长调节剂对梨果实发育的影响 ········· 105

（二）植物生长调节剂对梨果实品质和成熟期的影响 ····· 105

大棚梨

梨大棚栽培可以把翠冠梨的成熟期提前到6月中下旬，避开了台风的影响，填补了市场空白；避雨的环境还解决了翠冠果皮锈斑的问题，同时，使果肉变得更加细腻多汁，从而实现效益和品质的最大化。

第四章 梨大棚栽培技术研究 ························ 109

一、梨大棚的构造与光温环境的变化 ············· 109
（一）大棚设施的构造 ···················· 109
（二）大棚内外光温环境的比较 ············· 110
（三）大棚内光温环境的旬变化 ············· 112
（四）大棚内光温环境的日变化 ············· 115

二、大棚栽培对梨生长和果实发育的影响 ········ 115
（一）物候期 ························· 115
（二）花器官和开花动态 ················· 116
（三）新梢发育和树体结构 ··············· 117
（四）叶片形态结构和光合特性 ············· 118
（五）叶片矿质元素的吸收 ··············· 125
（六）果实发育和品质形成 ··············· 128
（七）果实矿质元素的吸收与积累 ··········· 133

三、大棚梨果实糖积累及相关酶活性的变化 ······ 136
（一）大棚栽培对翠冠梨果实糖积累及相关酶活性的影响 ··· 136
（二）反光膜对大棚翠冠梨果实糖积累及相关酶活性的影响 ··· 140

四、大棚梨叶片黄化症的诊断与防治方法 ········ 144
（一）叶片黄化症的外观形态和光合色素的含量 ········ 144
（二）叶片和土壤矿质元素的分析 ··········· 145
（三）大棚梨叶片黄化症的防治方法 ·········· 146

五、大棚梨授粉技术的研究 ················· 147
（一）不同授粉时间对大棚梨坐果和果实品质的影响 ······· 147
（二）不同授粉品种对大棚梨坐果和品质的影响 ········ 149
（三）液体授粉对大棚翠冠梨坐果和品质的影响 ··········· 150

六、大棚梨套袋技术的研究 ················· 152
（一）套袋对大棚梨果实品质及 K、Ca、Mg 含量的影响 ····· 152

（二）套袋对大棚中熟梨果实品质的影响 ……………… 156

七、大棚梨病虫害绿色防控技术的研究……………… 158

（一）大棚梨园的主要病虫害发生特点 ……………… 158

（二）避雨栽培对大棚梨病虫害发生的影响 ……………… 161

（三）黄板和杀虫灯对大棚梨害虫的诱杀效果 ……………… 163

（四）粘虫板在大棚梨园的应用技术研究 ……………… 166

（五）黄板在梨园蚜虫测报中的应用效果评价 ……………… 169

第五章　梨寄接栽培技术研究 ……………… 173

一、寄接梨技术的引进与演化过程 ……………… 173

（一）中国台湾寄接梨栽培技术 ……………… 173

（二）梨寄接技术的演化与作用 ……………… 174

二、不同嫁接时间对寄接梨产量和果实品质的影响 ……… 176

（一）嫁接时间对寄接梨成活率、成花率及花芽质量的影响… 176

（二）不同时期嫁接对大棚寄接梨产量和果实品质的影响 176

（三）寄接对梨果实性状的影响 ……………… 178

三、不同砧穗组合对寄接梨光合特性和果实品质的影响 … 179

（一）不同砧穗组合对寄接梨果实品质的影响 ……………… 179

（二）不同砧穗组合对寄接梨叶片叶绿体色素含量的影响 181

（三）不同砧穗组合对寄接梨叶片光合特性的影响 ……………… 182

四、梨寄接两熟型高效栽培试验 ……………… 183

（一）产量与效益 ……………… 183

（二）两季果实的发育规律 ……………… 184

（三）寄接栽培对蒲瓜梨果实品质的影响 ……………… 184

五、蒲瓜梨的配套栽培技术研究 ……………… 185

（一）蒲瓜梨的适宜采收期 ……………… 185

（二）蒲瓜梨适宜果袋的筛选 ……………… 188

（三）蒲瓜梨优良授粉品种的筛选 ……………… 189

寄接梨

梨寄接栽培通过在早熟翠冠梨内腔徒长枝上寄接晚熟蒲瓜梨的花芽，充分利用了南方的光热资源和树体的营养分配，实现了一年两次采收，既增产又增收的高效栽培目标。同时，还能解决台风引起二次花开放的问题，弥补台风损失，提高产量。

7

第六章 梨树高效优质栽培技术体系 …………… 193

一、沿海多台风地区梨业的发展思路与技术体系 ……… 193
（一）台风对沿海地区梨树生产的影响 ……… 193
（二）灾后生产补救措施 ……… 195
（三）发展思路与技术体系 ……… 196
（四）核心技术 ……… 199

二、东南沿海地区适栽优良品种系列 ……… 201
（一）早熟品种 ……… 201
（二）中熟品种 ……… 203
（三）晚熟品种 ……… 204
（四）地方特色品种 ……… 205

三、沿海涂地梨树矮化优质栽培技术 ……… 206
（一）建园与定植 ……… 206
（二）土壤管理 ……… 207
（三）肥水管理 ……… 207
（四）花果管理 ……… 208

（五）整形修剪 …………………………………… 209

（六）病虫害防治 ………………………………… 210

四、梨大棚高效优质栽培技术 ……………………… 212

（一）大棚建设 …………………………………… 212

（二）大棚管理 …………………………………… 213

（三）花果管理 …………………………………… 214

（四）土肥管理 …………………………………… 216

（五）整形修剪 …………………………………… 217

（六）病虫害防治 ………………………………… 217

五、梨寄接两熟型高效栽培技术 …………………… 218

（一）品种选择 …………………………………… 218

（二）寄接方法 …………………………………… 218

（三）寄接母树的培养 …………………………… 220

（四）果园管理 …………………………………… 220

（五）花果管理 …………………………………… 221

（六）病虫害防治 ………………………………… 222

第一章 绪 论

一、研究背景与意义

（一）我国梨树的生产情况

梨是蔷薇科（Rosaceae）苹果亚科（Maloideae）梨属（*Pyrus* L.）植物，为落叶乔木果树。我国梨树栽培历史悠久，种质资源丰富，分布区域广泛。远在周朝时期我国已种植梨树，《诗经·秦风·晨风》中就有记载，长沙马王堆出土的竹简上就记载了 2100 多年前的梨树种植情况。中华人民共和国成立后特别是改革开放以来，我国梨产业得到了迅速发展。据联合国粮农组织（FAO）统计，2012 年全国梨树种植面积 113.2 万 hm^2，产量 1 594.5 万 t，面积和产量均居世界首位。同时梨也是我国仅次于苹果、柑橘的第三大水果，在果树产业中占据十分重要的地位。

我国是世界栽培梨的三大起源中心（中国中心、中亚中心和近东中心）之一，是砂梨的起源中心和遗传多样性中心，也是世界上砂梨资源最为丰富的国家。目前，我国栽培的梨涵盖了秋子梨、白梨、砂梨、新疆梨和西洋梨等系统，大量栽培的品种多达 100 余个。早、中、晚熟梨的比例为 18∶27∶55，早熟主栽品种包括翠冠、中梨 1 号、早酥、雪青等，中熟主栽品种包括丰水、黄金、黄花、黄冠、圆黄等，晚熟主栽品种包括砀山酥梨、鸭梨、库尔勒香

砀山酥梨

阳信鸭梨

梨、南果梨、金花梨、雪花梨等（李秀根，2009）。其中砀山酥梨和鸭梨等晚熟品种仍占主导地位，库尔勒香梨、南果梨也是具有鲜明特色的品种。近年从欧美引进的西洋梨如早红考密斯、康佛伦斯、红安久等品种表现也较好（张绍铃，2010）。

我国梨种植范围较广，除海南省、港澳地区外其余各省（自治区、直辖市）均有种植，并形成了四大产区：即环渤海（辽、冀、京、津、鲁）秋子梨、白梨产区，西部地区（新、甘、陕、滇）白梨、新疆维吾尔自治区（全书称新疆）梨产区，黄河故道（豫、皖、苏）白梨、砂梨产区，长江流域（川、渝、鄂、浙）砂梨产区。河北省是我国产梨第一大省，2011年种植面积18.3万 hm²，占全国梨树种植面积的17.3%；产量406.9万 t，占全国梨产量的25.8%；其次是四川、辽宁、新疆、陕西和山东等省（自治区），种植面积均在5万 hm² 以上。2009年，农业部出台《全国梨重点区域发展规划（2009—2015）》，将全国的优势梨产区划分为"三区四点"。即华北白梨区、西北白梨区和长江中下游砂梨区3个优势发展区域及辽宁南部鞍山和辽阳的南果梨、新疆库尔勒和阿克苏的香梨、云南泸西和安宁的红梨和胶东半岛西洋梨4个重点发展区域。

近几十年来，我国梨果质量有了较大的提高，优质果率由改革开放前（1977年）的5%提高到现在的45%，其主要表现在果实外观和内在品质的提高以及果品安全质量的上升。但总体

水平与国外有较大差距，优质果和高档果率比例偏低。而发达国家在果实采收后，要进行精选、分级、清洗、防腐保鲜、精细包装等商品化处理，并采用气调贮藏、冷链运输，在冷气货架下销售，优质果率可保证在70%以上，可供出口的高档果占总产量的50%左右。2007年全国鲜梨加工量达到了

100 万 t，占全国梨果总产量的 7.8%，加工品包括梨汁饮料、浓缩汁、梨罐头、梨脯、梨酒等，其中，梨浓缩汁在国内外市场比较受欢迎，梨罐头主要出口到欧洲、北美洲各国，并且有逐年上升趋势。但由于我国梨加工业起步较晚，原料性能品质不专一，加工技术水平不高，在国际市场竞争力不强（李秀根，2009）。

总体上讲，我国梨产业正处于由粗放经营向集约经营转变的过程中，既拥有规模、资源、价格和区位等竞争优势，又存在品种结构不合理、种植区域分散、生产管理落后、产品质量水平不高、产后加工处理能力不强等问题。

（二）东南沿海地区梨产业存在的问题

长江中下游地区是砂梨的主产区，栽培历史悠久，种质资源丰富。以浙江省为例，1973 年浙江省梨树栽培面积 8 543hm^2，占全省果树栽培总面积的 21.1%，仅次于柑橘。20 世纪 80 年代的黄花梨和 90 年代以翠冠梨为主的早熟梨的育成与推广，促进了浙江省梨产业的二次飞跃，栽培区域遍布全省 83 个县（市、区）（孙钧，2005）。2012 年浙江省梨树栽培面积 23 730 hm^2，产量 39.1 万 t，产值 15 亿元，为浙江省四大水果之一。

东南沿海气候温暖湿润，非常适合砂梨生长，产品成熟期早，与北方大产区相比，具有明显的早熟优势。同时，东南沿海地理环境独特，海涂资源丰富，经济基础雄厚，在梨产业发展方式和栽培体系创新方面等也取得了一定的成绩。如品种结构不断优化，设施栽培不断兴起，产业化经营组织方兴未艾，生态、休闲观光功能得到发挥。但与此同时，其面临的问题也较为突出。

1. 台风危害、灾害频繁

东南沿海地区地处陆海交替、气候多变地带，海陆之间巨大的热力差异，形成了显著的季风气候，台风暴雨、洪涝干旱、风沙海雾、低温干热等自然灾害发生频率很高，尤以台风影响最为频繁。从 1949—2004 年，浙江沿海地区受台风影响造成较大损失的有 86 次，平均每年 1.5 次，其中有 37 次登陆，登陆时近中心风力在 12 级以上的有 22 次（吕振平，2006）。2004—2005 年更是浙江沿海地区历史上台风灾害频发和重发的两年。先后有 0407号强热带风暴"蒲公英"、0414 号台风"云娜"、0421号热带风暴"海马"、0509

台风导致的梨园涝害

号台风"麦莎"和 0515 号台风"卡努"在浙江沿海登陆。

由于梨果实成熟期正值台风频繁发生季节。台风所到之处，梨树损失极大，从折枝、落叶、落果，到树体倾斜，甚至连根拔起。其对沿海地区梨业带来最直接的损失就是造成大范围的落果和涝害。台风过后，还会造成二次花大量开放导致第二年减产。台风已成为东南沿海地区发展梨业最大的制约因素。

2. 品种单一、上市集中

翠冠梨是浙江省农业科学院园艺研究所和杭州市果树研究所共同育成的优良早熟梨品种，由于翠冠梨具有成熟期早、品质优、适应性强等优点，20 世纪 90年代后逐渐成为长江中下游砂梨产区最主要的发展品种。翠冠梨占浙江省梨树种植面积的 70% 以上。虽然该品种具有良好的生产与品质特性，在市场上也得到广大消费者的欢迎，但由于品种过于单一，成熟期集中在 7 月下旬，加上翠冠梨果实商品采收期只有 7~10d，又不耐贮藏，货架期短，不仅造成鲜果供应期短，不能充分满足消费需求，同时还导致了供求关系的逆转，果品价格不断下滑，影响了梨农的收益。

一方面，虽然通过冷藏等技术手段可以延长供应时间，但由于冷藏设备、能源等的投入，增加了成本与果品损耗。另一方面，由于品种单一，导致生产者用工集中，果实分级、包装、贮运等设备可利用时间短，利用效率低，增加了生产成本。

翠冠梨的果皮锈斑

3. 管理粗放、品质不高

东南沿海地区大部分梨园建园标准低，基础设施不配套；栽培密度大，计划密植园往往不按计划进行间伐，树冠交接郁闭；树形五花八门且不规范，留枝量大，光效差；土壤管理上忽视土质改良，偏施化肥，有机肥施入量严重不足，土壤有机质含量低；疏花疏果不规范，树体负载随意，盲目追求产量；提早采摘；果实采收后放弃管理，造成病虫害发生严重，尤其是早熟品种会导致早期落叶，二次花大量发生，严重影响花芽数量和质量，从而影响了梨的产量与品质。

主栽品种翠冠梨虽然内质

优良，但在东南沿海多雨高湿的环境下果面极易形成褐色锈斑，严重影响果实美观。虽然套袋能改善梨果实外观，但所用果袋大多为内层黑色的双层袋，这些果袋一般表面没有涂蜡，纸的质量也因厂商不同而千差万别。这种类型的果袋可以使一些品种如黄花梨的深褐色果皮变为浅褐色，改善其外观品质。但对翠冠梨来说，不仅不能改善果实外观，反而使果面的锈斑加重，严重影响果实外观品质。

４．相对效益低、缺乏投资热情

一方面，多发的自然灾害、粗放的管理技术、单一的品种结构和参差不齐的品质加大了东南沿海梨树种植效益的不确定性，在浙江沿海工贸发达地区的梨业比较效益更显低下。特别是近年来人工费和化肥等农资价格全面上涨以及梨果价格连续下滑的情况下，梨业生产经营的利润空间越来越小。风险大、效益低，这种自然和市场双重风险带来的低效益，加大了梨农的转业倾向和粗放管理，也直接影响了工商资本、现代科技和优质劳动力投注梨业领域的积极性。

另一方面，尽管东南沿海地区工商资本充裕、民资丰厚，但在资本逐利本质的作用下，很少有工商资本投入梨产业的生产经营，商业银行也往往持币"惜贷"。虽然在产业的发展过程中也涌现出栽培面积上千亩的龙头企业，但因大多不能获得理想的经济效益，企业发展缺乏后劲，带动性差。而沿海发达的工贸产业能为当地农民创造更多就业、更高收入、更好生活质量的情况下，大量农村劳动力实现转产就业。从事包括梨业生产在内的农业产业的大多为老弱病残人员，老龄化、兼业化现象普遍，粗放经营现象比较突出。

（三）研究意义与来源

１．研究意义

针对东南沿海地区梨产业发展面临的台风危害频繁、品种结构单一、成熟期集中、果实综合品质不高、经济效益较低等诸多问题，我们从 2000 年开始以"高效、优质"为目标，从品种和技术两个方面进行各项试验和技术攻关，一方面，通过品种引进、评价和筛选，建立适宜东南沿海地区早、中、晚熟合理配套的梨优良品种系列，延长上市期，满足不同的市场需求，为保证东南沿海地区梨产业发展提供品种基础；另一方面，通过技术开发与创新，建立沿海多台风地区梨树高效优质栽培技术体系，突出"早"的优势，解决"风"的问题，进一步提高种植效益和梨果品质，为保证东南沿海地区梨产业发展提供技术支撑。

２．项目来源

2000 年年初，温岭市国庆塘梨园建园，因为在海涂地上建园立地条件盐碱性强的缘故，梨苗生长缓慢并出现植株死亡现象，我们就此开始着手研究海涂地建园技术，通过深沟高畦、果园生草、叶面喷肥、生长期强拉枝等技术手段取得明显成效。2000 年年底开始承担温岭市科技项目《梨树矮化抗风优质栽培技术》，以国庆塘梨园为试验基地,以梨树矮化抗风树形的培育为重点,开展梨树矮化优质栽培技术研究;2005 年承担温岭市科技项目《日韩梨引种评价及绿色优质调控栽培技术》和《箬包梨种质提纯及栽培农艺改良技术开发》,开始从上海市农业科学院林木果树研究所引进大量日韩梨品种进行评价筛选,并着手温岭箬包梨种质资源的调查和评价;2006 年,初步提出了沿海多台风地区以"采用早熟品种、应用抗风树形、进行大棚栽培、结合寄接生产"为技术核心的梨树抗风栽培技术体系;2006—2007 年,承担温岭市科技项目《梨大棚栽培生理机制及技术研究》,重点开展"大棚梨"各项试验研究;2008—2009 年,承担温岭市科技项目《箬包梨寄接技术试验与应用》,重点开展"寄接梨"各项试验研究;2009 年,国家梨产业技术体系成立,我们依托浙江大学承担了"设施栽培与果园生态"岗位任务(nycytx-29-14),国庆塘梨园成为国家梨产业技术体系大棚梨示范园;2011 年,体系岗位调整,承担"南方区栽培"岗位任务(CARS-29-12),开展大棚梨省力化栽培技术研究与示范。从 2000—2012 年,共承担相关研究项目 8 项(表 1-1)。

表 1-1　相关研究项目及时间

序号	项目名称及编号	项目来源	起止时间	承担单位
1	梨树矮化抗风优质栽培技术	温岭市科技项目	2000—2003	温岭市特产技术推广站
2	日韩梨引种评价及绿色优质调控栽培技术	温岭市科技项目	2005—2008	温岭市特产技术推广站 上海市农业科学院
3	箬包梨种质提纯及栽培农艺改良技术开发	温岭市科技项目	2005—2007	温岭市城东街道农办 温岭市特产技术推广站
4	梨大棚栽培生理机制及技术研究	温岭市科技项目	2006—2007	温岭市特产技术推广站 浙江大学
5	箬包梨寄接技术试验与应用	温岭市科技项目	2008—2010	温岭市明圣高橙研究所 温岭市特产技术推广站
6	国家现代农业(梨)产业技术体系建设专项资金(nycytx-29-14)	国家现代农业产业技术体系建设专项资金	2009—2010	浙江大学
7	早熟梨新品种在大棚栽培中的应用与示范	温岭市院地合作项目	2010—2011	温岭市明圣高橙研究所 浙江省农科院园艺研究所 温岭市特产技术推广站
8	国家现代农业(梨)产业技术体系建设专项资金(CARS-29-12)	国家现代农业产业技术体系建设专项资金	2011—2015	浙江大学

（四）国内外相关研究进展

1. 梨品种的引进、评价与筛选

我国虽然是产梨大国，梨树栽培面积和产量均居世界第 1 位，但梨产业结构存在结构不合理，品种低劣，优良品种比率不高等弊端。为改变这种状况，我国各地的梨工作者一直致力于新优梨品种引进、评价与筛选工作。

早在 20 世纪 30 年代，我国著名果树学家、原浙江农业大学教授吴耕民先生从日本引进二十世纪、长十郎、八云、菊水、晚三吉等梨品种（沈德绪，1994）；20 世纪 60 年代起，全国各地逐步引进日本梨优良品种。较早引入的日本梨品种有今村秋、新世纪、长十郎、二十世纪、晚三吉等，随后"三水"梨（新水、幸水和丰水）引入我国，并在梨产区有了一定规模的栽培。据不完全统计，日本梨在我

日本梨品种－丰水

国已有百万亩的栽培面积，主要分布在我国江苏、山东、浙江、江西、湖南、湖北、广东、安徽、河南、辽宁、四川等省（李秀根等，1998）。

江苏省射阳县绿指山特种园艺场 1997 年从山东省莱阳农学院引入日本新高梨，经多年观察，认为该品种生长健壮、成花早、易丰产、抗病力强、品质优、适应性广泛，是适合当地推广栽培的优良晚熟品种（沈长忠等，2004）。1998 年山东省莱西市由韩国引入圆黄、晚秀试栽，经 4 年栽培，初步确认 2 个品种均表现适应性强，易管理，结果早，较丰产，果实外观漂亮，品质佳；其中圆黄是一个有发展前途的中熟品种，是取代丰水的较好品种；晚秀则是一个具有良好开发前景、适于出口的优良品种。中南林业科技大学采用合理－满意

日本梨品种－新高

度和多维价值理论合并规则的评价方法，对2001年从日本、韩国以及国内相关果树研究所引进到湖南栽培的16个砂梨新品种的生长性状、丰产性能、果实品质特征和抗病性等4个方面进行量化比较，以翠冠、早生喜水、早生黄金、圆黄、晚大新高、爱宕、天皇表现最佳，可大力推广（赵思东等，2007）。西南科技大学于2001年引进了10个早熟梨品种进行系统的比较研究，根据品质、产量、抗病性等综合指标，从中筛选出适宜四川及南方温湿生态区发展的早熟梨品种：爱甘水、早蜜、翠冠和圆黄（刘仁道等，2007）。河南省孟津县于2002年从山东省莱阳农学院引进日韩梨13个品种，通过7年试种观察，认为圆黄和华山在中早熟品种中表现生长良好，性状稳定，品质优良（董利君等，2009）。中国农业科学院果树研究所于2002—2005年进行了筛选适宜日光温室栽培的梨品种试验，认为香红蜜、早金香等品种适宜日光温室栽培（姜淑苓等，2007）。

2. 梨树矮化优质栽培技术

梨树的树形及结构对梨树的管理难易、树势、产量和质量影响很大。目前，我国梨树生产上所采用的主要树形有疏散分层形、纺锤形、开心形、平棚架式树形等。疏散分层形是北方梨树的传统树形，该树形由主干和6~8个主枝构成，

分为三层，其树冠高大，骨架牢固，寿命长，结果体积大，果实产量高，但存在田间管理不便，通风透光差，病虫害发生严重，果实品质良莠不齐等缺点。纺锤形（自然纺锤形、改良纺锤形等）具有成形快、早果丰产、容易管理等诸多优点，是适于密植栽培的丰产树形。南方梨园多采用开心形（三主枝开心形、"Y"字形等），

具有树形矮化、结构简单，通风透光良好，果品质量好、商品率高等优点。

对翠冠梨采用拉枝技术培养成矮干开心形树形，使幼年树干性削弱，促进分枝和树冠有效结果容积增大，树冠迅速形成，而且缓和了树势，促进了花芽分化，并提高了着果率。因此，投产期明显提早，产量成倍增加，达到了矮化、早结和丰产目的。同时，通过拉枝控制树冠高度，增强了抗风能力，也更利于疏果、套袋等技术配套使用和操作（郑后斌，2004）。浙江省依据整形修剪试验的结果，借鉴日本梨棚架式和开心形的修剪方法，探索并创立无棚架梨自然开心形的合理树形及其规范的修剪方法。整形完成后，梨树树高2.5m，干高60cm

左右，冠幅 4m，主枝开张角度 50° 左右，梢角 30°，三大主枝在水平方向呈 120° 延伸，主枝两侧配置侧枝，侧枝和主枝的夹角近 90°，全树有 12 个 3~4 年生侧枝，其间配置 1、2 年生侧枝。其特点是树形规范，树体紧凑；主要枝分类简单，功能明确；结果枝易更新等(陈晓浪，2009)。

20 世纪初，日本果农为了防止桃小食心虫对果实的危害，在梨、葡萄上进行了套袋，几年后又在苹果上应用。到 20 世纪 20 年代，套袋就已成为日本苹果栽培的一项常规技术(王艳艳等，2008)。中国从 80 年代从日本引进此项技术，并在苹果、梨、葡萄、桃等果树上得到大面积的应用，成为生产优质高档果品和绿色果品的主要技术措施之一(文颖强等，2006)。

梨套袋后果实所处的微域环境相对稳定，延缓了表皮细胞、角质层和胞壁的老化，果皮发育稳定、和缓，虽然果皮变薄但具有较大的韧性，表皮层细胞排列更加紧密，同时蜡质层变薄，虽角质层变薄但均匀一致，基本不进入表皮细胞间(吴耕民，1979 ；陈敬宜，2000 ；王少敏，2002)。梨果点、锈斑、角质层、皮孔、木栓层、木栓形成层和栓内层等的形成与果实酚类物质代谢密切相关，套袋后抑制了酚类物质合成的关键酶苯丙氨酸解氨酶(PAL)、多酚氧化酶(PPO)、过氧化物酶(POD) 的活性，木质素

套袋后的黄金梨

合成减少，木栓形成层的发生及活动受到抑制，延缓和抑制了果点和锈斑的形成，果点覆盖值减小，果点变小、变浅，但不改变果点密度，锈斑面积明显减小，色泽变浅(张华云，1996 ；鞠志国，1993 ；王少敏，2001)。但套袋果实单果重及可溶性固形物、可溶性糖、维生素 C 等内含物含量下降，而且遮光性越强的果袋，其下降幅度越明显(王少敏，2001 ；韩行久，1999)。国内外的研究都表明，对于果皮为绿色或中间色的梨，选用外黄内白或内黄外白且外层为蜡纸的果袋或者单层黄色涂蜡纸袋，可以消除或减轻锈斑，同时果实的含糖量不至于下降太多。另外，花后 10d 套透光袋或双层内黑纸袋，套袋前喷布水乳剂和可湿性粉剂，也可显著减轻果面锈斑的发生，提高无锈果比例(马根深等，2005)。与套袋前喷施 2.5% 功夫乳油相比，喷施 2.5% 功夫水乳或 0.5% 苦参碱水剂的翠冠梨果品无锈果率高，达到 83% 以上(严伟东等，2005)。

3. 梨树设施栽培技术

果树设施栽培是指利用工程技术创建的设施和可控手段，创造出使果树在不受自然季节影响的最佳环境条件下生长繁育，实现集约高效及可持续发展的工业化高效果业生产方式。目前，世界各国进行设施栽培的果树达 35 种，其中落叶果树 12 种，草莓面积最大，葡萄次之，近年来，桃、李、杏等核果类果树发展迅速（申海林等，2007）。

我国的果树设施栽培始于 20 世纪 50 年代。目前，我国果树设施栽培面积已达 8 万 hm^2，位居世界第一位，已形成了山东省、辽宁省、河北省、宁夏回族自治区（全书称宁夏）、甘肃省、湖南省、广西壮族自治区（全书称广西）、上海市、江苏省、北京市、天津市、内蒙古自治区区（全书称内蒙古）和新疆维吾尔自治区等较为集中的果树设施栽培产区（王海波等，2009）。目前，我国果树设施栽培取得成功的树种有草莓、葡萄、桃、杏、樱桃、李、柑橘等，其中，以草莓种植面积最大，占 85% 左右，葡萄、桃次之，其他树种如无花果、猕猴桃、石榴等也有少量栽培。

梨设施栽培在国内应用较少，各地基本上停留在小面积的尝试性试验，试验内容多是品种的表现和栽培技术的初步总结。沈阳农业大学园艺学院于 2002～2004 年以绿宝石和玛瑙 2 个品种为试材，研究了日光温室梨生长节律与早果丰产技术，认为这 2 个品种在温室中可以正常生长发育，树势强旺，树体建造快，容易早花早果，果实发育良好，具有极大发展潜力；采用拉枝、刻芽等早果丰产技术措施可以提高萌芽率，改变枝类组成，促进花芽分化，利于早果丰产（秦嗣军，2005）。河北科技师范学院于 2003 年开展了黄金梨温室栽培技术研究，并获得成功。实现了定植第 2 年单产 2.0kg/m^2，第 3 年单产 3.8kg/m^2；果实 6 月中旬成熟，比露地栽培提早近 2 个月（边卫东，2007）。辽宁营口地区结合日光温室促早栽培使翠冠梨果实成熟期提早到 5 月月初，较浙江温岭地区大棚栽培约提早 40d；并对当地日光温室生产翠冠梨技术进行了总结（杜玉虎，2010）。

南方地区多采用塑料大棚栽培。2001—2003 年，福建省德化县瑞坂果林场对 1996 年种植的新世纪梨进行简易塑料大棚栽培试验，提早成熟 15d（颜景达，2003）。2004 年，上海市松江区梨树研究所和上海市农业科学院林木果树研究所联合开展梨树设施栽培试验，发现在上海地区采用"先促成后避雨"大棚设施栽培可以提早采收 10d 左右，果实增大，减少病害发生（钱培华，2006）。浙江省慈溪市周巷镇经 3 年的大棚促成

上海市松江区梨树研究所的双大棚设施

栽培试验，其成熟期提早 15～20d，增产 9 750kg/hm²，且价格高出露地栽培 1 倍以上，取得了较好的经济效益（符增坤，2011）。江苏省张家港现代农业园于 2009 年 3～4 月将要移栽的 7 年生翠冠梨进行断根处理，并在 2010 年 1 月移植到连栋大棚里，2 月 20 日开始保温，7 月 10 日采收，比露地提早上市 15d，平均亩产 502kg，亩产值 17 580 元；2012 年，6 月 30 日开始采收，比露地提早上市 20d，平均亩产 806kg，亩产值 3 万元，比露地栽培产值增加 50% 以上。

4. 梨寄接技术

梨寄接技术原创于中国台湾地区，作为热带、亚热带地区生产优质温带梨的一项重要技术创新在台湾地区广泛应用。其方法为将已经满足低温需冷量的来自温带地区的饱满梨花芽，在每年冬季的休眠期间，嫁接在当地品种横山梨的徒长枝上，嫁接后的花芽正常开花结果并生产出高品质的梨果，从而在副热带台湾地区的低海拔地区形成一种高价值的梨生产模式。其产品也被称为"寄接梨"。

寄接梨因寄接母树横山梨低温需求低，寄接后花芽

台湾寄接梨技术

萌芽快，果实成熟期为5~7月，比温带地区相同品种早2~4个月，以其早熟优势独占市场。目前，中国台湾寄接梨种植面积约4 600hm^2，占台湾梨种植总面积的1/2以上。品种以丰水、新兴为主，另有少量的幸水和秋水。主要产区分布于苗栗县大湖乡、卓兰镇，台中县东势镇、新社乡、石岗乡、后里乡，嘉义县竹崎乡及宜兰县三星乡、员山乡等地。

泰国清迈在日本采集幸水、长十郎、二十世纪、丰水、新高的花芽并嫁接到泰国当地的砧木上，结果表明由于需冷量小时数的不足，这些品种的开花和坐果率都较低，但营养生长正常。在高需冷量的品种/砧木的组合中，其叶芽和花芽的发育比其他的品种/砧木的差。因此，在低需冷量的泰国商业品种和中国台湾地区的杂交种SH-085中发现花芽形成较好。在不久的将来，该新品种有可能在泰国实现商业化栽培（Rakngan J，2002）。

浙江省杭州市大观山果园通过在中、晚熟品种树上高接早熟优良品种的花芽，一树多品种，分批采收，有利于树体生长结果，还可避开或减轻沿海地区台风对梨树的危害，达到了梨树改换良种和年年结果的目的。浙江省武义县部分农户通过在黄花等中、晚熟品种树上高接翠冠等优良早熟品种的花芽，一树多品种，分批采收，既能达到改换优良品种的目的，又能实现当年嫁接，当年结果，提高经济收益，还能解决因品种单一，授粉困难影响产量等问题（汤建成，2004）。

5. 梨树防风栽培技术

国内外果树防风栽培主要采用避风和抗风2种措施。前者包括选用早熟品种，或加温设施栽培，提早成熟，避开台风的影响。后者则主要采用栽培措施提高树体的抗风能力，从而达到抵御或减轻台风危害的目的。

国外梨防风栽培研究最早和最成功的是日本。日本年年都有台风登陆，梨产区每年都有遭受台风侵袭的可能。为此，日本的研究者开发出以梨棚架栽培为中心内容的防风栽培技术体系，包括了从定植、整形修剪到采收等一系列技术措施。1949—1965年原日本农林水产省园艺试验场对梨树棚架栽培和直立栽培进行了对比研究，并对日本梨树棚架

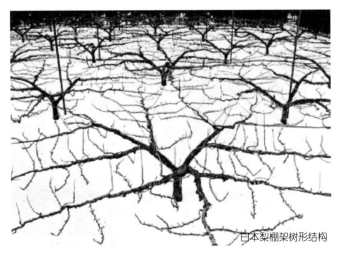

日本梨棚架树形结构

树形和栽培技术进行了改良，形成了梨树棚架树形及栽培技术，并在日本全国推广应用。

　　1995 年，我国大连市最早引进日本梨棚架栽培技术。江苏省农业科学院园艺研究所对 7 年生丰水梨的水平形、漏斗形、折衷形和杯状形 4 种棚架形树形进行了栽培试验研究，经综合比较 4 种树形，认为以折衷形梨树树体结构简单，修剪量轻，容易整形，操作方便，节约用工，适合在生产中推广应用（杨青松，2007）。对比棚架形与疏散分层形的冠层结构特点、产量、品质差异及其相关性，棚架形平均叶倾角，冠层开度，冠下直射、散射及总光合光量子通量密度显著或极显著高于疏散分层形，而叶面积系数极显著低于疏散分层形；棚架形果实品质及一致性显著高于疏散分层形，而产量显著低于疏散分层形。冠层开度大，冠层总光量子通量密度高，结果枝条粗壮是棚架果实品质优的主要原因，而枝条总体积和叶面积系数小可能是棚架形产量偏低的直接原因（伍涛，2008）。浙江省慈溪市和杭州市部分企业引进棚架栽培，在防风栽培方面取得了一定的成效。但由于棚架栽培投资周期长，一般需要 7~8 年才能成形，限制了该模式的推广和成效。

　　国内沿海地区针对台风危害，提出采用抗风栽培，减少风灾是提高梨园经济效益的重要技术措施，具体技术措施包括：①园地选择背风向阳的地块；②采用低干矮化树形；③改变套袋方法；④营造抗风防护林；⑤棚架栽培（王继灿，2007）。

梨棚架树

二、研究思路与方法

(一) 总体思路

针对东南沿海地区的梨业发展面临台风危害频繁、品种结构单一、成熟期集中、果实综合品质不高、相对效益低下等诸多问题，以"高效、优质"为目标，一方面，通过品种引进、评价和筛选来解决品种单一、上市集中的问题；另一方面，围绕"防风"、"高效"、"优质"三个关键点来进行技术创新，建立沿海地区新的梨树高效优质栽培技术体系，解决"多台风、低效益"的核心问题，为梨业的可持续发展提供技术支撑。

(二) 研究方案

整个研究在提出东南沿海梨业发展的主要问题的基础上，围绕"防风"、"高效"、"优质"三个关键点，通过品种筛选和技术创新来建立适宜沿海多台风地区的新的高效优质栽培技术体系。整个研究分为 4 个部分，分别为适栽优良品种系列筛选、矮化优质栽培技术研究、梨大棚栽培技术研究和梨寄接栽培技术研究。最后，将 4 部分研究结果有机结合，形成东南沿海多台风地区梨树高效优质栽培技术体系，并加以推广应用。

技术路线总图如图 1-1 所示。

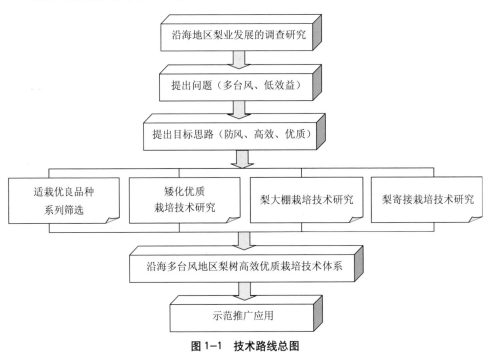

图 1-1　技术路线总图

1. 东南沿海适栽优良品种系列筛选

通过对传统地方品种的调查、收集和评价，筛选出优良的地方品种资源；从国内外引进优良砂梨品种，通过生物学性状观察，对其适应性、成熟期、果实品质进行综合评价，筛选出适宜东南沿海气候条件和不同栽培条件（包括露地栽培、大棚栽培和寄接栽培）的早、中、晚熟合理搭配的品种系列。

技术路线如图 1-2 所示。

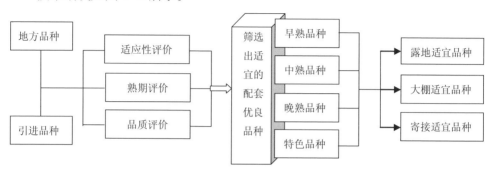

图 1-2　适栽优良品种系列筛选技术路线图

2. 矮化优质栽培技术研究

主要针对沿海地区台风多发、土壤盐碱性较强、熟期集中及翠冠梨果皮多锈斑等问题，研究在露地栽培条件下梨树矮化优质栽培技术。从海涂地土壤管理、抗风树形的培育、翠冠梨无（少）锈套袋技术的开发及植物生长调节剂的应用等方面入手，总结出沿海涂地露地条件下梨树矮化优质栽培技术。

技术路线如图 1-3 所示。

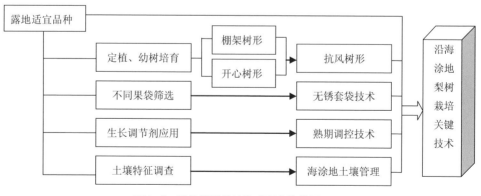

图 1-3　矮化优质栽培技术研究路线图

3. 梨大棚栽培技术研究

梨大棚栽培技术研究是整个课题的重点，其研究内容包括：①大棚设施的构建及其光温环境研究；②梨大棚栽培熟期、产量、品质形成规律与其生理机制；

③大棚梨的应用技术研究3个方面，通过对大棚梨的树体发育特性、品质形成特性、碳水化合物和矿质元素的积累特性、光合特性等多方面的生理机制的研究及栽培技术研究，总结出大棚梨高效优质栽培技术。

技术路线如图1-4所示。

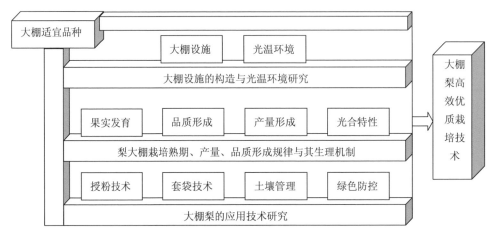

图1-4　梨大棚栽培技术研究路线图

4. 梨寄接栽培技术研究

在引进台湾寄接梨技术的基础上，加以技术消化并创新，从提高引种效率、弥补台风损失、提高果实品质和产量等方面延伸其功能，建立新的梨寄接栽培技术。同时，以寄接蒲瓜梨为重点，研究其配套栽培技术。

技术路线如图1-5所示。

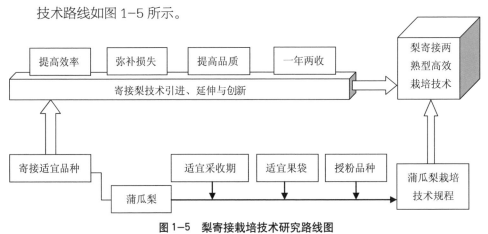

图1-5　梨寄接栽培技术研究路线图

（三）试验区概况

1. 自然条件

温岭是中国大陆新千年、新世纪第一缕曙光首照地，地处浙江东南沿海，长三角地区的南翼,三面临海,东濒东海,南连玉环,西邻乐清及乐清湾,北接台州市区,是一座在改革开放中迅速崛起的滨海城市。全市陆域面积926km²,岛屿面积14.72km²,滩涂面积155km²。陆域地势自西和西南向东渐倾,西部和西南部为海拔100~250m的低山丘陵,最高处为太湖山主峰,海拔734m,系北雁荡山余脉。北部、中部和东部为平原。境内主要有金清水系和江厦港、横坑溪、横山溪、大雷溪4个自成一体的水系。气候温和湿润,四季分明。年平均气温18℃,年平均降水量1 693cm,无霜期约251d,属亚热带季风气候区。主要自然灾害为台风。

2. 社会经济状况

温岭市辖太平、城东、城西、城北、横峰5个街道和泽国、大溪、松门、箬横、新河、石塘、滨海、温峤、城南、石桥头、坞根11个镇。2012年年末人口120.6万,是全国人口密度最高的县市之一。改革开放以来,温岭实现了经济社会持续快速协调健康发展,形成了体制灵活、市场活跃、民资丰厚等鲜明的区域经济发展特色,先后获得"全国综合实力百强县(市)"、"中国明星县(市)"、"中国大陆最佳县级城市"、"国家级可持续发展实验区"、"国家级生态示范区"和"全国农民收入先进县(市)等称号,是浙江省优先培育的中等城市和浙江省17个扩权县(市)之一。2012年,全市生产总值705.95亿元,财政总收入72.2亿元,其中地方财政收入38.87亿元;城镇居民人均可支配收入34 444元,城镇居民人均消费性支出19 706元,农村居民人均生活消费支出11 189元。2012年第十二届全国县域经济基本竞争力评价中,温岭市居全国百强县市第27位。

3. 农业生产情况

温岭"四山一水五分田",是著名的温黄平原所在地,素称"鱼米之乡"。规模和品牌农业发展被列为浙江省农业三大亮点之一,被列为浙江省首批绿色生态示范县(市)。全市形成了大棚西瓜、大棚葡萄、果蔗、草鸡、高橙和现代渔业六大优势农业产业带,为"中国高橙之乡"、"中国大棚西瓜之乡"、"中国大棚葡萄之乡"和"中国果蔗之乡"。建成东部省级现代农业综合园区,包括3个主导产业示范区(大棚西瓜、大棚葡萄、蔬菜产业区),1个粮食生产功能区,5个特色农业精品园(大棚西瓜、大棚葡萄、设施蔬菜、大棚梨、特种水产),4个农业生态循环点,1个农业公共服务中心和1个休闲农业观光园。2012年全市农林牧渔业总产值96.69亿元,其中,农业产值24.62亿元,农作物总播种面积5.21万hm²,农业走出去面积达2.7万hm²,产值23.6亿元。拥有中国地理标志农产品1个,浙江名牌农(渔)产品12个,农(渔)产品省级著名商标14件。通过认证无公害农产品产地53个、产品57个、绿色食品36个。温岭是中国农民专业合作社的发起地之一,是浙江省农民专业合作社发展先进县(市),拥有注册农民专业合作社456家,入社社员1.2万户,带动农户14万户;其中规范化

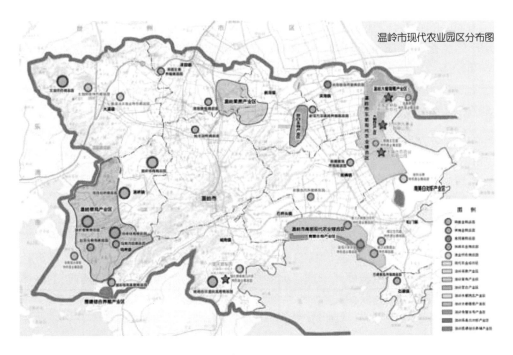

温岭市现代农业园区分布图

合作社 101 家，省级示范合作社 20 家。

4. 果树生产情况

"十一五"期间，温岭市确立了"设施化"、"精品化"的果业发展方向，通过增加果园投入，发展设施果业；提升果业档次，发展精品果业；挖掘地方资源，发展特色果业；做足产业文化，发展休闲果业，形成了沿海"设施果业"的产业优势区域和以"特色果业"为主体的山区产业区域格局。2012 年，全市果树生产面积 7 499hm²，产量 9.37 万 t，产值 5.33 亿元，建成大棚葡萄、温岭高橙、河岙枇杷、黑晶杨梅、大棚梨和早熟温州蜜柑六大精品水果示范基地。其中大棚葡萄种植面积 2 680hm²、产量 5.14 万 t、产值 3.26 亿元，占全市果树产业总产值的 61.1%，是国家葡萄产业技术体系示范县之一；梨树种植面积 607.4hm²、产量 0.87 万 t、产值 8 090 万元。全市果树从业人员 10.4 万人，拥有公司制果业生产型企业 32 家，加工型企业 2 家，销售型企业 1 家，农业专业合作社 46 家，社员人数 1 137 个。拥有注册商标 58 个，其中，省级以上名牌 5 个。通过绿色食品认证的果园基地 21 个，果园面积 1 100hm²；通过无公害农产品认证的果园基地 8 个，果园面积 194.1 hm²。共获浙江省名牌农产品 1 个、浙江省名牌林产品 1 个、浙江省名牌产品 2 个、浙江省著名商标 1 个、浙江省农业博览会金奖 3 个、浙江省精品水果展销会金奖 2 个，初步培育出具有一定知名度、产品质量优良的地区果品品牌。2007 年被浙江省人民政府授予"浙江省农业特色优势产业果品强县"称号。

5. 试验示范园概况

（1）温岭市国庆塘梨园（温岭市明圣高橙研究所）。国庆塘梨园建于 2000 年年初，隶属于温岭市明圣高橙研究所，位于温岭市城南镇国庆塘内，毗邻温岭市国庆塘高橙场，总面积 4.7hm²。土壤类型为海涂围垦地，建园时土壤 pH 值为8.4，有机质含量 0.7%；经多年土壤改良后，2007 年土壤 pH 值为7.4，有机质含量 2.3%。

主栽品种为翠冠，授粉品种为清香、脆绿、新雅、西子绿等。建园时株行距为 1.7m×3.7m，2005 年年底隔株间伐，改为 3.4m×3.7m。2005 年年底开始搭建大棚进行大棚梨试验与生产，先后承担《箬包梨寄接技术试验与应用》《梨寄接两熟型高效栽培技术示范与推广》和《早熟梨新品种在大棚栽培中的应用与示范》等温岭市科技项目。2009 年起成为国家梨产业技术体系大棚梨示范园。目前拥有大棚面积 2hm²，是最核心的试验示范基地。

（2）温岭市滨海早熟梨专业合作社。温岭市滨海早熟梨专业合作社成立于2004 年，位于浙江省温岭市滨海镇东风塘内。合作社拥有生产基地 167hm²，年产优质早熟梨 2 000 余 t。注册商标"喜梢"，获国家绿色食品认证及浙江省名牌产品、浙江省名牌林产品、浙江省著名商标、浙江省农业博览会金奖、浙江省优质早熟梨金奖等荣誉称号。2007 年承担温岭市科技项目《梨树抗风栽培技术示范与推广》；2008 年承担浙江省先进适用技术推广示范项目《沿海多台风地区梨树抗风栽培技术示范与推广》，2010 年承担温岭市科技项目《早熟梨大棚高效优质栽培技术示范与推广》；2012 年承担浙江省农业科技成果转化项目《东南沿海梨高效优质栽培技术示范与推广》，转化应用《东南沿海梨高效优质栽培技术研究与应用》科技成果。

（3）温岭市天盛生态农业有限公司。温岭市天盛生态农业有限公司成立于2005 年，位于浙江省温岭市箬横镇七塘内。梨主栽品种为翠冠和早生新水。企业注册商标"金少爷"，获国家绿色食品认证、浙江省优质早熟梨金奖、台州名牌产品等荣誉称号。2007 年承担温岭市科技重大支持项目《沿海多台风地区梨树防风栽培技术体系研究与应用》，2008 年被台州市科学技术局认定为市级区域科技创新服务中心（梨）。2009 年承担浙江省农业科技成果转化项目《沿海早熟梨抗风设施栽培技术示范与推广》，转化应用《南方大棚梨高效优质栽培技术研究与应用》科技成果。

（4）台州罗氏果业有限公司。台州罗氏果业有限公司成立于 1990 年 7 月，2001 年租赁温岭市滨海镇五一塘的 133hm² 海涂地种植葡萄和早熟梨，其中早熟梨种植面积 53hm²，主栽品种为翠冠。企业注册商标"罗"，获国家绿色食品认证、台州市农业龙头企业。2007 年承担农业部农业科技推广示范项目《沿海早熟梨抗风设施栽培技术示范与推广》，转化《梨树抗风栽培技术研究》科技成果，建成 40hm² 的梨大棚设施。

温岭市国庆塘梨园（国家梨产业技术体系大棚梨示范园）

三、主要科技成果

经过 2004—2005 年"云娜"、"麦莎"、"海棠"等强台风的洗礼，我们于 2006 年初步提出了沿海多台风地区以"采用早熟品种、应用抗风树形、进行大棚栽培、结合寄接生产"为核心技术的发展对策。随后，围绕这 4 句话开展了更有针对性的课题研究，相继取得了《梨树抗风栽培技术研究》（2006 年）、《南方大棚梨高效优质栽培技术研究与应用》（2007 年）、《梨寄接两熟型高效栽培技术》（2009 年）、《浙东南梨地方品种评价、筛选与栽培农艺创新》（2010 年）和《东南沿海梨高效优质栽培技术研究与应用》（2011 年）5 项浙江省科学技术成果，获得浙江省科学技术三等奖 1 项、台州市科技进步二等奖 1 项、台州市科技进步三等奖 1 项、温岭市科技进步一等奖 1 项和温岭市科技进步二等奖 2 项。这 5 项成果是一个不断积累的过程，从宏观策略的提出，到各关键技术的创新与完善，逐渐建立起完整的东南沿海梨高效优质栽培技术体系。

（一）梨树抗风栽培技术研究

项目起止时间：2000 年 1 月至 2006 年 12 月。

项目由温岭市特产技术推广站完成。项目历时 7 年，建立生产与试验基地 45hm²（其中，大棚 8hm²），开展各类培训班 8 期，受训 1 021 人次，在温岭市累计推广梨树抗风栽培技术 663hm²。在省级以上刊物发表论文 12 篇。引进栽培的早生新水梨分别在 2005 年、2006 年浙江省优质早熟梨评比中获得金奖。提出一套沿海多台风地区以"园地规划科学化、栽培方式设施化、应用技术先进化"为核心思想的梨业发展对策及"采用早熟品种、应用抗风树形、进行大棚栽培、结合寄接生

产"技术对策；确定了适宜当地立地条件的露地和大棚栽培的主栽品种；新创一种具有良好抗风性能和生产性能的梨树抗风树形；缩短梨树幼龄期 1~2 年；解决了盐碱海涂地栽培梨树的限制因子；初步探明了大棚梨的生长发育特征和果实营养物质的变化规律，使翠冠梨的采收期提早到 6 月中下旬；总结出一套南方规模化梨园建园技术、幼树的培育技术、沿海涂地栽培的关键技术、大棚栽培技术和寄接梨生产技术，建立了完整的梨树抗风栽培体系，为整个南方沿海地区发展梨业指明了方向及奠定了技术基础。

由浙江大学滕元文教授、浙江省农业科学院园艺研究所施泽彬研究员等9位专家组成的评审委员会认为该项目确定了适宜当地栽培的以翠冠为主的早熟梨品种；研究提出了低干矮冠的抗风树形；采用寄接花芽技术弥补因台风危害造成的花量不足；利用大棚设施栽培技术，提早成熟期20d左右，避开台风频发期；同时研究了大棚梨的生长发育特征和果实营养物质的变化规律；集成创新了一套适宜沿海多台风地区梨树抗风栽培技术体系。项目实施以来，累计推广 663hm²，增加经济效益 3 285.7 万元。其中，大棚栽培面积 60hm²，亩利润 1.08 万元。超额完成项目合同指标，经济、社会效益显著，推广应用前景良好。提出的梨树抗风栽培体系属国内首创。项目总体技术水平处于国内同类研究的领先水平。

科技成果获得 2005—2006 年度温岭市科技进步一等奖和 2007 年度台州市科技进步二等奖。

（二）南方梨大棚高效优质栽培技术研究与应用

项目起止时间：2005 月 1 月至 2007 年 12 月。

项目由温岭市特产技术推广站完成。项目研究内容主要包括梨大棚栽培的效果与效益、大棚设施的生态因子变化、大棚适宜品种的筛选和大棚梨的栽培生理 4 个方面，系统研究了大棚梨的树体发育特性、品质形成特性、碳水化合物和矿质元素的积累特性、光合特性等多方面的生理机制，筛选出以翠冠梨为主的大棚适栽优良品种，确定了水泥竹木混合式连栋大棚为梨大棚栽培的经济适用设施，提出了光温环境的变化是造成大棚栽培与露地栽培差异的主要原因，人工授粉和良好的土壤管理是提高大棚梨产量和减少缺素症的有效措施，并在生

理研究的基础上提出了大棚梨栽培的关键技术与生产规程，采用梨寄接技术保证了大棚梨产量和效益的稳定性，为大棚梨的推广与发展提供了理论与技术基础。

由浙江大学滕元文教授、浙江省农业科学院园艺研究所谢鸣研究员等 8 位专家组成的评审委员会认为该项目以高效优质为目标，筛选出以翠冠梨为主的大棚适栽优良品种；提出了水泥竹木混合式连栋大棚为南方梨大棚栽培的经济适用设施；明确了大棚梨的生长发育特性及影响大棚高效优质栽培的环境因素，提出了人工授粉、覆膜时间、花芽寄接、树体和果实管理、增施有机肥等配套技术，在此基础上制定了南方大棚梨栽培技术规程。使翠冠梨成熟期提早约 1 个月，改善了果实糖组分，

提高了果实品质，为大棚梨的推广与发展提供了理论依据与技术基础。项目成果累计推广 334.5hm²，新增产值 6 847.25 万元，经济、社会效益显著，推广前景良好。项目研究内容系统、创新性明显，总体达到国内同类研究的领先水平。

科技成果获得 2007—2008 年度温岭市科技进步二等奖和 2009 年度台州市科技进步三等奖。

（三）梨寄接两熟型高效栽培技术

项目起止时间：2007 月 1 月至 2009 年 8 月。

项目由温岭市特产技术推广站、南京农业大学和温岭市明圣高橙研究所联合完成。该项技术通过不同成熟期品种的搭配，采用寄接的方法，（在同一株树上）实现梨一年两熟。并结合大棚栽培，起到提早成熟、延长果品供应期、扩大适栽区域及增产、增效的作用。同时研究了适宜品种的筛选，不同嫁接时间、花枝贮藏方式、留果量、

砧穗组合对寄接梨熟期、产量和品质的影响，分析了梨寄接两熟型栽培模式的产

量和效益构成及增产机理，总结出了梨寄接两熟型高效栽培技术并进行推广应用。

由中国园艺学会梨分会理事长、河北农业大学张玉星教授、浙江大学滕元文教授等 7 位专家组成的评审委员会认为该项目以高效栽培为目标，研究了不同寄接时期、花枝贮藏方式、留果量、砧穗组合对梨产量和品质的影响，总结出了一套科学有效、适宜当地栽培的寄接技术。建立了梨寄接两熟型高效栽培技术体系，实现了树体营养和光热资源的充分利用，达到了一年两次采收的目标。结合大棚栽培，提早了成熟期、延长了果品供应期。平均亩产达 1 946.7kg、亩产值 16 336 元、亩利润 11 784 元，比原栽培模式分别增加 64.3%、72.4%、111.2%，经济、社会效益显著，推广前景良好。项目创新性强，技术先进，成效显著，在同类研究中达到国内领先水平。

应用该科技成果培育的香梨，获得 2011 年度"中国梨王奖"。

（四）浙东南梨地方品种评价、筛选与栽培农艺创新

项目起止时间：2005 月 10 月至 2010 年 9 月。

项目由温岭市特产技术推广站、浙江大学和温岭市明圣高橙研究所联合完成。项目初步调查了浙江省主要地方品种（包括箬包梨、蒲瓜梨、三花梨、严州雪梨、云和雪梨和霉梨等）的发展历史和利用现状，通过生物学观察、分子标记、孢粉学等技术手段厘清了地方品种的概念及同名异物、同物异名的混乱情况，并提出了地方品种的发展及利用思路；详细调查了温岭市梨地方品种种质资源，建立了温岭箬包梨种质资源原生地保护区；并通过寄接的方法进行收集保存，提高了生物学性状观察的准确性；采用"边保存、边观察、边推广"的方法进行优株复选、鉴定与繁育，从中筛选出大果型晚熟优良品系——蒲瓜梨 2 号；通过果实发育规律研究、套袋、授粉等试验筛选出蒲瓜梨适宜的采收期、果袋和授粉品种，并在此基础上制定了蒲瓜梨标准化栽培技术规程；采用寄接技术创新了梨栽培农艺，达到改善蒲瓜梨果实品质，实现一年两次采收的高效栽培目标，建立了梨寄接两熟型高效栽培技术体系；研究了不同寄接时间、砧穗组合和传统套袋工艺对梨果实品质及相关生理指标的影响，为梨寄接技术的应用提供理论

依据；2005—2010 年推广应用蒲瓜梨寄接技术和标准化栽培技术共计 83.3hm²，新增产值 238.8 万元，新发展蒲瓜梨 33.8hm²，发表相关研究论文 6 篇。

由中国农业科学院果树研究所方成泉研究员、南京农业大学园艺学院章镇教授等 8 位专家组成的评审委员会认为该项目以挖掘地方资源、发展特色高效农业为目标，通过对浙东南地区梨地方品种的调查与鉴定，从中筛选出大果型晚熟优良品系——蒲瓜梨 2 号（暂定名），该品系具有成熟晚、果实特大、果心小、风味浓郁、品质优、耐贮藏、丰产稳

产、抗逆性强等特点，推广应用前景良好。采用寄接的方法缩短引种观察时间，改善梨果实品质，降低结果部位，减少台风影响；充分利用南方光热资源和树体营养，建立了梨寄接两熟型高效栽培技术体系，实现梨一年两次采收的高效栽培目标，延长鲜果供应期，增加产量与经济效益。项目成果总体上达到国内同类研究的领先水平，尤其是梨寄接两熟型栽培技术创新性强，技术先进，成效显著，推广前景良好。

科技成果获得 2009—2010 年度温岭市科技进步二等奖。

（五）东南沿海梨高效优质栽培技术研究与应用

项目起止时间：2000 年 1 月至 2012 年 12 月。

项目由浙江大学、温岭市特产技术推广站、上海市农业科学院林木果树研究所、浙江省柑橘研究所、温岭市明圣高橙研究所、上海仓桥水晶梨发展有限公司等联合完成。

项目针对东南沿海地区梨业发展面临的台风危害频繁、品种结构单一、相对效益低下等诸多问题，围绕"防风"、"高效"、"优质"三个关键点，通过品种评价筛选、矮化优质栽培技术、梨大棚栽培技术和梨寄接栽培技术 4 个方面的研究，筛选出适宜东南沿海地区栽培的优良品种 7 个，建立以早熟品种

为主体、中晚熟品种适当搭配的沿海地区适栽优良品种系列；创造了一种具有良好抗风性能和生产性能的梨树抗风树形；发现了"雨水冲刷"也是引起翠冠梨果面锈斑的重要原因，建立了翠冠梨无（少）锈斑优质栽培技术；通过对大棚梨果实发育、品质及营养成分的变化、碳水化合物及矿质元素的积累变化、光合特性和黄化症的研究，填补了多项大棚梨栽培生理机制上的国内外研究空白，明确了大棚梨熟期、产量、品质的影响因子与调控技术，形成了一整套梨大棚梨栽培的生理机制和关键技术；经引进消化再创新后，采用寄接技术解决了台风引起二次花大量开放的问题，弥补台风损失提高产量，并创新出一套梨寄接两熟型高效栽培新技术。在国内首先提出了一套沿海多台风地区以"采用早熟品种、应用抗风树形、进行大棚栽培、结合寄接生产"为核心技术的技术对策，通过总结沿海涂地梨树栽培关键技术、大棚梨高效优质栽培技术和梨寄接两熟型高效栽培技术，并将它们有机结合，建立了完整的沿海多台风地区梨树高效优质栽培技术体系，为东南沿海地区梨产业可持续发展奠定了理论和技术基础。

项目研究与应用历时 12 年。期间出版书籍 2 本，发表论文 60 篇。先后承担各级财政补助项目 16 项，总投资 1 675.6 万元（其中，财政补助经费 565 万元），在浙江温岭、杭州和上海松江建成 334.7hm^2 的示范基地，其中，大棚设施面积 112.3hm^2，培育了"仓桥"、"喜梢"、"金少爷"等省（市）知名品牌。示范基地从 2009～2011 年，合计新增产值 8 293 万元，新增利润 4 915.8 万元。期间开展各类培训班 36 期，受训 2 721 人次，接待上海、江苏、浙江各地前来参观学习 4 290 人次。2009—2011 年 3 年间在浙江省和上海市累计推广应用本技术成果 6 533hm^2，新增产值 3.2 亿元，新增利润 1.8 亿元，取得了显著的经济效益和社会效益。

由国家梨产业技术体系首席科学家、南京农业大学张绍铃教授、浙江省农业科学院戚行江研究员等 7 位专家组成的鉴定委员会认为该项目围绕东南沿海地区台风多发、成熟期集中等问题，通过品种结构优化和栽培技术创新，形成了以"采用早熟品种、应用抗风树形、进行大棚栽培、结合寄接生产"为核心的沿海地区梨高效优质栽培技术体系。研究提

出了适宜东南沿海地区栽培、熟期配套的梨品种 7 个；创造了 1 种具有良好抗风性能的新树形；发现了"雨水冲刷"是引起翠冠梨果面锈斑的重要原因，明确了大棚梨熟期和产量的影响因子，开发出前期促成、后期避雨的大棚梨栽培技术，提早果实成熟期近 1 个月，并提高了果实品质；经引进消化花芽寄接技术，解决了南方地区二次花导致减产的问题，提出了 1 套梨寄接两熟型高效栽培新技术。技术成果已在浙江、上海等地示范推广，产生了良好的社会经济效益。该项目紧扣生产需求，技术创新明显，总体达到国内领先水平，其中大棚与寄接配套的两熟栽培技术达到国际先进水平，对促进东南沿海地区梨优质高效栽培具有重要意义。

科技成果获得 2012 年度浙江省科学技术三等奖。

四、主要结论与创新

（一）主要结论

1. 东南沿海适栽优良品种系列筛选

调查了浙江省主要地方品种（包括箬包梨、蒲瓜梨、三花梨、严州雪梨、云和雪梨和霉梨等）的发展历史和利用现状，通过生物学观察、分子标记、孢粉学等技术手段厘清了地方品种的概念及同名异物、同物异名的混乱情况，并提出了地方品种的发展及利用思路；建立了温岭箬包梨种质资源原生地保护区，采用"边保存、边观察、边推广"的方法进行优株复选、鉴定与繁育，从中提纯选育出大果型晚熟优良品种（系）——蒲瓜梨，该品种（系）具有抗逆性强、树势强健、丰产稳产、果型大、果心小、品质优、风味浓郁、耐贮藏等优点。

蒲瓜梨

从国内外共引进砂梨品种 50 余个，分别筛选出适宜东南沿海地区气候条件的优良早熟品种 3 个、中熟品种 1 个和晚熟品种 2 个及地方特色品种 1 个，建立了以早熟品种为主体，中晚熟品种合理搭配的东南沿海地区适栽优良品种系列。同时，筛选出适宜露地栽培、大棚栽培和寄接栽培等不同栽培模式的系列品种（表 1-2）。

表1-2　适宜东南沿海发展的梨优良品种系列

系　列	品　种	系　列	品　种
早熟品种	翠冠、翠玉、早生新水	露地栽培	翠冠、翠玉、早生新水、圆黄、蒲瓜
中熟品种	圆黄	大棚栽培	翠冠、翠玉、早生新水、圆黄
晚熟品种	王秋、香	寄接栽培	香、蒲瓜、王秋

2. 梨矮化优质栽培技术研究

针对沿海涂地盐碱性强、土壤黏重等特点，通过海涂地梨树定植技术和拉枝试验，提出"壮苗＋生根粉＋地膜覆盖＋间作"的海涂地梨树定植技术，明显提高了梨苗定植成活率和生长发育速度；生长期采用强拉枝技术解决了梨树顶端优势强、成枝力差的问题，充分利用梨二次枝和背上枝，有效地提高梨幼树的有效生长量，扩大了树冠，促进了花芽形成，缩短了梨树幼树期，使梨树2年完成幼树期，第3年进入初结果期，第4年进入盛果期；并开发出具有良好抗风性能和生产性能的梨树新树形，确定了该树形的树体结构指标和合理负载量指标。

通过对翠冠梨不同果袋套袋试验，筛选出能显著减少翠冠梨果面锈斑的果袋（包括二次套袋和一次套袋），并总结出翠冠梨无（少）锈斑优质栽培技术。同时，研究不同GAs植物生长调节剂对梨果实成熟期、果实大小和品质的影响，提出了可以提早梨果实成熟期、提高单果重的应用产品和方法；最后集成出一套海涂地梨树矮化优质栽培技术。

3. 梨大棚栽培技术研究

通过系统研究梨大棚栽培中花、新梢、叶片、树体结构及果实发育特征和生理机制（表1-3），发现梨大棚栽培与露地栽培在果实发育规律、碳水化合物的积累和光合特性上基本一致，表示同一品种在不同栽培方式的生物学共性。但与露地栽培相比，大棚栽培因相对隔绝了外界的直接影响，营造出较为特别的小气候环境。在果实发育前期日夜温差大、湿度大，果实成熟期温湿度相对较小，整个果实发育期隔绝了雨水的冲刷，光照强度只有露地的 70% 左右。这种环境的差异造成了梨大棚栽培与露地栽培的生长发育差异。大棚的避雨环境显著减少了翠冠梨果皮锈斑的发生，锈斑指数比对照减少了 50.5% ~ 58.2%，发现了"雨水冲刷"也是引起翠冠梨果面锈斑的重要原因。

大棚栽培的翠冠梨

表 1-3 大棚栽培对梨树生长发育和生理机制的影响

项 目		大棚栽培与露地栽培的差异
光温环境		(1) 提高了温湿度（平均气温增加 2℃，平均湿度增加 2 个百分点，最低气温 -1.1℃，比露地增加 3℃） (2) 容易出现高温（最高气温达到 44.9℃，比露地增加 8.4℃） (3) 减少了光照强度（只有露地的 70.2%）和风速（静风环境） (4) 隔绝了传媒昆虫
生长发育	花	(1) 花梗长度变长，花丝长度变短，花丝数和花柱数不变 (2) 花粉量减少，花粉萌发率降低，花粉管变短 (3) 整体花期变长，单株花期变短，单花序开花时间变长
	枝叶	(1) 促进了新梢的发育，新梢长度比露地增加 55% (2) 叶片变薄变轻，除下表皮变厚外，其余解剖组织均变薄
	树体结构	(1) 促进了树冠的扩大 (2) 徒长枝和长果枝比例增加，短果枝减少，总枝量减少 (3) 徒长枝长度和粗度均减少，长果枝的粗度减少 (4) 长果枝花芽长度减少，短果枝的花芽宽度和厚度均减少
	果实	(1) 果皮黄绿色，不同于露地的绿褐色，果面光泽度增加 (2) 锈斑大量减少，锈斑指数减少 58.1% (3) 果实硬度和可滴定酸含量增加，可溶性固形物含量减少 (4) 果实肉质更加细腻，综合品质增加
	糖积累	(1) 变化趋势一致，成熟期总糖含量不变，蔗糖含量减少 (2) 蔗糖磷酸合成酶（SPS）含量减少
	矿质元素积累	(1) 叶片的 Mg、Mn、Zn 含量增加，Ca 含量减少，容易出现缺素症 (2) 果实 N 含量增加
	光合特性	(1) 净光合速率在同一发育期无显著差异，光响应曲线一致 (2) 光合速率与叶温呈正相关，与空气湿度呈负相关

在生理研究的基础上，研究了不同授粉品种、不同授粉时间、不同果袋、反光膜及病虫害防控技术对大棚梨生产和品质的影响，筛选出最佳的授粉品种、授粉时间、套袋方式和病虫害绿色防控技术，明确了大棚梨熟期、产量、品质的影响因子与调控技术，总结出梨大棚高效优质栽培技术。同时，提出了梨大棚栽培的几个关键技术，包括：①增加了人工授粉和摇落花瓣的生产环节；②花期防控热害是大棚梨栽培的技术关键；③良好的土壤管理是减少大棚梨缺素症的有效措施。

通过大棚设施栽培把江浙一带梨成熟期提早到6月，比露地栽培提早近1个月，避开了梨果上市集中期和东南沿海台风发生期，亩产值超万元，经济效益十分突出，并在省内外其他地方推广，成为南方地区梨树栽培的重要发展方向。

4. 梨寄接栽培技术研究

在引进台湾寄接梨技术的基础上，研究了不同嫁接时间、花枝贮藏方式、留果量、砧穗组合对寄接梨熟期、产量和品质的影响，经引进消化再创新后形成新的适宜当地栽培的梨寄接栽培技术，解决了台风引起二次花大量开放导致第2年减产的问题。在引种筛选过程中采用寄接技术，当年寄接当年开花结果，可以缩短引种观察时间1~2年，提高育种引种效率；解决了蒲瓜梨等地方品种酸味较重、肉质较粗的问题，提高了果实品质。最后，创新出一套梨寄接两熟型高效栽培新技术，通过早熟和晚熟品种的搭配，采用寄接的方法，在同一株梨树上实现一年两次采收的高效栽培目标。增产增效十分明显。

同时，通过果实发育规律研究、套袋、授粉等试验筛选出蒲瓜梨适宜的采收期、果袋和授粉品种，并在此基础上制定了蒲瓜梨标准化栽培技术规程。

田间寄接现场

成熟的寄接翠冠梨

5. 东南沿海梨高效优质栽培技术体系的建立

针对东南沿海地区台风影响频繁的不利因素，提出了一套沿海多台风地区以"采用早熟品种、应用抗风树形、进行大棚栽培、结合寄接生产"为核心技术的技术对策，通过总结沿海涂地梨树矮化优质栽培技术、梨大棚高效优质栽培技术和梨寄接两熟型高效栽培技术，并将它们有机结合，建立了完整的沿海多台风地区梨树高效优质栽培技术体系，为东南沿海地区梨产业可持续发展奠定了理论和技术基础。

（二）主要创新

1. 开发出"前期促成、中期避雨、后期露地"的梨大棚栽培技术

系统研究了大棚栽培对梨树体发育、果实品质形成、碳水化合物和矿质元素的积累变化及光合特性的研究，填补了多项梨大棚栽培生理机制和应用技术上的国内外研究空白，明确了大棚梨熟期、产量、品质的影响因子与调控技术，提出了光温环境的变化是造成大棚栽培与露地栽培差异的主要原因，开发出"前期促成、中期避雨、后期露地"的南方地区梨大棚栽培技术。前期促成提早了梨成熟期，避开了梨果上市集中期和东南沿海台风发生期；中期避雨解决了翠冠梨果面多锈斑的问题，并由此发现了"雨水冲刷"也是引起翠冠梨果面锈斑的重要原因；后期露地避免了设施栽培引起土壤返盐的现象，保证了梨大棚栽培的丰产、稳产。

通过对大棚梨果实糖积累的研究，发现大棚栽培显著减低了翠冠梨果实蔗糖的含量，而果实蔗糖含量的下降是由于蔗糖磷酸合成酶活性降低

促成栽培期

避雨栽培期

露地栽培期

反光膜试验现场

绿色防控技术试验现场

和中性转化酶活性提高所致；通过地面铺设反光膜可以改善树冠下部光照条件，提高叶片光合强度，提高果实蔗糖磷酸酶活性和蔗糖含量，增加果实可溶性糖的含量，从而提高了大棚翠冠梨的内在品质。

率先研究了黄板、杀虫灯、性引诱剂等绿色防控措施在梨大棚栽培中的应用效果，认为黄板对梨二叉蚜、梨小食心虫、梨茎蜂、叶甲、梨实蜂均有诱杀效果，尤其对梨大棚栽培中发生严重的梨二叉蚜（有翅蚜）有良好的诱杀作用，且成本较低，应用简单，并结合田间调查建立大棚梨主要病虫害的预测预报方法和绿色防控技术。

2. 创新出一套梨寄接两熟型高效栽培新技术

大棚梨＋寄接梨技术生产出来的中国梨王

通过在早熟梨树体上寄接晚熟品种，充分利用南方丰富的光温资源，实现一年两次采收的高效栽培目标。由于应用的早熟品种翠冠和晚熟品种蒲瓜梨的果实膨大期错开，避免了营养竞争，有效地提高了梨树的生产潜力，与普通栽培模式相比，实现增产 64.3%，增加产值

72.4%，增加利润 111.2%，经济效益十分显著。2011 年，将梨寄接技术和大棚栽培技术有机结合，把从日本新引进的香梨寄接在大棚翠冠梨上，单花芽结 2 个果实，总重量达到 3 071.4g，其中，最大果实达到 2 136.3g，在当年的全国梨王擂台赛中获得"中国梨王奖"，并打破了历届梨王记录。

在同一株树实现两次采收在个别地方也有试验，如黄花梨上高接翠冠梨，实行树冠上下层分品种管理。但由于两个品种成熟期相差不大，一般采完翠冠梨就可以采黄花梨，说明 2 个品种的果实膨大期有很大的重叠，造成对同化产物的竞争，因此，对整体产量的提高作用不大。而且高接后两个品种

蒲瓜梨

翠冠梨

寄接两熟型栽培模式

的生长势和所处环境条件不一致，树冠容易混乱，不便于管理。这与通过寄接方法实现两熟型高效栽培的模式有着显著的区别，效果也有很大的差异。寄接技术还有一个优点，它可以根据市场需要迅速生产最热销的品种。

3. 发明了一种具有良好抗风性能和生产性能的梨树新树形

针对沿海地区台风多发、常规树形容易落果的问题，综合棚架树形和开心形的优点，新创一种具有良好抗风性能和生产性能的梨树新树形。树高 2 ~ 2.2m，冠径 3.8 ~ 4.2m，主干高度 40 ~ 50cm，主枝数 2 ~ 4 个，每个主枝配置 1 ~ 2 个侧枝，形成 6 ~ 8 个生长中庸，粗细、长短相近的骨干枝。骨干枝基

梨树抗风树形

角 30°～45°，中部呈水平状伸展，长度 1.2～1.4m，离地高度 0.8～1.2m，顶端向上斜生，基角 45° 左右。每个骨干枝配置 1 个大型枝组、3～4 个中型枝组和20～25 个小型枝组。该树形具有树冠矮化、树势平衡稳健、果实抗风能力强、果实个均质优、商品率高、修剪简便省工等优点。

该树形与日本棚架树形相比，在达到几乎相同的抗风能力情况下，省略了棚架搭建成本，缩短梨树幼龄期 3～4 年，减轻了管理难度，大大缩短了投资回收周期。南方普遍采用的开心形树形的骨干枝一般呈 50°～60° 向上延伸，而抗风树形的骨干枝中部呈近水平状延伸，离地高度比前者矮 20cm 左右，果实着生部位既集中，又以中低部为主，从而大大地提高了果实的抗风能力；中、小型结果枝组采用留桩修剪培育，向上的枝组角度很好地保持了枝组健壮的生长势和良好的营养供应能力，有利于产量和单果重的提高，并为梨寄接栽培提供了良好的寄接砧。同时，抗风树形初结果树的总枝量、有效枝量和花芽数均显著高于开心形，说明其还具有较强的早期丰产能力。

4. 创造了一种经济实用的水泥竹木混合式连栋大棚

梨大棚栽培需要一种可以为梨树提供可人为调控并在生长发育期间得到理想效果的大棚设施，根据梨树生长的实际需要和沿海地区的气候特点，创造了一种经济实用的水泥竹木混合式连栋大棚（专利号：ZL 2012 2 0310041.7）。水泥竹木混合式连栋大棚包括平棚架和拱棚；拱棚包括拱杆（竹片）和拱杆支撑，固定在平棚架上；平棚架包括支柱（水泥柱）、平棚网架和地锚等；大棚两侧埋置地锚，用钢索固定地锚和平棚架。大棚南北走向，顶高 3.8m，肩高 2m，单栋宽 7.4～8.5m（两行一栋），长 30～50m，每平方米造价 8～9 元。

与常见钢架单栋大棚相比，水泥竹木混合式连栋大棚内部空间大、保温性较好、作业方便，能满足梨树生长发育所需空间；与生产上常见的钢架连栋大棚相比，具有取材方便、造价经济、结构设计合理，对风荷载的承载能力强，大棚不易倒塌等优点。无覆膜的状况下能抗 14 级以上的台风，覆膜的状况下能抗 11 级以上的台风，是沿海多台风地区梨大棚栽培的经济适用设施。

5. 选育出大果型晚熟优良特色品种（系）——蒲瓜梨

采用生物学、分子标记和胞粉学相结合的方法厘清了温岭及周边地区梨地方种质资源的种类，发现了温岭箬包梨、青屿梨和乐清蒲瓜梨、雁荡雪梨属于同物异名。并从中选育出大果型晚熟优良特色品种（系）——蒲瓜梨。与筛选出的其他优良品种构成了以早熟品种为主体、中晚熟品种适当搭配的东南沿海适栽优良品种系列。

与国内外新选育的砂梨品种相比，蒲瓜梨不同于目前推广品种的纯甜型品质，即保留了一定的酸味和淡淡的涩味，风味浓郁。同时，还具有丰产稳产、大果型、耐贮藏等特点，既可作为一个优良的地方特色品种进行推广应用，也可以作为一个优异的种质资源进行育种提升。

大果型晚熟优良特色品种－蒲瓜梨

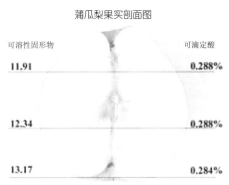

蒲瓜梨果实剖面图

可溶性固形物		可滴定酸
11.91		0.288%
12.34		0.288%
13.17		0.284%

（三）成果转化

从 2007 年起，示范基地以科技成果为基础，先后承担农业部农业科技推广示范项目《沿海早熟梨抗风设施栽培技术示范与推广》、浙江省农业产业化项目《沿海早熟梨优质生产基地建设》、浙江省先进适用技术推广示范项目《沿海多台风地区梨树抗风设施栽培技术示范与推广》等 8 项示范推广和成果转化项目（表 1-4）。项目总投资 1 684 万元（其中，财政补助经费 465 万元），共建成示范基地 334.7hm²，其中，大棚设施面积 112.3hm²。

表 1-4 相关成果转化和推广示范项目及经费（万元）

序号	项目名称及编号	项目来源	起止时间	经费		承担单位
				总投资	财政投入	
1	梨树抗风栽培技术示范与推广	温岭市科技成果转化项目	2007—2008	50	10	温岭市滨海早熟梨专业合作社
2	沿海多台风地区梨树防风栽培技术体系研究与应用	温岭市科技重大产业化支持项目	2007—2008	250	50	温岭市天盛生态农业有限公司

（续表）

序号	项目名称及编号	项目来源	起止时间	经费		承担单位
				总投资	财政投入	
3	早熟梨大棚高效优质栽培技术示范与推广	温岭市科技成果转化项目	2010—2011	50	10	温岭市滨海早熟梨专业合作社
4	沿海早熟梨抗风设施栽培技术示范与推广	农业部农业科技推广示范项目	2007—2008	504	250	台州罗氏果业有限公司
5	沿海早熟梨优质生产基地建设	浙江省农业产业化项目	2006—2007	182	40	台州罗氏果业有限公司
6	沿海多台风地区梨树抗风设施栽培技术示范与推广	浙江省先进适用技术推广示范项目	2008—2009	110	35	温岭市滨海早熟梨专业合作社
7	沿海早熟梨抗风设施栽培技术示范与推广	浙江省科技成果转化项目	2009—2011	370	30	温岭市天盛生态农业有限公司
8	东南沿海梨高效优质栽培技术示范与推广	浙江省科技成果转化项目	2012—2014	168	40	温岭市滨海早熟梨专业合作社

2008 年 7 月，温岭市人民政府在杭州市召开温岭大棚葡萄·大棚梨产品推介会，温岭市 5 家大棚梨生产企业参加了推介活动。2010 年 7 月，由国家梨产业技术体系研发中心主办，浙江大学园艺系、浙江省农科院园艺所承办的"梨新品种、新技术、新模式"学术论坛在杭州市红楼大酒店举行，来自全国各地的梨产业体系岗位、试验站团队成员及浙江省梨业协会部分代表共计 220 余人参加了此次论坛，梨大棚栽培技术作为梨栽培新技术在大会上作了专题报告。通过示范基地的辐

"新品种、新技术、新模式"学术论坛

射和新技术的推广，相关科技成果在浙江省、上海市、江苏省等地得到了较大面积的推广应用，取得了显著的经济、社会与生态效益。

浙江·萧山

浙江·温岭

浙江·温岭

上海·松江

　　通过示范基地的辐射和新技术的推广，相关科技成果在浙江省、上海市、江苏省等地得到了较大面积的推广应用，取得了显著的经济、社会与生态效益。

上海·松江

浙江·金华

河北·石家庄

浙江·温岭

第二章　东南沿海适栽优良品种系列筛选

一、地方种质资源的调查与利用

（一）浙江省梨地方优良品种的利用现状

浙江省是全国砂梨的主产区之一，栽培历史悠久，种质资源丰富，在20世纪50年代已形成浙东、浙中、浙南、浙西和浙北5个梨区，各个梨区都有各自的主栽品种，其中不乏当时的优良品种，包括义乌的三花梨、建德和桐庐的严州雪梨、云和的云和雪梨和乐清的蒲瓜梨等。70年代后期，由于生产上大量采用从日本引入的优良品种及自主选育的新品种，尤其是黄花梨和翠冠梨的相继育成与推广，使传统地方品种逐渐走入历史。

1. 义乌三花梨

三花梨又名山花梨、早三花梨，在黄花梨推广以前，一直是义乌梨树的主栽品种。嘉庆《义乌县志》记载："本县宋时，青枣、三花梨即已闻名外郡。"清代时广泛种植。中华民国三十三年（1944年）出版的《浙江农业》中记载着这样一段话："浙江梨产以诸暨、嵊县、义乌等县最盛，其中义乌一县，在太平天国以前即有栽培……产梨最盛之区，为马交塘、马踏石、付宅村、李塘村等处。"中华民国二十六年（1937年）梨产量达到350t，产地在现后宅、塘李、联合和华溪等地。

义乌的三花梨树

新中国成立后，义乌梨生产继续发展，1954 年梨总产 2 313t，比 1949 年增加 6.3 倍。1962 年受"大跃进"的影响，总产仅 394t。20 世纪 70 年代后期，三花梨种植面积不断扩大，1977 年产梨 5 091.5t，为黄花等新品种推广前总产最高的年份。1985 年梨园面积 322.5hm²，总产 3710t；2001 年梨栽培面积 840hm²，产量 1.5 万 t；2005 年栽培面积达 1730hm²，产量 2.5 万 t，为义乌市目前水果产业中栽培面积最大、产量最多的树种。

著名园艺学家、中国近代园艺事业奠基者之一、原浙江农业大学教授吴耕民先生（1896～1991）主编的《中国温带落叶果树栽培学》中这样描述该品种："三花梨，主产浙江义乌、浦江一带。树势中健……。果倒卵形或纺锤形，平均重 220 克……。果肉白色，质稍粗松，砂粒稍细，汁液甚多，味甜，无酸，品质上。在义乌 8 月中下旬成熟，不耐久贮。"1959 年义乌三花梨被评为浙江省佳优果品，曾多次送北京全国农业展览馆展出。1985 年，省农业厅把 5 根三花梨接穗作为浙江梨良种回赠日本静冈县。

义乌市江东街道许宅村有一位 70 多岁的老梨农许忠汝，这位浙江省劳动模范 1986 年开始种梨，1993 年成立了义乌市梨新品种研究所，先后引进 108 个梨品种进行试种。在他的梨园中还保留着一株三花梨，与同龄的以其作亲本育成的黄花梨相比，三花梨的树体明显瘦弱，果实外观品质差，而且肉质较硬，石细胞多，果心大。正因为这些缺陷，当黄花梨育成推广后，便迅速替代了三花梨，现在即便在义乌市面上已很难找到三花梨的商品果。

许忠汝（中）与他的梨新品种研究所

义乌三花梨（右）和黄花梨

在廿三里街道（原华溪乡）联五村的田头地边上，还保留着这些已基本完成历史使命的老梨树，这些梨树近年来已不再施肥喷药，也没有商品果产出，多用作劳作间隙休息纳凉之用，果实成熟时，也偶尔摘几个尝尝。

2. 云和雪梨

云和雪梨是云和县传统名果，自明景泰三年(1452年)设县以来，历代县志物产卷和《浙江通志》《中国实业志》《浙江经济年鉴》都有记载。清光绪三十年(1904年)光复会领导人之一魏兰提倡实业救国，开始在木路大炉山栽种雪梨千余株，接着从日本留学回乡的许学彬亦在五霞岭种植雪梨，王若浮在凤凰山及前巷，高希鲁在西山及鳌山，柳家在白獭山，陈家在八角坪大面积种植雪梨。后又发展到三溪乡、河上、长田、贵溪、沙溪，小徐乡黄水准、程宅、瓦窑、睦田以及云坛、陈村、沈村、竹坑、包山、西坑等地连片种植。民国四年(1915年)，"云和雪梨酒"曾获巴拿马国际博览会铜质奖。民国二十九年(1940年)，云和县梨园面积达167hm²，有梨树10万多株，产量15 000担，成为当地农民经济收入的主要来源。

新中国成立后，在以粮为纲的政策指导下，大部分梨园处于荒芜或半荒芜状态，产量锐减，质量下降。以后城镇扩建，县城周围的梨园被毁。1982年全县投产梨园只有7.6hm²，产量仅30t。1984年，为恢复和发展云和雪梨，县农业局进行了全面普查，全县共有11个品种，经浙江省农科院鉴定，其中，三花梨、细花雪梨、真香梨、六月消属优良品种，栽培面积仅2.5hm²。1985年后，县人民政府把发展雪梨列入速生丰产林计划，对种植梨树进行经济补助和贴息贷款。1987~1990年，全县新开辟雪梨基地153hm²。2000年后，大力发展以翠冠梨为代表的新一代云和雪梨，目前拥有梨园1 440hm²，占了全县果树栽培面积的2/3之多。

云和雪梨

真香梨

教科书上的品种介绍往往这样描述：云和雪梨，又名细花雪梨，浙江著名的地方名果。主要产于云和、丽水等县

（市）。树势强，枝较细软。果大皮薄，圆形稍扁，底色淡绿，面淡黄褐。梗洼浅小或近于无。一侧多有凸起。萼片脱落或残存，萼洼较浅广。果肉乳白，脆嫩，汁多，味甜，芳香，果心小。

传统云和雪梨产地在云和县沈村乡（现为云坛乡），不过现在能正常生产的园子已经很少。在云坛乡的苏坑村有一片1982年种植的老梨园，在沉寂20年后在当地农技员的指导下通过技术改造重新散发着活力。园主还拥有一片以翠冠梨为主的新梨园，老品种的价格要高过翠冠梨4倍之多，效益的巨大差距使得刚投产不久的翠冠梨树都被高接成传统的云和雪梨。尽管云和县已远离东部沿海，但登陆的台风依然影响着传统云和雪梨的种植效益。

云坛乡的云和雪梨

包山村是云坛乡最偏远的村庄之一，也是云和雪梨重要的发源地之一。包山雪梨大面积栽种已有百余年历史，因皮薄肉细汁多味甘而被列为云和雪梨中的上品。新修建的水泥路使大家能走近这座雾霭深处的村庄和见到屋前房后零星的老梨树，黝黑的树干长满青苔，苍老而残缺。

包山村的老梨树

3. 乐清蒲瓜梨

1996年，中国农业部对我国522份砂梨资源进行农艺性状鉴定和品质鉴定，蒲瓜梨作为推荐最优秀的10种品种之一。作为浙江省五大具有地方特色的传统栽培品种之一，乐清蒲瓜梨明显没有义乌三花梨、严州雪梨、云和雪梨的知名度高。网上可以查阅的资料也少得可怜，基本上都是报道大荆荆优农场的蒲瓜梨产销信息。"2007年，大荆荆优农场送蒲瓜梨到北京，给出席中共十七大的浙江省代表团品尝。"这条信息成为蒲瓜梨宣传的最大亮点。产品的介绍则是这样的：蒲瓜梨，主要产地在温州乐清大荆，九月下旬成熟。平均单果重552g，最大可

蒲瓜梨

达 1 500g，果实倒卵形，形状如蒲瓜，故称蒲瓜梨。果皮绿褐色。果肉中细、酥脆。汁特多，可溶性固形物 13.6%，可滴定酸 0.395%，含维生素 C13.3 mg·kg^{-1}，味甜酸，余味好。

浙江省 1973 年农业统计资料记载，当时乐清县梨树种植面积 187hm^2，是乐清县最主要的特产之一。乐清蒲瓜梨的发源地在乐清市仙溪镇的原南阁村，南阁村以前是个大村，后分为南阁上街、南阁下街和果木场 3 个村，2 000 多户人家，7 000 余人口。有位叫章纪标的地主家是该村蒲瓜梨的发源地，新中国成立前就有 0.1hm^2 的蒲瓜梨园。至于该户从何处引进的蒲瓜梨品种已无法考证。南阁村的蒲瓜梨在人民公社成立后迅速发展，20 世纪 70 年代最兴旺，全村几乎全部山地都种上梨园，是当时大荆镇栽培面积最多的地方。改革开放后，随着包产到户承包责任制的落实以及当地林木苗木产业的兴起，产业迅速衰落，到现在在该村已找不到一株梨树。

在大荆镇的屿下村还保留着村集体所有的蒲瓜梨园，面积 4.8hm^2。失管多年，园内杂草众生，树体高大，内膛空虚。2009 年开始对外承包并加以管理，在当年的"凤凰"台风中损失近 80% 的果实，售价 10 元 /kg 左右。采收的果实直接堆放在简易仓库里，盖上草就能贮藏很长时间，是一个极耐贮藏的晚熟梨品种。

有报道说，2007 年在隐处岙村陈益琴家还采收到一只重达 1.75kg 的蒲瓜梨，足见蒲瓜梨是一个难得的大果型种质资源。

屿下村的蒲瓜梨园

屿下村的蒲瓜梨园

4. 严州雪梨

无论查阅浙江省特产还是杭州市特产，严州雪梨都会呈阅其上。因毗邻杭州城，南宋时又曾为皇家贡品，故其名声在几个浙江省传统名梨中更胜一筹。吴耕民先生主编的《中国温带落叶果树栽培学》中这样描述该品种：果形似鸭梨而稍小，平均重约170g，果梗长约3.8cm，梗洼极浅小，周缘微有锈，蒂洼急深，周缘有锈斑，萼凋落或间有宿存者。不包袋者果面黄绿色，果点淡锈色，粗大密生；包袋后果面光洁，呈乳白色。果肉纯白，质细，几无砂粒，汁多而甜，有佳香，品质上，唯甜味稍淡。网上材料对该品种的描述大多相同，称其果形似"鸭梨"，果实硕大。果实梗洼一侧常有一斜状凸起，梗洼极小面浅，果梗也略有偏斜，基部膨大成肉质。果皮色泽不套袋管理的初为绿色，成熟后黄绿色。

寄接的严州雪梨

绪塘村的严州雪梨老梨树

严州雪梨以果大、色白、皮薄、肉脆、汁多、渣少、梨心小著称。因上市期正值盛夏酷暑，入口特别甘洌爽口。原产浙江建德、桐庐，曾是上海、浙江的发展品种。四川、福建也有栽培。据《浙江省建设厅志》记载：1933年建德产梨200多担（担=50千克，全书同），畅销沪、杭、赣等地。新中国成立前年产500余担，1949年梨园面积38.8hm²，1977年为66.8hm²，1992年发展到180多公顷。大概是严州的区域范围较大，建德、桐庐等地不光已经没有传统严州雪梨的生产基地，而且连严州雪梨的区域品牌都没有很好地继承下来。在建德县杨村桥镇的绪塘村还有一株

30多年树龄的老树。当地的村民介绍，老梨树在大跃进前还广泛种植在村落田头，大跃进中多砍作炼钢铁的薪柴之用。品种更替已经历杭青、翠冠2代品种，现在种植的基本上是翠冠和圆黄2个品种。

百度百科中描述严州雪梨时提到"哀梨蒸食"的典故。传说汉朝时秣陵（今南京）有一个叫哀仲的人，他家里种出来的梨子个头很大并且味道鲜美，又脆又嫩，入口而化，被当时人称为哀家梨。在唐朝之后的古典小说《幽梦影》中有一段用哀家梨来做形容的话语是这样写的："今举集中之言，有快若并州之剪，有爽若哀家之梨，有雅若钩天之奏"，可见哀家梨名声之大。由于哀家梨名气大，当时的人们常以能够吃到哀家的梨为荣耀。有些附庸风雅的人，为了炫耀自己的家财和能耐就想尽办法得到哀家梨。但是他们得到了哀家梨后却用蒸笼蒸熟了来吃。梨子本来是生吃才能吃出脆嫩味美的，何况又是以脆嫩和鲜美著名的哀家梨。因此人们就用"哀梨蒸食"来比喻不懂得某个东西的长处，稀里糊涂地糟蹋东西。

流传下来的品种中已没有哀家梨的名字，至于严州雪梨是不是就是哀家梨，已是无从考证，严州雪梨的来龙去脉更是难觅踪迹。作为品种，严州雪梨已走完了它的生命历程。

沧桑的树体和现代的品种结合在一起，见证了当地梨树品种的更新

5. 霉梨

从某种意义上，霉梨是称不上浙江省的梨地方优良品种，很少有当地农业技术人员熟悉这个品种的来龙去脉，年轻的技术干部甚至不知道这个品种的存在。在文献中也找不到有关霉梨的资料。

在富阳环山乡的环联村，有心的果农裘志银在富阳、诸暨等地收集了26个霉梨品种，最大的品种单果重可达1 500g，成熟期从9月一直延续到12月。2hm^{2}的园子从2003年开始陆续高接，2008年收了5 000多kg的果子，平均售价达到10元/kg，栽培效益远高于高接前的翠冠和圆黄2个品种。在附近的龙四

裘志银（左一）与他的霉梨园

村，还有大量的霉梨老树分布在房前屋后、山脚田边，基本上都是风烛残年、奄奄一息。据当地居民介绍，霉梨在周边地区围绕龙门山四周曾都有广泛分布。

浦江县童叟喜霉梨专业合作社是这样描述自己的"童叟喜"牌霉梨产品：本产品自3月上旬开花，到11月下旬采摘挂果期长达8个多月，是水果中挂果时间最长的，积累养分也是最高的；适宜人群：高血脂、高血压、糖尿病、肠胃不好者，婴幼儿、小孩换牙期间，老人；产品特点：野生、低糖、粉、酸甜适中。农民的描述简单而淳朴，尽管缺乏科学依据。2.5kg的小包装可卖到80元1箱，同样收益颇丰。与其他地方相比，合作社位于郑家坞镇金宅村的基地采用小苗种植，5年生的树体生长健壮而整齐，更具生产潜力。

浦江县童叟喜霉梨专业合作社的霉梨产品

浦江县童叟喜霉梨专业合作社的霉梨生产基地

6. 地方品种的保护与利用

从走访的结果看，传统品种的兴起各地各有不同，从清代、民国，一直到20世纪60～70年代，但60～70年代人民公社化时期无疑是浙江省传统品种的鼎盛时期。1973年全省梨树栽培面积8 533hm²，占水果总面积的21.7%，仅次于柑橘。这个时期除杭嘉湖地区多应用日本引进的菊水、八云和长十郎等品种（西湖蜜梨）外，其他地区均以传统地方品种为主。而80年代则是传统地方品种的衰退期，土地承包责任制的实施和黄花梨的育成推广是造成传统品种衰退的2个重要原因。90年代后期浙江省梨业进入快速发展时期，传统地方品种在翠冠梨的发展浪潮中几乎销声匿迹。近年来，随着早熟市场的饱和与消费者对现代品种口味单一性的厌倦，传统品种才重新引起生产者的重视。

在调查中，无论市场还是栽培地点都已经很难见到这些传统地方品种的身影。我们只找到一株严州雪梨，义乌三花梨也在市场上绝迹；云和雪梨和乐清蒲瓜梨仅存的生产基地都是通过老树改造进行生产，树冠高大郁闭，病虫害多，产品整齐度差，商品率不高。消费群体则以当地传统消费者为主，基本上不进入市场，都为上门购买或集团消费。因为生产面积少，产品供不应求，产品价格多在8～10元/kg，比同期上市的黄花梨价格高出4倍之多。值得注意的是这些产品普遍存在早采现象，不能充分表现出品质特点。

各地农业主管部门对这些传统地方品种的种质资源保护意识十分淡薄。云和县曾在20世纪80年代进行资源普查、选优和种质保存等工作，并进行了政策扶持。90年代末期提出"云和新雪梨"的概念，放弃传统品种，只继承"云和雪梨"的品牌。其他地方则很少有所作为，甚至都不知道它们的来龙去脉。

在育种方面，浙江农业大学和浙江省农业科学院曾以义乌三花梨作为亲本育成黄花和清香2个品种，目前，还是浙江省的主要栽培品种之一。省级科研部门没有设立专门的种质资源圃，只保留了少量的优系单株。国家种质资源圃（武汉）收集了包括蒲瓜梨、三花梨等主要浙江省地方品种。

品种的兴衰有其历史发展的必然性。与新品种相比，传统品种往往外形不圆整、多锈斑、肉质粗，而且成熟期迟，易受台风影响。由此产生的品质与效益落差是造成传统地方品种衰败的主要原因。

云和县沈村乡苏坑村一梨农把翠冠梨高接成云和雪梨的事例不光体现了"品种单一化"带来的问题，"纯甜型"的优质梨果概念也使部分消费者开始怀念传统品种的风味，风味浓郁或独特的品质特点成为一些传统地方品种的卖点，吸引消费者的回归。

当然，分析了传统地方品种所具备的优势后，我们不能忘记其被果农和市场遗弃的原因。成熟期晚可以避开浙江省梨果上市集中期，却迎来了台风的影响；风味浓郁或独特可以勾起当地中老年消费者的共鸣，却很难引起青少年的青睐。

在传统地方品种的振兴工作中，我们不能盲目悲观，更不能头脑发热
（吴道根与他的蒲瓜梨园）

（二）温岭箬包梨种质资源的调查及开发利用

　　梨是温岭市的传统特色水果之一，果品个大味美在当地享誉盛名，因其多采用箬叶包果防止虫害，故通称"箬包梨"。箬叶袋采用手工缝制，取6～8张晾干的箬竹叶片均匀覆盖在特制模具上，用纱线把箬叶缝制成袋状，卸出模具即成箬叶袋。套袋前将箬叶袋在水中浸透使箬叶柔韧，套上果实后用纱线或稻草将袋口系在果实着生的枝条上，并使之密封牢固。

准备箬叶　　　缝制箬叶袋　　　箬叶袋成品　　　箬叶袋套袋状

乌龙岙以村委员会驻地乌龙岙村而得名，位于肖村乡东北部，98户，862人，梨园是其主要经营果林，系"肖村箬包梨"产地，驰名全县。
——《温岭县地名志》（1988）

1. 箬包梨种质资源利用现状

据文献记载及山区年长居民回忆，温岭箬包梨的种质资源的数量及分布较为广泛，在山区各地均有分布。而据目前实地调查的情况看，全市梨种质资源的数量及分布已日趋减少，且多呈自然放任生长状态，其中，以城东街道的乌龙岙村种质资源最为丰富。该村在新中国成立前就大量种植梨树，清代时就形成了"肖村箬包梨"的地方特产，是温岭最早种植梨树的地方之一。

乌龙岙村共有8个品种，包括青屿梨、猪心黄梨、小黄梨、云和梨、白头梢、酸黄梨、箬包梨、蒲铜梨、棠梨等（表2-1），其中，有一株棠梨已有200余年树龄，被当地林业主管部门列为

乌龙岙村的老梨树（棠梨）

温岭市古树名木（编号浙 JC136）。主栽品种青屿梨引自原温岭县青屿乡，云和梨引自浙江省云和县，其他品种的来源已无从考证，命名的方法也多根据其果实的形态或品质特征。

表 2-1　温岭市城东街道乌龙岙村梨种质资源果实性状调查表

（温岭市农业林业局，2007）

品种名	采收期 （月－日）	纵径 （cm）	横径 （cm）	果形指数	单果重 （g）	TSS （%）
猪心黄梨	9－07	6.05	7.02	0.86	163.0	11.25
小黄梨	9－07	5.72	6.18	0.93	124.8	8.94
云和梨	9－07	6.40	7.19	0.89	184.3	11.83
白头梢	9－12	7.67	8.27	0.93	284.1	11.64
青屿梨	9－12	8.79	8.34	1.06	327.1	13.30
酸黄梨	9－17	5.45	5.74	0.95	99.7	9.45
箬包梨	9－17	7.67	6.64	1.16	164.2	11.17
棠　梨	9－17	5.09	5.36	0.95	86.2	10.50

注：TSS 为可溶性固形物含量，用 WZ103 手持折射计测定。下同

乌龙岙村仍采用传统的栽培方式，树冠高大，可达十余米高。幼果期用箬叶袋或纸袋套袋以防止虫害，是温岭市唯一还沿用箬叶袋套袋的地方。其他地方的箬包梨产地品种结构基本一致，都是以箬包梨为主栽品种，以大头梨为授粉品种，如太平街道后应村（表 2-2），栽培上略有改进，会进行主干落头降低树冠高度，采用纸袋套袋等栽培措施。

表 2-2　温岭市太平街道后应村梨园梨种质资源果实性状调查表

（温岭市农业林业局，2008）

品　种	采收期 （月－日）	纵径 (cm)	横径 (cm)	果形 指数	单果 重(g)	果柄长 度(cm)	硬度 (kg·cm^{-2})	TSS (%)	可滴定 酸(%)	维生素C (mg·kg^{-1})	石细 胞(%)
箬包梨	9－16	9.77	9.34	1.05	452.9	3.95	5.78	11.24	0.275	5.52	1.21
两头尖	9－16	8.41	7.86	1.07	268.6	4.53	5.79	13.93	0.156	12.68	1.28
大头梨	9－22	9.55	10.16	0.94	555.6	3.03	7.98	7.72	0.342	8.38	1.86
真香梨	9－11	8.62	8.66	1.00	372.5	5.21	6.10	13.30	0.133	36.95	—

注：真香梨来自云和县

2008 年，取乌龙岙村箬包梨各品种的花芽寄接在温岭市国庆塘梨园的脆绿树体上，9 月在各品种成熟期时进行果实品质检测（表 2-3），可以看出温岭箬包

梨种质资源有以下几个特点：①均为晚熟品种。成熟期集中在 9 月，其中以云和梨成熟期最早（9 月上旬）。②果型较大。除棠梨外，其他各品种均果型较大。③含糖量较高。可溶性固形物含量在 10.68%~13.31%，除棠梨外，其他各品种均超过 11%。从综合品质看，各品种以青屿梨品质最好，次为云和梨。而棠梨果型最小，硬度和石细胞含量最高，可溶性固形物含量最低，品质低下，当地都采果实煮熟后再食用（俗称"饭熟梨"），但维生素 C 含量较高，是个高维生素 C 的种质资源。

猪心黄梨　　　　　小黄梨　　　　　云和梨　　　　　白头梢

青屿梨　　　　　酸黄梨　　　　　箬包梨　　　　　棠梨

表 2-3　温岭市国庆塘梨园梨种质资源果实性状调查表

（温岭市农业林业局，2008）

品种	采收期（月－日）	纵径(cm)	横径(cm)	果形指数	单果重(g)	果柄长度(cm)	硬度(kg·cm^{-2})	TSS(%)	可滴定酸(%)	维生素 C(mg·kg^{-1})	石细胞(%)
云和梨	9-01	8.71	9.35	0.93	461.4	4.10	5.81	13.31	0.167	22.28	0.77
白头梢	9-07	8.95	8.88	1.01	397.0	1.97	9.60	11.83	0.232	46.77	—
小黄梨	9-07	7.47	8.67	0.86	369.9	2.81	6.24	12.05	0.126	47.54	0.70
箬包梨	9-07	10.18	8.46	1.20	369.4	4.52	5.76	12.06	0.203	11.58	1.01
青屿梨	9-12	10.21	9.72	1.05	541.2	3.95	5.87	12.62	0.224	23.90	0.71
棠　梨	9-16	5.81	5.96	0.98	119.0	3.59	10.02	10.68	0.178	58.46	2.46
猪心黄梨	9-17	10.36	10.68	0.97	718.7	3.83	6.80	12.6			
酸黄梨	9-17	7.63	8.74	0.87	331.7	3.79	6.5	11.85			

从调查的结果可以判断，所谓温岭箬包梨并非单一的一个梨品种，而是地域性的品种群，这与云和雪梨的称谓是相似的。更准确地说，箬包梨是一种以栽培

农艺命名的商品名，如同台湾特产寄接梨一般。传统上用箬包梨作称谓的不光温岭，浙江省龙游县、江苏省溧阳县在历史上均有这样的称谓。

由于栽培历史悠久，各地在同品种的称谓上产生差异。最显著的是箬包梨的主栽品种，在乌龙岙村被称为青屿梨，在后应村被称为箬包梨，在南山村叫作蒲瓜梨，在乐清大荆也叫消梨，在乐清雁荡则又被称为雁荡雪梨。经过采集并观察，发现它们是基本相同的品种（系），只是由于栽培历史久远和生态环境的不同产生些许变异或差异。青屿梨是以引进地域命名，因为其引自当时的青屿乡；蒲瓜梨是以果实形态命名，因为其果实外观形状如同蒲瓜；箬包梨则以栽培农艺命名，因为其果实采用箬叶制袋进行套袋；消梨以其食效来命名，因为其果实具有消暑降火的功效；而雁荡雪梨是以产地命名。相对来说，蒲瓜梨的称谓名气更大，武汉种质资源圃保存的就以这个名字记载的。

据调查，蒲瓜梨可能最早在温州市温峤镇（原青屿乡）种植的。有下列几个证据可以去推断这个结论：①乐清蒲瓜梨发源地在乐清大荆镇的南阁村，该村一位叫章纪标的地主家又是该村蒲瓜梨的发源地，新中国成立前只有 0.1hm^2 的蒲瓜梨园，面积太小，与肖村箬包梨成名于清代的规模相差甚远，难以是品种的起源地。②温岭现存最老、最大的箬包梨产地——城东街道乌龙岙村的蒲瓜梨以青屿梨命名，据当地老农回忆，当地的品种引自原青屿乡。③青屿乡与乐清大荆接壤，现在已基本没有梨树，据当地老人记忆，在其尚是孩子的时候，该地山坡地还种满梨树，非常高大，一人难以搂抱。至于青屿乡的蒲瓜梨来自何地，就无从考证了。

另外，乌龙岙村的蒲铜梨和后应村的大头梨以及乐清大荆的人头梨也属于同物异名，这个品种是作为蒲瓜梨的授粉品种进行应用的。值得一提的是，大头梨尽管品质平平，但却是一个很好的大果型种质资源，在栽培管理较好的条件下，单果重可达到 2 500g 以上，且果形端正，外观漂亮。后应村的两头尖与云和县的真香梨极其相像，可能是随云和梨一同从云和县引进的。

2. 箬包梨的 AFLP 遗传多样性

DNA 标记被证明是梨属植物种质资源鉴定和遗传多样性分析最有效的工具，特别是 SSR 标记(Simple Sequence Repeats) 和 AFLP 标记（扩增片段长度多态性，Amplified Fragment Length Polymorphism ）由于多态性高、重复性好已经在梨属植物的图谱构建、遗传多样性分析和品种鉴定等方面得到了广泛的应用。Yamamoto 等将从苹果上开发的 SSR 引物成功地应用到 36 个梨品种的遗传分析中，表明这些 SSR 引物在苹果和梨属植物中具有通用性，可以用于评价梨属植物的遗传多样性（蔡丹英 等，2010）。

基于 AFLP 生成的浙江省温岭市和丽水市梨地方种质资源系统关系树中，在 SM 系数 0.76 处，系统树分成 3 个大组（图 2-1）。第 I 大组又由 2 个亚组组成：

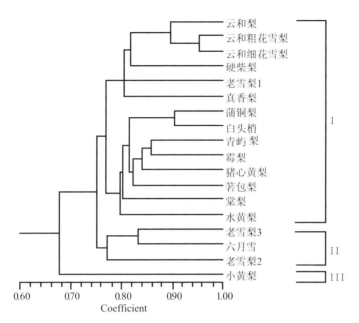

图 2-1　基于 AFLP 生成的浙江温岭和丽水梨地方品种种质资源系统关系树
（浙江大学，2008）

第一亚组由 6 个样品组成：云和梨（温岭）、云和粗花雪梨、云和细花雪梨、真香梨、老雪梨 1 和硬柴梨等，其中，云和粗花雪梨和云和细花雪梨以较高的遗传相似度（0.953）聚在一起，与云和梨（温岭）再聚成一个分枝。第一亚组中除云和梨采自温岭市外，其他样品均来自丽水市，证明温岭的云和梨与丽水的云和梨同出一脉，引入温岭后经过长时间的种植逐渐产生与原产地的遗传差异。第二亚组均由温岭市取样的样品组成，其中，蒲铜梨和白头梢以 0.904 的相似系数聚在一起后，再与青屿梨、霉梨、猪心黄梨、箬包梨、棠梨和水黄梨聚合。第 II 大组包括丽水的样品老雪梨 2、老雪梨 3、六月雪，其中老雪梨 3 和六月雪的遗传相似度为 0.832。第 III 大组只有来自温岭的样品小黄梨。这个结果证明无论温岭箬包梨还是云和雪梨都具有较丰富的遗传多样性，并具有明确的地域性。也证明温岭箬包梨并不是单一的一个品种，而是一个地域性的品种群，这与实地调查的结果是一致的。

3. 箬包梨种质资源的利用与开发

目前，温岭箬包梨作经济栽培的尚余 20hm² 左右，以太平街道后应村的梨园管理最好，产量最高。当地消费者特别是中老年人也对这个地方特产青睐有加，价格一直稳定在 15 元 /kg 左右。但由于树体高大老化，受台风影响较大，产量与效益均不稳定。在栽培农艺上，各地差异较大，如在套袋材料选择上，从传统的箬叶袋、20 世纪 70 年代大量应用的水泥纸袋，一直到现代的商品纸袋均

后应村的箬包梨园

有应用。商品梨的品质差异也大，往往出现肉质粗、酸味和涩味重等品质缺陷。因此，在传统品种的开发上，首先应用优良的品种，如蒲瓜梨。栽培上采用现代管理技术，通过矮化或棚架栽培，提高抗风性能，减少沿海地区台风损失；加强肥水管理，通过良好的管理也提高果实品质，达到最理想的食用风味。

另外，对原有的产地如乌龙岙进行原产地保护，建立温岭箬包梨原生地种质资源保护区，以"赏梨花、品梨果"为主线结合观光旅游加以开发利用。并异地建立种质资源保护圃，保存已经发现的箬包梨种质资源，如蒲瓜梨、云和梨、大头梨等；同时，以筛选出的优良地方品种（系）和目前推广应用的优良品种为亲本进行育种工作，重点选育风味浓郁、果型大的晚熟品种，满足消费者多样化的需求。

（三）大果型晚熟梨优良品种——蒲瓜梨的选育与评价

1. 选育过程

2005年，通过对温岭市及周边地区梨品种资源的实地调查，在对品质、熟期、结果性状及优株生长环境作综合分析的基础上，初选了一批优良的单株，包括温岭市城北街道南山村的蒲瓜梨（编号 Puguali）、城东街道乌龙岙村的青屿梨（编号 Puguali1）、太平街道后应村的箬包梨（编号 Puguali2）、乐清市大荆镇屿下村的消梨（Puguali3）等（表2-4）。2007年高接在温岭市国庆塘梨园中进行复选，对当选优株的综合性状进行评价的基础上，对主要优株（Puguali2）采用

"边观察、边寄接、边推广"方式，并进行适量规模的苗木繁育，建立优株母本园，并对子代的性状表现及稳定性作跟踪观察，同时摸索相应的栽培措施。在子代经济性状表现稳定以后，进行了更大区域的推广种植（图2-2）。

表2-4　蒲瓜梨优良单株品质对比表

（温岭市农业林业局，2007）

编号	纵径(mm)	横径(mm)	果形指数	单果重(g)	硬度(kg·cm⁻²)	TSS(%)	可滴定酸(%)	固酸比	维生素C(mg·kg⁻¹)	石细胞(%)
Puguali	9.53	9.61	0.99	493.5	5.38	10.72	0.316	33.95	22.06	0.86
Puguali1	9.70	9.15	1.06	438.9	5.23	12.33	0.395	31.21	24.27	1.23
Puguali2	9.77	9.34	1.05	450.9	5.78	12.60	0.275	40.84	25.52	1.21
Puguali3	10.34	10.29	1.00	618.2	6.03	12.44	0.319	38.95	14.34	1.04

注：①采收时间为9月中旬；②固酸比＝可溶性固形物含量/可滴定酸含量，下同

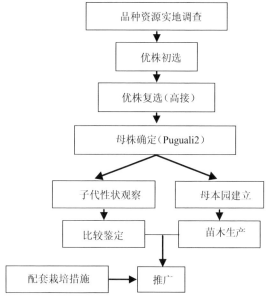

图2-2　新品种选育技术路线图

2. 植物学特性

蒲瓜梨树形高大，树势较强，干性强，萌芽率高，成枝力强。成龄树树高4～5m，冠幅4～5m。叶片心脏形或广卵形，长9.6cm，宽7.95cm，先端急尖，叶缘小锯齿基部全缘，叶片光滑无毛，叶柄长5.86cm。每花序有花5～9朵，花蕾白色。花冠中大，宽3.74cm。花瓣长圆，白色，花瓣数5～10个，长1.53cm，宽1.22cm。花药粉红，花粉较多，雄蕊数24～32个，柱头数5～6个，花梗长

度3.43cm。

果实倒卵形，形状如蒲瓜，故称"蒲瓜梨"。平均单果重467g，果皮黄绿色，套双层袋后呈黄褐色。梗洼、萼洼有大块锈斑，果面常有小锈斑，果点大，萼洼、梗洼广而深，果柄长4.33cm，粗0.32cm，果心小，呈纺锤形，心室5个，有种子5~11粒。种子长1.22cm，宽0.62cm，厚0.27cm，百粒重15.8g。果皮中厚较粗，果肉白色，肉质稍粗、松脆，汁极多，味甜酸适口，略有香味。果心小，可食部分占全果重89.1%，含可溶性固形物12.6%，可滴定酸0.275%，石细胞含量1.21%，维生素C含量25.2 mg·kg^{-1}。果实成熟期9月中下旬，耐贮藏。

蒲瓜梨树体　　蒲瓜梨叶片

蒲瓜梨花序　　蒲瓜梨幼果　　蒲瓜梨果实　　蒲瓜梨的果实剖面图

萌芽期3月上旬，盛花期3月中下旬。以短果枝结果为主，果台连续结果能力强。每花序着果2~3个，无采前落果现象，丰产稳产。嫁接苗定植第3年开始成花，第4年开始开花结果，第7年开始进入盛果期，成年树产量在37 500kg·hm^{-2}左右，经济寿命可达50年。自花结实率低，需配置授粉树。抗寒、旱、盐碱性强。果实成熟期怕风害。

3. 品质评价

与目前推广的引自日本的优良晚熟梨品种——爱宕作比较（表2-5）。从果实大小看，两个品种差异不大，都是大果型的品种。在试验果品中，蒲瓜梨最大果重达到1580g，2009年在北京大兴第八届全国梨王擂台赛上获得第二名。从果实外观看，爱宕果实高圆形，果皮黄褐色，光滑，果点不明显；而蒲瓜梨果实倒卵形，果点大而明显，外观明显不如爱宕。与爱宕相比，蒲瓜梨的内在品质呈现糖低酸高的品质表现，固酸比含量只有爱宕的52.5%。但从口感上讲，爱宕水分少，肉质韧性强（橡皮肉质），口感明显不如蒲瓜梨。

表 2-5　蒲瓜梨与爱宕的品质对比

（温岭市农业林业局，2009）

品　种	纵径 (mm)	横径 (mm)	果形 指数	单果重 (g)	硬度 (kg·cm^{-2})	TSS (%)	可滴定 酸(%)	固酸比
蒲瓜梨	10.33	10.65	0.97	780.4	5.67	12.20	0.218	56.02
爱宕	9.83	11.31	0.87	783.2	7.30	13.96	0.131	106.65

注：取样果实均采自温岭市国庆塘梨园的大棚内，为寄接果实

　　为进一步评价蒲瓜梨的果实品质，我们再选择市面上当令梨品种进行综合评分（满分为10分，内质分和外观分各为5分，由3名农技人员进行综合评分，取平均值，见图2-3）。蒲瓜梨风味浓郁、肉质松脆较细、水分较多、甜味适中，内质评分为2.8，列第一位；其次为黄冠（2.3），肉质较软，水分较少，有少量酒精味；砀山酥梨（2.2）肉质较软、水分中等、品质参差不齐、有酸有甜；鸭梨（2.1）肉质松脆、水分中等、口味淡、甜味少；丰水（1.8）过熟，肉质软绵，甜味很浓，水分少。而外观品质从高到低依次为黄冠（4.7）、丰水（4.3）、蒲瓜梨和鸭梨（3.7）、砀山酥梨（2.7）。综合评分则以黄冠最高，达到7.0，其次为蒲瓜梨（6.5）、丰水（6.2）、鸭梨（5.7）和砀山酥梨（4.8）。

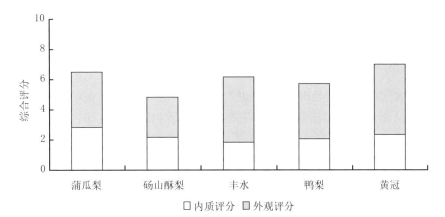

图 2-3　蒲瓜梨与时令梨品种的品质评分对比图

（温岭市农业林业局，2009）

而从常规品质指标来看（表2-6），蒲瓜梨的果型是最大的，由于高糖高酸，固酸比反而是最低的，与目前推广品种的纯甜型品种如丰水等差异是很大的。但这又与品尝的评分结果是不一致的，证明单纯的甜味难以使食用者产生良好的口感，反而蒲瓜梨高糖高酸甚至淡淡的涩味更能刺激人的味蕾并产生良好的口感，这大概就是我们日常所说的"风味浓郁"的口感所在，也是选育推广地方特色品种的价值所在。

表2-6　蒲瓜梨与市场上晚熟品种的品质对比
（温岭市农业林业局，2009）

品种	纵径(mm)	横径(mm)	果形指数	果心比	单果重(g)	硬度($kg \cdot cm^{-2}$)	TSS(%)	可滴定酸(%)	固酸比
蒲瓜梨	10.49	9.81	1.07	0.33	549.6	4.89	13.08	0.37	35.8
砀山酥梨	7.89	8.30	0.95	0.32	290.7	3.68	11.81	0.15	77.5
丰水	7.51	8.60	0.87	0.40	311.5	2.97	14.83	0.14	103.8
鸭梨	8.50	7.64	1.11	0.45	257.1	4.94	11.48	0.20	57.5
黄冠	8.16	8.05	1.01	0.35	287.2	3.98	10.90	0.14	76.3

注：除蒲瓜梨取自乐清大荆外，其余各品种均购自温岭市水果批发市场，取样时间为2009年9月25日

4. 综合评价

蒲瓜梨是从温岭市梨地方种质资源中选育出的优良晚熟梨品种，原名箬包梨、青屿梨。该品种具有抗逆性强、树势强健、丰产稳产、果型大、果心小、品质优、风味浓郁、耐贮藏的优点，适宜在浙江各地推广应用。由于成熟期晚，果实抗风性差，更适宜在内地山区避风地发展。沿海地区可采用棚架或寄接的方式种植。

主要缺点：外观较差，肉质稍粗，可作为育种亲本培育更优良的晚熟品种。

二、露地栽培适宜品种的筛选

浙江省温岭市沿海涂地的梨树规模种植始于1993年，滨海镇靖海村农民应东玲率先从浙江大学园艺系引进黄花等品种进行种植；1998年，滨海镇靖海村应锡明从浙江省农业科学院园艺研究所引进翠冠、清香等品种，并迅速形成规模种植。2000年，温岭市国庆塘梨园从杭州市果树研究所等单位引进翠冠、清香、早翠、西子绿、新雅、脆绿等品种进行种植；2004年，温岭市金田嘉禾果业有限公司和温岭市天盛生态农业有限公司从上海市农业科学院林木果树研究所引进早生新水、长寿等品种（表2-7）。从1993—2004年，共引进12个梨新品种在生产上推广应用。其中2000—2004年是温岭市梨新品种引进与推广最兴旺的5

年，全市新发展梨园 252hm^2。

表 2-7　温岭市主要梨生产企业的露地种植品种

企 业 名 称	种植面积（hm^2）	主　要　品　种
温岭市滨海早熟梨专业合作社	160	翠冠、黄花、清香、翠绿
台州市罗氏果业有限公司	50	翠冠、清香、翠玉
温岭市国庆塘梨园	5	翠冠、早翠、清香、黄花、西子绿、新雅、脆绿
温岭市仙客来果园	13	翠冠、清香、黄冠
温岭市金田嘉禾果业有限公司	20	早生新水、翠冠、雪青、长寿、中梨一号
温岭市天盛生态农业有限公司	15	翠冠、早生新水、清香、早翠

　　生产性品种的引进多采用嫁接苗直接大田种植的方法，观察各品种的生长结果特性、适应性及果实商品性，并开展配套栽培技术研究，探索和总结不同品种的栽培技术措施。经过多年的跟踪调查，对露地生产性的 12 个品种在成熟期、生长势、产量、品质与树体的抗风性作了对比并分类（表 2-8）。

表 2-8　露地栽培中梨品种生产性状比较

（温岭市农业林业局，2006）

品种	成熟期	树势	产量	内在品质	外观品质	抗（风）性
黄花	8月中下旬	强	高	较好	较差	强
翠绿	7月下旬	中庸	中	一般	较好	强
翠冠	7月中旬	强	高	优	较差	差
清香	7月下旬	强	较高	较好	较差	强
黄冠	8月初	中庸	中	一般	好	强
西子绿	7月下旬	弱	低	一般	好	中
新雅	7月下旬	中庸	中	一般	较好	中
早翠	7月上中旬	强	较高	较好	较差	中
早生新水	7月上旬	强	中	优	好	中
雪青	8月中旬	强	高	一般	较好	中
长寿	7月中旬	中庸	中	一般	较好	强
翠玉	7月上旬	强	中	优	好	差

　　1. 成熟期

　　露地生产品种从 7 月上旬到 8 月中下旬均有果实成熟，成熟期相互衔接。成熟期较早的有翠玉、早生新水、长寿、早翠和翠冠，均在 7 月上中旬成熟，一般年份可避开台风对果实的影响；西子绿、清香、脆绿、新雅在 7 月下旬成熟，除西子绿外，其他 3 个品种花量大、花粉多、花期与翠冠等相近，多作授粉树应用；黄冠、雪青、黄花在 8 月成熟，尤以黄花最晚，容易遭受台风影响。

2. 树势与产量

树势强弱是梨品种容易种植与否的关键因素，直接影响到品种的丰产性和稳产性。黄花、翠冠、清香、早翠、早生新水、雪青、翠玉等品种树势强，生长健壮，幼树成形快，除早生新水果型较小外，其他品种均表现出果型大、产量高的生产特性。

3. 果实品质

在内在品质上以早生新水和翠冠最佳，表现在肉质细腻、汁液丰富、糖分含量高。早生新水以高糖见优，翠冠以肉质松脆见长。与翠冠相比，翠玉口味稍淡，但外观品质明显优于翠冠。脆绿、清香、西子绿、新雅、雪青、长寿、黄花等肉质稍硬，早翠肉质偏软、黄花口味带酸、黄冠口味偏淡。果实外观以翠玉、早生新水、西子绿和黄冠最优，翠冠锈斑最多，在多雨年份表现最为突出。

4. 抗（风）性

沿海多台风地区种植品种的抗风性是衡量品种适宜性的重要指标之一，直接关系到梨树的稳产性和经济寿命。从各品种在经历多年台风影响后的生长和第二年产量的表现看，成熟期晚、树势较弱的品种如黄冠、清香、长寿、脆绿、黄花等抗风性较好，第二年的树势和产量影响较少；而成熟期早、树势强的品种如翠冠、早生新水、翠玉等往往枝干大量折损、叶片破损严重、二次花大量开放，严重影响第二年的产量。翠冠在经历强台风后会大量暴发枝干腐烂病，危害树体生长，严重的会导致死亡。

综合成熟期、树势、产量、品质和抗（风）性等评价指标，我们认为在露地栽培条件下，翠冠梨除果面易发锈斑（可通过二次套袋解决）和抗风性能略差外，其余性状均表现突出，可作为东南沿海地区的主栽品种。考虑到翠冠梨已成为我国南方早熟梨的主栽品种，存在面积大、产量高、上市集中、市场售价连年走低的问题，可适当发展成熟期更早，外观品质更好的翠玉，以分散上市期，提高种植效益。

在露地栽培中，清香、脆绿等品种与翠冠花期相近，其他综合性状较好，可作为翠冠梨的授粉品种。早生新水品质优良，但对栽培管理技术要求较高，适宜部分具有较高管理水平的企业发展。其他品种如黄冠、雪青与黄花虽然产量高、抗性好、容易种植，但成熟期迟、易受台风影响，不再建议作为发展品种。长寿、新雅、西子绿、中梨一号、早翠等要么品质一般，要么容易出现生长障碍，不宜发展。

三、大棚栽培适宜品种的筛选

梨大棚栽培可提早果实成熟期、避开台风影响和解决上市集中等问题，极大地提高市场竞争力和经济效益。为筛选出适宜大棚栽培的梨优良品种，我们从2005年起，先后引进大棚梨试验品种30个，加上原有种植品种3个（翠冠、清香和黄花），试验品种总数为33个。其中上海市农业科学院林木果树研究所提供了18个品种，浙江省农业科学院园艺研究所提供了6个品种（表2-9）。

表2-9 国庆塘梨园引进的大棚梨试验品种

引入年份	品 种 来 源	品 种 名
2005	上海市农科院林果所	红香酥、多摩、爱甘水、丰水、康德、新水、幸水、早生新水
2006	上海市农科院林果所	八幸、沪1号、黄金、秋水、喜水、新酥、早酥、长寿、珍珠、筑水
	浙江大学	金二十世纪、秋荣、圆黄、真寿
2006	温岭市仙客来果园	黄冠
	温岭市金田嘉禾果业有限公司	雪青
2007	浙江省农科院园艺所	若光、中梨1号
2009	浙江省农科院园艺所	翠玉、初夏绿
	浙江大学	甘梨早6、甘梨早8

除翠冠、清香、黄花3个原有品种外，其余引进品种均采用寄接的方法进行初步筛选。即在1月下旬取饱满花芽嫁接在翠冠梨的内膛徒长枝上，长枝（寄接砧）剪留长度5～20cm。嫁接方法采用传统的切接法，一砧一芽，用薄膜包裹扎紧，露芽保湿。每株树根据徒长枝数量嫁接10～20个花芽，花期人工授粉，幼果期每个花芽保留2个果实，其余疏除。果实成熟期进行品质检测和品尝，先筛选出品质优良的品种，再以高接换种的方式观察生长和结果情况。

这种品种筛选方式比传统的高接换种方式节省材料，不影响试验树的生产功能和品种；而且当年嫁接，当年开花结果，通过品质检测和品尝就可以初步筛选出品质优良的品种，比常规方法缩短了1～2年的观察时间。

（一）大棚栽培适宜品种的初步筛选

我们于2005—2006年对21个品种进行了适宜大棚栽培的梨品种的初步筛选。观察并记载各品种的物候期，检测各成熟果品的单果重、纵横径（计算果形指数）、果柄长度、硬度、可溶性固形物含量；除果实偏小或外形不端正等因素先行淘汰外，测定其他品种的可滴定酸和维生素C含量，计算糖酸比（表2-10）。

表 2-10 大棚栽培中梨果实性状比较

（温岭市农业林业局，2006）

品种	成熟期 （月-日）	单果 重 (g)	最大果 重 (g)	果形 指数	果梗长 度 (cm)	硬度 (kg·cm⁻²)	可溶性固 形物 (%)	可滴定 酸 (%)	固酸 比	维生素 C (mg·kg⁻¹)
珍珠梨	5-29	92.3	131.8	0.99	4.8	9.8	10.2	0.47	21.7	20.3
爱甘水	6-19	214.6	284.0	0.79	3.2	4.4	10.0	0.11	94.3	33.7
早生新水	6-22	202.4	241.5	0.85	3.4	5.1	11.6	0.17	68.2	41.8
翠冠	6-28	254.9	344.1	0.91	3.5	4.6	12.0	0.13	92.3	77.4
喜水	7-04	173.0	207.7	0.82	3.6	5.6	12.0	—	—	—
八幸	7-04	324.7	369.9	0.86	3.0	4.6	11.1	—	—	—
新水	7-04	141.6	174.2	0.82	3.5	5.5	13.0	—	—	—
筑水	7-07	270.8	288.6	0.94	3.2	5.3	11.5	—	—	—
早酥	7-10	167.2	327.2	0.90	3.6	7.1	12.2	—	—	—
秋荣	7-10	239.4	302.1	0.91	3.6	5.6	12.0	0.12	100.0	48.8
圆黄	7-17	346.6	472.5	0.85	4.4	4.9	12.8	0.20	63.7	24.1
清香	7-17	359.2	430.8	0.96	2.9	6.5	10.2	0.13	78.5	39.9
黄冠	7-17	221.8	308.9	1.09	4.9	6.4	8.8	0.15	57.1	31.6
雪青	7-17	307.4	373.4	0.92	3.7	6.7	12.2	0.18	68.9	30.5
沪1号	7-17	341.9	369.1	0.89	2.7	7.2	10.4	—	—	—
幸水	7-17	245.9	269.1	0.82	4.8	5.0	11.3	0.11	100.9	25.6
丰水	7-17	166.6	208.5	0.94	3.5	4.2	10.5	—	—	—
新酥	7-23	414.2	475.1	0.94	4.8	5.5	9.2	—	—	—
真寿	7-23	257.8	335.4	0.92	4.0	6.8	12.0	—	—	—
金二十世纪	7-23	230.8	281.4	0.88	4.5	5.9	10.5	0.17	63.3	31.6
翠冠（露地）	7-24	298.8	—	0.95	2.2	4.6	12.0	—	—	—
黄花	7-31	375.9	491.8	0.92	2.8	5.9	11.0	0.21	51.5	35.3

1. 成熟期

22 个品种的成熟期集中在 5 月底到 7 月底。6 月底以前成熟的有珍珠梨、爱甘水、早生新水和翠冠 4 个品种；7 月上旬成熟的有喜水、八幸、新水、筑水 4 个品种；7 月中旬成熟的有早酥、秋荣、圆黄、清香、黄冠、雪青、沪 1 号、幸水、丰水 9 个品种；7 月下旬成熟的有新酥、真寿、金二十世纪、黄花 4 个品种。比大棚翠冠成熟早的有珍珠梨、爱甘水和早生新水3个品种，比露地翠冠成熟晚的品种有黄花，其他17个品种成熟期均介于大棚翠冠和露地翠冠之间。

2. 果实外观性状

果实大小以珍珠梨最小，新酥最大。一般而言，梨商品果要求单果重在200g以上。珍珠梨、新水、丰水、早酥、喜水5个品种大棚栽培的果型偏小，不具商品性；翠冠、真寿、筑水、雪青、八幸、沪1号、圆黄、清香、黄花和新酥10个品种单果重均在250g以上，符合优质商品果要求；早生新水、爱甘水、黄冠、金二十世纪、秋荣、幸水6个品种单果重200~250g，表现一般。

日韩引进品种多呈扁圆形或圆形，外观端正。大棚栽培中喜水、丰水果形不正，可能是花粉直感等原因造成。南方地区的消费者多偏爱扁圆形或圆形，因此，就果形指标而言，爱甘水、早生新水、新水、金二十世纪、幸水、翠冠、秋荣和雪青等品种比较理想。

3. 可溶性固形物含量

可溶性固形物含量在11%以下的有黄冠、新酥、爱甘水、珍珠梨、清香、沪1号、丰水和金二十世纪8个品种，尤以黄冠最低；在11%～12%之间的有黄花、八幸、幸水、筑水、早生新水、早酥6个品种；大于12%的有真寿、喜水、秋荣、翠冠、雪青、圆黄、新水7个品种，以新水最高，达到13%。

4. 可滴定酸含量

各品种可滴定酸含量从低到高依次是爱甘水、幸水、秋荣、翠冠、清香、黄冠、金二十世纪、早生新水、雪青、圆黄、黄花、珍珠梨，后3者的含量均超过0.2%，风味偏酸。

5. 固酸比和维生素C含量

翠冠、爱甘水、秋荣和幸水的固酸比均在100∶1左右，品质均佳；维生素C含量以翠冠最高，接下来依次为秋荣、早生新水、清香、黄花、爱甘水、黄冠、金二十世纪、雪青、幸水、圆黄和珍珠梨。

翠冠梨通过大棚栽培成熟期比露地提早近1个月，且各项品质指标均名列前茅，与露地栽培相比，肉质更细腻松脆，口感更佳；而且果面锈斑大幅度减少，外观品质显著改善；同时，在大棚中仍然表现出良好的生产性能，无疑是一个优秀的大棚栽培品种。爱甘水和早生新水的成熟期均比翠冠早，品质表现也较突出，唯果型稍小，值得进一步观察。

从成熟期看，大棚翠冠和露地翠冠之间存在20d左右的空档期，由于翠冠梨贮藏期较短，可考虑选择成熟期介于大棚翠冠和露地翠冠之间的具有优良性状的品种配套发展。从初步结果看，秋荣、圆黄、雪青和幸水4个品种在均大棚栽培中表现良好，成熟期适宜，可进一步观察比较。

（二）大棚优良中熟砂梨品种的筛选

在2006年的初步筛选的基础上，2007年我们对其中4个表现比较良好的中熟砂梨品种（秋荣、圆黄、幸水和雪青）进行果实发育动态和果实发育过程中糖酸等品质因子的变化规律研究，旨在为品种的筛选和配套栽培技术提供理论依据。

1. 果实生长发育动态

盛花期后1个月（4月4日）开始取样，每14d取样1次。在整个果实发育过程中，4个品种的单果重均随果实发育持续增长，至成熟期到达最高值（图2-4）。同一发育期圆黄的果实单果重均高于其他3个品种，成熟时平均果实单果重达到445.8g。秋荣、幸水和雪青3个品种相近，成熟时分别达到321.7g、295.3g和307.4g。4个品种在发育过程中均有两次生长高峰。幸水和雪青两次生长高峰分别出现在5月下旬和6月下旬，秋荣稍早。圆黄较晚，第一次生长高峰出现在6月上旬，7月10日最后一次取样时仍处于第二次生长高峰。这说明4个中熟品种在大棚栽培中以秋荣成熟最早，幸水和雪青居中，圆黄最晚。

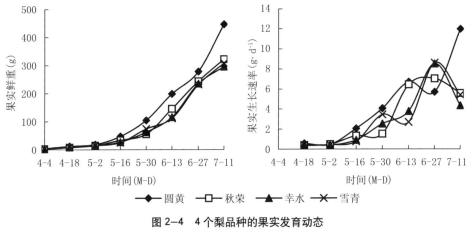

图2-4　4个梨品种的果实发育动态
（温岭市农业林业局，2007）

2. 可溶性糖含量的变化

（1）总糖含量的变化。从4月4～18日4个品种的总糖含量都呈下降趋势，这可能是由于果实发育初期要进行大量的细胞分裂，营养物质消耗巨大所致（李莉等，2006）。之后随着果实的发育迅速上升，幸水和秋荣2个品种在7月上旬总糖含量处于稳定状态；而圆黄则还处于迅速上升状态，并超过幸水和秋荣，达到90.47mg·g⁻¹。幸水和秋荣成熟时总糖含量相近，分别达到81.46mg·g⁻¹和78.08mg·g⁻¹。雪青从5月15日起总糖含量一直比其他3个品种低，7月11日时总糖含量67.57mg·g⁻¹，只有圆黄的74.7%（图2-5）。

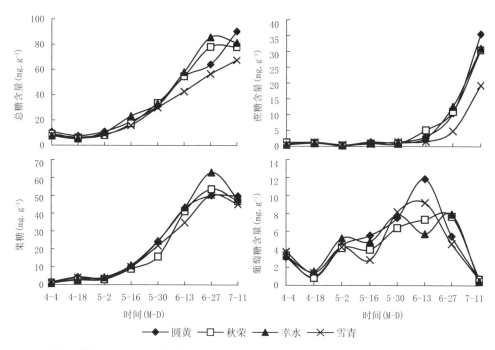

注: 总糖、蔗糖和果糖的测定采用蒽酮比色法, 还原糖的测定采用 3,5- 二硝基水杨酸法, 用还原糖减去果糖的方法计算葡萄糖含量

图 2-5 果实发育过程中可溶性糖含量的变化

(温岭市农业林业局, 2007)

（2）蔗糖含量的变化。4 个品种蔗糖含量的变化规律基本一致, 即果实发育前期蔗糖积累很少, 至 5 月 30 日平均蔗糖含量 1.18mg·g^{-1}, 只占成熟时 4 个品种平均蔗糖含量的 4.05%; 秋荣 6 月 13 日, 圆黄、幸水和雪青 3 个品种 6 月 27 日开始急剧上升, 7 月 11 日时分别达到 30.52mg·g^{-1}、35.59mg·g^{-1}、31.08mg·g^{-1} 和 19.33mg·g^{-1}（图 2-5）。以圆黄最高, 雪青最低。

（3）果糖含量的变化。果糖是梨果实发育过程中最主要的糖。4 个品种的果糖含量变化过程基本相同, 从 4 月 4 日到 5 月 2 日处于低水平的稳定期, 而后随着果实的发育稳步上升, 至 6 月 27 日到达最高值, 此后各品种均有不同程度的下降过程（图 2-5）。这与丰水和金水 1 号两个中熟品种测定的果糖变化规律一致（胡红菊等, 2007）。果糖含量到达峰顶时以幸水最高, 达到 62.93mg·g^{-1}; 秋荣次之, 为 53.57mg·g^{-1}; 圆黄和雪青相近, 分别为 50.02mg·g^{-1} 和 50.34mg·g^{-1}。成熟含量趋于接近。

（4）葡萄糖含量的变化。4 个品种果实发育过程中葡萄糖含量的变化都呈双"S"形, 都经历一个"高—低—高—低—高—低"的过程（图 2-5）。圆黄和雪青 2 个品种的葡萄糖峰值均出现在 6 月 12 日, 分别达到 11.86mg·g^{-1} 和

9.19mg·g^{-1}；秋荣和幸水的峰值则出现在6月25日，分别达到7.68mg·g^{-1}和7.93mg·g^{-1}。此后4个品种均迅速下降，7月11日时葡萄糖含量几乎为零。

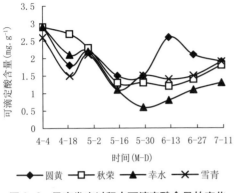

图2-6　果实发育过程中可滴定酸含量的变化
（温岭市农业林业局，2007）

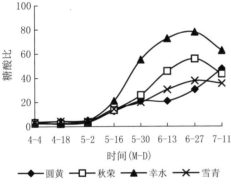

图2-7　果实发育过程中糖酸比的变化
（温岭市农业林业局，2007）

3. 可滴定酸含量的变化

与糖的变化不同，4个品种在可滴定酸含量的动态变化上有明显的差异（图2-6）。秋荣、幸水和雪青3个品种呈"高—低—高—低—高"的"S"型变化曲线，5月30日之前总体呈下降趋势，而后有一个缓慢上升的过程并一直保持到果实成熟期。圆黄则呈现"高—低—高—低—高—低"的双"S"形变化曲线，特别是6月上旬有1次迅速的可滴定酸含量上升过程，随后下降直到果实成熟。圆黄可滴定酸含量动态变化的不同可能与其品种特性有关。

4. 糖酸比的变化

5月2日前各品种糖酸比变化极少，此后逐渐上升，秋荣、幸水和雪青3个品种6月27日糖酸比分别为55.83、77.96和37.75，并到达峰值，而后呈下降趋势；圆黄前期糖酸比较低，6月13日起快速上升，并于7月11日超过秋荣和雪青，达到47.62（图2-7）。

5. 圆黄是中熟品种中综合性能最优的品种

从4个品种果实发育过程中的生长速率和糖酸含量的变化可以看出，圆黄在7月11日时仍处于果实快速增长期，总糖含量继续增长，糖酸比呈上升趋势。同时，除糖酸比不如幸水外，其他各项品质指标均为4个品种之首，表示该品种具有较好的产量和品质潜力，果实成熟期7月中旬，是一个优良的大棚适栽中熟品种。幸水和秋荣的果实发育和糖酸变化基本一致，成熟期6月底到7月上旬，都具有品质优良的特性，尤以幸水为佳，这与日本长期以后以幸水作为设施主栽品种的结果完全吻合。而秋荣属于自花授粉品种，大棚栽培中应用对减少人工授粉的工作量具有现实的意义。雪青品质一般，与上述3个品种相比没有优势。

5月下旬到6月上旬是砂梨中熟品种设施栽培果实生长速率出现跃变的时期，

这个时期不仅代表果实膨大期的开始，也是栽培管理的重要时期。因此，应把果实膨大期前半个月（5月中旬）定为中熟品种大棚栽培施肥的关键时期。进入膨大期后，应加强肥水和枝叶管理，满足植株光合作用所需的营养元素和光照条件，以利于果实单果重和品质的提高。

2007年后，我们保留这4个品种进行高接换种持续观察，综合性状（包括果实品质和生产性能）仍以圆黄最佳。2011年，对高接换种后的圆黄进行品质测定，平均单果重达到391g，最大单果重达到589.4g，可溶性固形物含量14.9%，可滴定酸含量0.089%，固酸比为166.9，且丰产性能好。因此，我们认为，圆黄是目前最理想的适宜于大棚栽培的中熟梨品种。

（三）大棚优良早熟梨新品种的筛选

翠玉和初夏绿是浙江省农业科学院园艺研究所以西子绿为母本、翠冠为父本育成的2个早熟砂梨新品种，分别于2011年和2008年通过浙江省品种审定。与翠冠相比，翠玉和初夏绿具有成熟期早、果型大、外观漂亮等优点（施泽彬等，2009；戴美松等，2013）。它们克服了其父本翠冠梨果面多锈斑的缺点，在南方无袋栽培条件下，可以达到果面无锈斑或少锈斑，果实外观极为美观。在生产实践中翠玉和初夏绿的采收期一般比翠冠早7～10d，但口味偏淡，内在品质明显较翠冠差。2011～2012年，我们以翠冠为对照，研究了大棚栽培条件下翠玉和初夏绿2个品种在果实发育过程中的品质形成规律，以筛选出更优良的梨大棚适栽早熟品种。

1. 单果重的变化

3个品种的果实发育过程都呈"S"形曲线，经历了"慢—快—慢"的增长过程（图2-8）。从花后45d到花后73d，3个品种的果实单果重均增长较慢；从花后73d到花后101d，翠玉和初夏绿的果实单果重迅速增长，花后101d后趋缓；翠冠的果实单果重从花后73d到花后115d增长迅速，花后115d开始缓慢增长。在整个果实发育期内，初夏绿的单果重都高于翠玉和翠冠；从花后45d到花后108d，

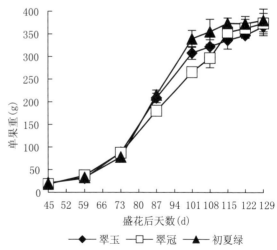

图2-8　翠玉、初夏绿和翠冠单果重的变化
（浙江大学，2012）

翠玉果实的单果重高于翠冠，但在花后115d之后，翠玉的单果重则低于翠冠。

2. 果皮色泽的变化

用便携式测色仪（MiniScan XE Plus，美国 HunterLab 公司）可以在不伤害果实果皮的条件下快速测定果皮的 L^*、a^*、b^* 值。L^*、a^*、b^* 色空间是当前通用的测量物体颜色的色空间之一，测定每个果实的赤道处对称两面 L^*、a^* 和 b^* 值。其中，L^* 表示果皮颜色亮度，取值范围为 [1，100]；L^* 值越大，表示果面亮度越高，值越小颜色越暗。a^*、b^* 表示色度空间组分，取值范围为 [-60，60]。a^* 值为正值时代表红色，负值为绿色，且绝对值越大颜色越深；b^* 值为正值时表示黄色，负值时为蓝色，且绝对值越大颜色越深（McGuire，1992）。

在幼果期，翠玉和初夏绿果实亮度要小于翠冠，从花后 101d 开始到花后 115d 则大于翠冠（图 2-9）。随着果实生长，果皮 a^* 值呈上升趋势，b^* 值下降趋势；在整个果实发育期间，翠玉和初夏绿果皮的 a^* 值基本上比翠冠高；b^* 值要比翠冠低。从表观上看，3 个品种的果皮均为绿色，但翠玉和初夏绿果皮颜色较翠冠浅，果皮颜色更加黄润。

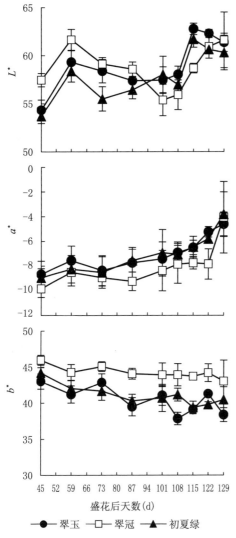

图 2-9 翠玉、初夏绿和翠冠果皮色泽的变化
（浙江大学，2012）

3. 果实硬度的变化

随着果实的生长，3 个品种的果实硬度均呈下降趋势（图 2-10）；从花后 59d 到花后 87d，果实硬度下降迅速，而后趋缓。在整个果实发育期间，翠玉和初夏绿的果实硬度均小于翠冠，花后 101d 前差异显著。

4. 可溶性固形物含量的变化

随着果实的发育，3 个品种的果实可溶性固形物含量均呈增长趋势（图 2-10）。花后 73d 时翠玉和初夏绿的可溶性固形物含量分别为 9.1% 和 8.8%，显著高于翠冠（8.0%）；在花后 101d 时翠玉、翠冠和初夏绿的可溶性固形物含量分别为

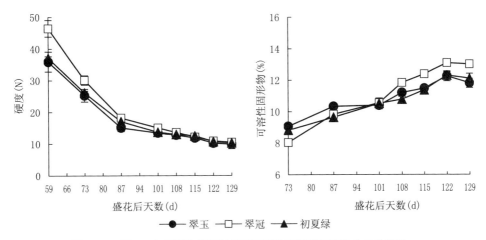

图 2-10 翠玉、初夏绿和翠冠的果实硬度和可溶性固形物含量的变化
（浙江大学，2012）

10.4%、10.6%、10.5%，无显著差异；从花后 108d 开始到果实完全成熟，翠冠果实的可溶性固形物含量显著大于翠玉和初夏绿。3 个品种的可溶性固形物含量最高值均出现在花后 122d，翠冠的可溶性固形物为 13.1%，比翠玉和初夏绿高出 0.8 个百分点。

5. 果实发育过程中可溶性糖变化

在整个果实发育过程中，3 个品种的可溶性糖含量变化趋势是一致的（图 2-11）。随着梨果实的生长，果实中果糖含量呈先增长后下降的趋势。翠玉的果糖含量从花后 87d 开始下降，翠冠和初夏绿果实的果糖含量从花后 101d 开始下降；从花后 101d 到果实成熟，翠冠果实果糖含量显著大于初夏绿和翠玉。

3 个品种的葡萄糖含量与果糖含量变化趋势类似，呈先增长后下降趋势。幼果期翠玉和初夏绿果实葡萄糖含量高于翠冠。从盛花后 108d 开始，3 个品种的葡萄糖含量均开始下降。从花后 115d 到果实完全成熟，翠冠、初夏绿果实葡萄糖含量显著高于翠玉。

3 个品种幼果期果实中均以山梨糖醇含量为最高。翠玉和初夏绿果实山梨糖醇含量在花后 73d 时达到最大值，分别为 44.94mg·g^{-1} 和 43.85mg·g^{-1}，之后呈下降趋势；翠冠的山梨糖醇含量先呈上升趋势，在 115d 时达到最大值 44.71mg·g^{-1}，之后下降。幼果期翠玉和初夏绿的山梨醇含量大于翠冠；花后 87d 时，3 个品种间的山梨醇含量无显著差异；从花后 108d 到果实完全成熟，翠冠的山梨醇含量显著高于翠玉和初夏绿。

果实中蔗糖含量在幼果期较低，在近成熟期开始迅速积累。翠玉、初夏绿、翠冠分别从花后 73d、87d、101d 开始迅速积累蔗糖。从花后 73d 开始到果实完全成熟，翠玉的蔗糖含量一直显著高于翠冠；从花后 87d 开始到果实完全成

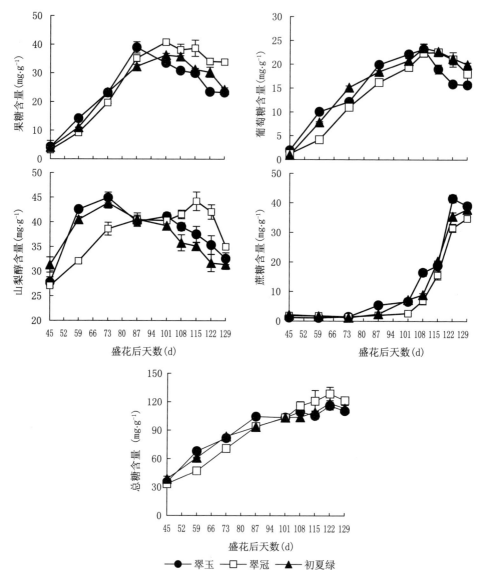

图2-11 翠玉、初夏绿和翠冠果实可溶性糖含量的变化
（浙江大学，2012）

熟，初夏绿果实蔗糖含量也一直高于翠冠。

从花后59~101d，翠玉果实的含量显著高于翠冠；在盛花后101d，翠玉、初夏绿和翠冠的总糖含量分别为103.48mg·g⁻¹、103.54mg·g⁻¹和103.11mg·g⁻¹，无显著差异；从花后108d到果实完全成熟，翠冠的总糖含量显著高于翠玉和初夏绿。

6. 翠玉是优良的大棚适栽品种

在本研究中，从花后 101～122d，翠玉、初夏绿和翠冠 3 个品种的果实硬度变化较小，而果皮 a^* 值、果实单果重、可溶性固形物和总糖含量仍在增加，尤其是果实蔗糖含量显著增加，其中，可溶性固形物与总糖含量在花后 122d 时同时达到最大值，之后下降，可以认为 3 个品种的完熟期应在花后 122d。

在 2011 年的试验中，翠玉于 7 月 5 日进入品质最佳期，取样果实平均单果重 407g，最大单果重 623.8g，果形指数 0.90，可溶性固形物含量 11.2%，可滴定酸含量 0.048%。与翠冠相比，翠玉表现出果型更大，外观漂亮等优点。2012 年表现更佳，翠玉和初夏绿均表现为果型大、外观漂亮、内质优良，平均单果重均超过 300g，其中，初夏绿最大单果重达到 672.4g，单果重超过 300g 的大果比例达到 40%；翠玉最大单果重达到 611.7g，大果比例达到 50%。口感上肉质细脆，汁多味甜，尤其是翠玉更胜一筹。

与普遍认为翠玉和初夏绿成熟期早但含糖量低的观点不同，试验观察认为，由于该品种果皮退绿转黄较早，按照果皮色泽标准确定采收时间实际上属于早采。由于这个时候果实仍处于发育期，无论果实大小还是糖积累都还处于增长的过程，才导致翠玉和初夏绿成熟早、含糖量低、内质较差的错误认识。因此，在实际生产中应适当延迟采摘，使果实进一步积累蔗糖，以提高品质。综合 3 个品种的品质形成规律及田间观察结果，我们认为从果实商品采收来说，翠玉可在花后 110~115d 采收，比翠冠提早一周左右。

2012 年，我们把 3 个品种一直留树到 7 月 26 日，在高温的煎熬下，翠冠已丧失了商品性，而翠玉和初夏绿尽管果皮金黄，但肉质仍然没有发绵或出现异味，说明这 2 个品种的留树期要比翠冠长。而翠玉由于采收期更早，因此在留树期方面表现尤有突出。同时，这 2 个品种的货架期也明显比翠冠好，在常温下放置 3 个星期肉质依然正常。

综上所述，与翠冠相比，翠玉和初夏绿的主要优点是果实外观漂亮、货架期长，这 2 个主要优点也恰好弥补了翠冠最主要的品种缺陷。另外，由于前期果实增大较快，果皮转黄较早，容易给生产者和消费者产生成熟早的假象，因此，其上市期也早。留树期长对精品果园和观光果园来说也是一个比较明显的优点，完熟后果型大，肉质细脆，汁多味甜，尤其是翠玉更胜一筹，无论果形还是糖度都优于初夏绿，综合性状也好于翠冠，是一个很有希望的大棚适栽早熟梨品种。

四、晚熟寄接梨适宜品种的筛选

从 2010 年起，为了筛选出更理想的寄接两熟型栽培模式（见第五章）的晚熟梨优良品种，我们相继从上海市农业科学院林木果树研究所、浙江省农业科学院园艺研究所和南京农业大学引进爱宕、独逸、秋蜜、苍溪、华山、今村秋、秋黄、香（かおり）、新高、晚秀、王秋、日光、筑波 49、鸭梨 14 个晚熟梨品种进行观察筛选。2011 年，在初步筛选的基础上，我们择新高、爱宕、晚秀、日光、王秋、香、秋黄、筑波 49 和蒲瓜共 9 个品种进行重点比较与筛选。

（一）产量与单果重

从表 2-11 可以看出，平均株产以香梨最高，达到 12.1kg，其次是蒲瓜、爱宕、秋黄、晚秀 4 个品种，日光、筑波 49、王秋、新高等品种相对较低。9 个品种均是大果型的品种，其中以香梨最为突出，平均单果重达到 968g，最大果重达到 2 136.3g，并一举拿下 2011 年 "中国梨王奖"；其次是晚秀、蒲瓜、秋黄，均达到 500g 以上；果型最小的品种是日光，但也能达到 300g 以上。一般来说，单果重与寄接的产量是密切相关的。由于寄接梨受寄接花芽成花率和畸形花率的影响，加上本试验中没有严格规定单株寄接数量，所以株产与单果重间的排序并没有完全一致。但从初步结果可以看出，香、蒲瓜、爱宕等品种在寄接栽培中均具有结果率高、丰产性好的特点。

表 2-11　几个晚熟梨品种的寄接与产量情况

（温岭市农业林业局，2011）

品　种	寄接株数（株）	平均单株寄接花芽数（个）	平均单株结果花序数（个）	单株结果数（个）	平均单果重（g）	最大单果重（g）	平均株产（kg）
新高	10	8.9	8.0	6.3	349.8	467.7	2.2
香	2	10.0	10.0	12.5	968.0	2 136.3	12.1
秋黄	1	11.0	9.0	11.0	558.4	702.8	6.1
蒲瓜	10	10.2	7.9	13.2	599.4	1 077.2	7.9
筑波 49	1	10.0	7.0	10.0	314.8	434.2	3.1
爱宕	8	11.5	8.3	14.3	482.2	1 031.2	6.9
日光	9	9.9	7.1	10.3	305.1	745.6	3.2
王秋	7	6.0	5.1	6.3	359.7	633.1	2.3
晚秀	4	7.0	4.3	6.5	772.0	1 116.4	5.0

（二）采收期的果实品质

从 8 月 3 日开始，每隔 7d 根据各品种寄接数量取 1~5 个果实进行品质指标检测与品尝评价。

1. 可溶性固形物含量的比较

除蒲瓜和晚秀外，其余 7 个品种的可溶性固形物含量均于 8 月 24 日达到最大值（表 2-12）。除蒲瓜外，各品种可溶性固形物含量的最大值均达到 15% 以上，其中以秋黄最高，达到 16.15%；其次是王秋、日光、爱宕；蒲瓜最低，但也达到 14.89%。

表 2-12　几个晚熟梨品种可溶性固形物含量的比较（%）

（温岭市农业林业局，2011）

取样时间（月-日）	新高	蒲瓜	爱宕	晚秀	日光	王秋	香	秋黄	筑波 49
8-03	12.52	11.81	13.54	12.75	12.78	14.12	13.00	14.55	12.80
8-10	12.28	12.61	14.53	13.87	12.96	14.82	14.90	15.43	13.88
8-17	12.23	12.88	13.99	13.49	13.82	14.23	13.73	14.58	13.48
8-24	15.16	13.88	15.69	14.28	15.72	15.80	15.15	16.15	15.10
8-31	15.01	14.89	14.08	15.26	15.37	14.93	—	—	13.27

2. 可滴定酸含量的比较

对比 8 月 24 日各品种间的可滴定酸含量（表 2-13），可以看出可滴定酸含量以蒲瓜最高，其次是王秋和筑波 49，均在 0.1% 以上；以爱宕最低，只有 0.049%。8 月 31 日，各取样品种可滴定酸含量均有明显下降，除蒲瓜外，其余各品种的可滴定酸含量均低于 0.1%。

表 2-13　几个晚熟梨品种可滴定酸含量的比较（%）

（温岭市农业林业局，2011）

取样时间（月-日）	新高	蒲瓜	爱宕	晚秀	日光	王秋	香	秋黄	筑波 49
8-03	0.043	0.079	0.032	0.056	0.048	0.072	0.030	0.048	0.119
8-10	0.065	0.217	0.043	0.087	0.083	0.117	0.048	0.060	0.119
8-17	0.063	0.155	0.058	0.074	0.068	0.095	0.045	0.066	0.071
8-24	0.057	0.195	0.049	0.081	0.069	0.119	0.066	0.066	0.113
8-31	0.044	0.129	0.038	0.058	0.057	0.096	—	—	0.095

3. 糖酸比的比较

对比 8 月 24 日各品种间的糖酸比（表 2-14），可以看出糖酸比以爱宕最高，达到 300 以上；其次是新高、秋黄、香和日光，糖酸比在 200~300；蒲瓜最低，只有 71.2。8 月 31 日，除香、秋黄、筑波 49 外，其余各品种的糖酸比均明显增加，爱宕和新高的糖酸比均超过 300；蒲瓜仍然最低，为 115.4。

表 2-14　几个晚熟梨品种糖酸比的比较

（温岭市农业林业局，2011）

取样时间 （月-日）	新高	蒲瓜	爱宕	晚秀	日光	王秋	香	秋黄	筑波 49
8-03	291.2	149.5	423.1	227.7	266.3	196.1	433.3	303.1	107.6
8-10	188.9	58.1	337.9	159.4	156.1	126.7	310.4	257.2	116.6
8-17	194.1	83.1	241.2	182.3	203.2	149.8	305.1	220.9	189.9
8-24	266.0	71.2	320.2	176.3	227.8	132.8	229.5	244.7	133.6
8-31	341.1	115.4	370.5	263.1	269.6	155.5	—	—	139.7

4. 综合品质评价的比较

由 10 名鉴评人员按照《梨种质资源描述规范和数据标准》对各品种进行综合品质评价（表 2-15）。8 月 3 日，王秋进入最佳品质期，汁液多，风味甜酸适口，并有少量涩味，品质特点类似蒲瓜但优于蒲瓜，是唯一综合品质评价为上的品种；晚秀、日光、秋黄和筑波 49 均未进入成熟期，石细胞和淀粉味明显。8 月 10 日，香进入最佳品质期，肉质细腻，汁液极多，口味甘甜，和王秋一起综合品质评价为上；日光和秋黄未进入成熟期。8 月 17 日，蒲瓜、王秋、晚秀均处于最佳品质期，其中蒲瓜汁液多，风味甜酸、有涩味，综合品质评价中上；晚秀汁液中等，风味甜，综合品质评价和王秋一起评为上。8 月 24 日，王秋和香保持品质上的评价，香和秋黄的个别果实均有水心病发生。8 月 31 日，各品种均进入完熟或过熟状态，而且经过连续近一个星期的降雨，除蒲瓜、晚秀和筑波 49 外，其余各个品种的品质均有明显下降。其中，日光在 8 月 24 日尚未成熟，青草味明显，而仅过一个星期，无论果皮还是果肉都表现出过熟状态，口感甜而有异味；尽管其果实大小适合，外观圆整美观，其内质和果实留树期均差（短），成为 9 个试验品种中表现最差的品种。

表 2-15　9 个晚熟梨品种综合品质评价的比较

（温岭市农业林业局，2011）

取样时间 （月-日）	新高	蒲瓜	爱宕	晚秀	日光	王秋	香	秋黄	筑波 49
8-03	中上	中上	中上	中	下	上	中上	下	下
8-10	中上	中上	中上	中上	下	上	上	下	中上
8-17	中上	中上	中	上	中下	上	中上	中下	中上
8-24	中上	中上	中上	上	下	上	上	中下	中上
8-31	中	中上	中	中上	下	中上	—	—	中上

从综合品质评价看，各品种以王秋最好，除 8 月 31 日评价为中上外，其余各取样时间均为品质上。其糖、酸含量均高，风味浓郁，单果重适中，果实外形、口感均与蒲瓜相近且品质明显提高，可作为蒲瓜梨的替代品种。其次是香梨，4 次取样中 2 次评价为品质上，汁多味甘甜，肉质细腻。晚秀总体上品质中上；蒲瓜梨的品质评价最为稳定，均为中上；而后依次是新高、筑波 49、爱宕、秋黄和日光。

（三）贮藏期的果实品质

9 月 29 日，对冷库中贮藏的晚熟梨品种继续进行品质指标检测和评价（表 2-16）。爱宕和蒲瓜梨的单果重均随采收时间的推迟而增大，贮藏后的品质均以 8 月 31 日采收最好。其中 8 月 31 日采收的爱宕肉质软脆，风味浓甜；越早采收肉质越紧密，风味也越淡。8 月 5 日采收的蒲瓜肉质较粗，化渣性差，酸味明显，相对品质最差。

表 2-16　几个晚熟品种在贮藏期的品质比较

（温岭市农业林业局，2011）

品种	采收时间（月 - 日）	单果重（g）	硬度（kg·cm^{-2}）	TSS（%）	可滴定酸（%）	固酸比	综合品质评分
爱宕	8-05	475.8	6.63	14.40	0.024	598.2	—
	8-18	577.2	5.99	15.03	0.032	476.6	—
	8-31	616.3	6.2	14.99	0.025	617.4	4.2
蒲瓜	8-05	480.3	5.99	13.99	0.100	141.1	—
	8-18	512.4	6.14	13.98	0.115	122.2	—
	8-31	732.3	6.09	14.53	0.110	134.7	4.7
香	8-05	867.9	6.15	14.70	0.036	411.8	6.5
新高	8-05	455.0	6.88	14.74	0.047	312.2	4.6
王秋	8-05	343.1	5.99	16.02	0.045	354.1	3.9
秋黄	8-25	448.8	6.65	17.15	0.030	575.5	4
日光	9-01	364.7	7.43	15.98	0.036	447.5	4.6

把 8 月 31 日采收的爱宕和蒲瓜与其他晚熟品种进行品质比较。单果重以香最高，平均单果重 867.9 g，其次是蒲瓜和爱宕，王秋最小，但也有 343.1g；果实硬度以日光最大，其次是新高和秋黄，王秋最小；可溶性固形物含量以秋黄最大，达到 17.2%，其次是王秋和日光，蒲瓜最小，也有 14.5%；可滴定酸含量以蒲瓜最高，达到 0.11%，其次是新高和王秋，爱宕最小，只有 0.025%；固酸比

以爱宕最大，达到 617.4，其次是秋黄和日光，蒲瓜最小，只有 134.7。

综合品质评价以香最高，其次是蒲瓜、新高、日光、爱宕、秋黄，王秋最低。而王秋在整个采收期均表现优良，却在这次鉴评中处于垫底的状态，表明该品种不耐贮藏。日光在采收期评价极差，贮藏后反倒品质有所提高。爱宕也有类似表现，尤其是肉质的改善上。

（四）适宜的晚熟寄接梨品种

综合产量、采收期和贮藏期的品质表现，我们初步认为：香梨不光果型硕大、品质优良，而且也耐贮藏，是一个很有希望的晚熟寄接梨品种。该品种在日本被称为"梦幻之梨"，品质很好但很难种植且产量低，通过寄接栽培可以很好地解决这个问题，表现出优良的丰产性。

蒲瓜梨是从温岭梨地方种质资源中选育出的优良晚熟特色梨品种，具有果型大、风味浓郁、耐贮藏的优点，深受当地消费者的青睐，寄接栽培后品质得到了进一步提高。王秋具有与蒲瓜梨类似的外观和内在品质表现，风味浓郁，且品质超过蒲瓜，唯不耐贮藏，可考虑作为蒲瓜梨的替代品种。

从糖酸含量与综合品质评价的结果看，无论采收期还是贮藏期，两者并不存在明显的相关性，如爱宕、秋黄、日光这些品种都具有高糖低酸的特点，固酸比位列前三甲，但在品质鉴评中几乎全部名落孙山，表明单纯从糖酸角度无法准确评价果实品质。由于现代品种的选育方向都为高糖低酸，推广的品种一般都具有这种特征，口感上除了甜味并无其他风味。相反，像采收期的王秋除了可溶性固形物含量高外，其可滴定酸含量也高，入口反而感觉风味浓郁，品质上佳。对口感的综合评价来说，肉质和汁液都是很重要的评价指标，评价低的品种如爱宕、秋黄都是肉质紧密不松脆，而且汁液不丰富。从这方面看，如何更合理地去构建优质梨的评价体系是值得梨科技工作者进一步努力的目标。

第三章　梨树矮化优质栽培技术研究

一、沿海涂地梨幼树培育技术研究

东南沿海具有丰富的围垦滩涂资源。浙江省历史围垦滩涂资源共 17.47 万 hm^2，为省内增加耕地面积、增强农业渔业发展后劲、促进农业结构调整、增加就业机会等作出了积极贡献。其中，温岭市历史围垦滩涂面积 13 320hm^2，占全省围垦滩涂总面积的 7.6%，位列全省第一（姜钦杰，2009）。通过围垦形成的土地资源素以土质肥沃、单产和复种指数高著称，商品粮基地和经济作物基地大多数都是在这类土地上发展形成的（王灵敏，2006）。

对梨树种植来讲，围垦涂地地势平坦开阔，容易建成规模化梨园；且土层深厚，保水性好，富含 Ca、K 等矿质营养，容易生产出优质果品。但由于土壤较黏重，盐碱性较强，有机质含量低，土壤结构差，地下水位高，往往种植后幼树发育迟缓、叶片容易缺素黄化，加上梨树本身具有的树冠直立、成枝力低的特点，造成沿海涂地建园后树冠建成慢、进入丰产期迟。

（一）综合定植技术对梨苗成活率及生长发育的影响

为缩短梨幼树期和梨园投资的回收周期，提高梨树种植的经济效益，我们在温岭市国庆塘梨园多年实践经验的基础上，于 2003—2004 年在温岭市箬横镇七塘（温岭市金田嘉禾果业有限公司）进行海涂地梨树定植技术研究，探讨不同定植技术或方式对梨定植成熟率及生长发育的影响，为制定海涂地梨树定植的标准化技术提供理论依据。

种植前全园翻耕，开深沟，按区块进行试验。

选用的试验材料包括：①绿色植物生长调节剂 GGR6 号（中国林科院林研所提供）；② 0.007mm×1 000mm（厚 × 宽）白色地膜（山东省淄博市临淄齐飞塑料厂生产）；③"陵西一寸"鲜食蚕豆种子（浙江省温岭市种子公司提供）。

试验共设 4 个处理，分别是：① GGR 处理（处理 I）：用 50mg·kg^{-1} 的绿色植物生长调节剂 GGR6 号水溶液浸泡梨苗根系 1h，露地定植；② GGR+ 地膜处理（处理Ⅱ）：GGR6 号作相同处理，定植后覆盖地膜，5 月中旬撤除地膜以利其他田间管理；③ GGR+ 地膜 + 间作处理（处理Ⅲ）：定植前于 2003 年 10 月在畦两侧各种植一行"陵西一寸"鲜食蚕豆，株距 30cm，2004 年 5 月采收 2 遍蚕豆鲜荚后割除秸秆覆盖树盘并填埋，其他同处理Ⅱ；④常规处理（CK）：梨苗清水浸根后露地定植。

试验品种为翠冠。2004 年初定植，40cm 定干，株行距 1.5m×3.5m。5 月每株土施 50g 尿素、100g 复合肥、3kg 腐熟鸡粪；7 月前自萌芽期起每 10d 结合病虫防治进行一次叶面追肥，7 月后每 15d 一次，至 9 月份结束；6 月起对接近停梢的长枝进行水平拉枝处理，11 月解缚所有被拉枝条。定植后每处理调查 200 株梨苗干径（嫁接口上 10cm 处）；分别于 7 月中旬和 12 月下旬调查各处理的干径（离地 20cm 处）、枝条生长总量、主（长）枝数及长度。调查时剔除生长萎缩、严重不良及死亡的植株，并按被调查植株数计算成活率。

1. 不同规格梨苗对当年生长发育的影响

不同干径粗细的梨苗当年的生长发育差异很大，干径越粗，生长量越大（表 3-1）。干径 > 1.0cm 的梨苗当年的干径和枝条生长总量高达 2.39cm 和 416cm，分别比干径 0.7~1.0cm 的梨苗增加 25.1% 和 83.3%，比干径 < 0.7cm 的梨苗增加 54.2% 和 307.8%。干径 0.7cm 以上的梨苗经过一年的生长发育基本上能形成 2 个以上的主枝，达到当年整形的要求。所以在生产上应尽量选择嫁接口上 10cm 处干径 1cm 以上的梨苗，至少选择干径 0.7cm 以上的梨苗进行定植。

表 3-1　不同规格梨苗对当年生长发育的影响（cm）

（温岭市农业林业局，2004）

梨苗规格	< 0.7	0.7~1.0	> 1.0
干径	1.5	1.9	2.4
枝条生长总量	102.0	227.0	416.0

2. GGR 对成活率及当年生长发育的影响

绿色植物生长调节剂 GGR 是中国林业科学院王涛院士研制成功的，继 ABT 生根粉系列的第二代高科技产品，是一类非激素型植物生理活性物质，具有无污染、易溶于水、常温保存、使用方便的特点；它能使农林作物提早生育期，提高成活率，促进生长发育，对提高产量、质量、增加抗逆性，均有明显效果（周亿良，2001）。

与 CK 相比，经过 GGR 处理（处理Ⅰ）的梨苗不光在成活率上比未经过处理的梨苗提高 7 个百分点，对当年的植株生长也有明显的促进作用，其干径、枝条生长总量分别比 CK 提高 8.3% 和 34.1%（表 3-2）。

表 3-2　不同定植技术对梨苗成活率和生长的影响(cm)

（温岭市农业林业局，2004）

处理	7 月中旬				12 月下旬				成活率(%)
	干径	枝条生长总量	长枝数（条）	平均长枝长度	干径	枝条生长总量	长枝数（条）	平均长枝长度	
I	1.20	166	2.6	64.0	1.69	287	3.0	83.1	94
II	1.39	168	2.6	65.5	2.12	371	4.1	82.0	99
III	1.40	216	3.2	74.3	2.18	382	4.3	83.3	99
CK	1.21	107	2.1	51.2	1.56	214	2.6	70.6	87

3. 地膜覆盖对成活率及当年生长发育的影响

地膜覆盖可改善梨苗根际土壤的温度和水分条件，减少杂草的前期危害，加快根系的愈合及生长。比较处理 II 和处理 I，在相同的管理条件下，通过地膜覆盖梨苗的成活率可提高 5 个百分点。从表 3-2 中看出，地膜覆盖对梨苗前期枝条生长的促进作用不明显，但因地膜覆盖很好地促进了前期根系的生长，为后期的生长奠定良好的基础，间接促进了梨苗后期的枝条发育。根据 12 月下旬的调查数据，地膜覆盖的梨苗经过当年生长后的干径、枝条生长总量分别比未进行地膜覆盖的增加 25.4% 和 29.3%，比 CK 增加 35.9% 和 73.4%。

4. 间作对梨苗当年生长发育的影响

梨园当年间作蚕豆可以提高土地利用率，增加梨园早期收益，对梨园的培肥与土壤改良也有良好的效果。据测定，间作"陵西一寸"鲜食蚕豆在 30 000 株 /hm² 的密度下，收割的蚕豆秸秆、叶片、花蕾及幼荚高达 66 000kg，折干重 10 644kg。"陵西一寸"鲜食蚕豆的植株高度可达 100cm 左右，在早春时节可阻挡干风的侵袭，营造梨苗生长良好的小气候环境，对梨苗早期生长有明显的保护作用。未间作鲜食蚕豆的梨苗其长枝顶芽在不良气候条件下经常遭受沿海干风的侵袭，幼叶会出现叶缘枯焦现象，展叶后叶片扭曲，不能正常生长。7 月中旬实际调查数据（表 3-2）也表明，蚕豆间作对梨苗前期的枝条生长有着明显的促进作用，比未间作的枝条生长总量增加 28.6%，而对干径的增粗影响不大。12 月下旬调查的数据则表示前期间作对全年的生长总量影响不大。

5. 综合定植技术对成活率及当年生长发育的影响

比较处理 III 和 CK（表 3-2），经过"GGR+ 地膜 + 间作"处理的梨苗成熟率提高了 12 个百分点，7 月中旬调查的干径和枝条生长总量分别比 CK 提高 15.7% 和 101.9%；12 月下旬调查的干径和枝条生长总量分别比 CK 提高 39.7%

和78.5%，长枝数比CK增加1.7枝，平均长枝长度比CK增加18%。

由此可见，沿海涂地的梨苗种植经"GGR+地膜+间作"处理可明显提高梨苗定植成活率和促进当年的生长发育，缩短梨树幼年期，提早投产，对缩短梨园投资周期，提高梨树种植效益具有显著的效果，可在生产上推广应用。

（二）拉枝对梨幼树生长和花芽形成的影响

梨幼树生长旺盛，顶端优势明显，发枝力低。通常可通过拉枝调整树体结构，改善光照条件，缓和树势，促进花芽分化和提早结果。以翠冠梨为代表的南方早熟梨因具有早熟、大果型、优质、抗逆性强等特点而得以迅速推广，已成为我国南方梨主产区的主栽早熟品种。但由于该品种生长旺盛、幼树成枝力低、树冠扩大慢，因而多数果园进入丰产期较晚，梨园投资回收周期较长。为进一步提高种植效益，我们于2001—2003年在温岭市国庆塘梨园进行了早熟梨幼树拉枝试验，摸索出一套具有较高应用价值，能显著提高树冠扩大速度及提早进入丰产期的拉枝方法。

试验品种为翠冠、清香、新雅和脆绿4个品种。试验设3个处理：①冬季拉枝（处理Ⅰ）。采用传统的自然开心形整形修剪方法，生长期不拉枝，第1年冬剪主枝留40~50cm短截；第2~3年冬剪主枝短截后45°~50°拉枝，其他枝条轻剪或不剪。②生长期一次拉枝（处理Ⅱ）。在新梢接近停梢时摘心，主枝拉成50°~60°，其他枝条拉成80°~90°。③生长期强拉枝（处理Ⅲ）。在新梢接近停梢时摘心，拉成90°以上，呈水平状或弧状，转换顶端优势，促发背上枝，待背上枝接近停梢时作相同处理；落叶前1个月解开所有被拉枝条，让主枝角度自然回升。冬季修剪时剪除主枝二次梢部分，其他枝条轻剪或不剪。第2、第3年待主枝延长枝接近停梢时作相同处理。第3年冬季修剪时疏除过密长枝及交叉枝。分别于每年冬季修剪后调查各品种各个处理的干径、株高、冠径、有效枝条总生长量（修剪后保留的枝条长度总和）及花芽数。

1. 不同拉枝处理对植株生长及花芽形成的影响

试验结果表明，不同的拉枝方法对翠冠梨幼树生长与花芽形成有着显著的差异（表3-3）。其效果以生长期强拉枝（处理Ⅲ）最好，表现为幼树干径粗、冠径大、枝条数多、花芽极多且以腋花芽为主。其有效枝条生长总量第1、第2、第3年分别是处理Ⅰ的2.75倍、2.23倍和2.10倍，其花芽数量在第1、第2、第3年分别是处理Ⅰ的1.49倍、2.56倍和3.16倍。3年生的幼树平均花芽数量为196个，已具备来年丰产的基础。而常规的冬季拉枝（处理Ⅰ）处理在幼树上表现为株高较高、冠径较小、枝条粗壮而稀少、花芽少且以短果枝上的花芽为主。生长期一次拉枝（处理Ⅱ）表现中庸，冠径虽与综合拉枝处理的无显著差异，但枝条稀疏、长枝少、短果枝较多。

表3-3　不同拉枝处理对翠冠梨幼树生长发育的影响(cm)

（温岭市农业林业局，2003）

年份	处理	干径	株高	冠径	有效枝条生长总量	花芽数(个)
2001	I	1.7	115.5	22.8	180	8.4
	II	1.6	89.6	110.5	364	14.3
	III	2.0	94.6	137.9	496	12.5
2002	I	2.3	127.2	50.0	403	34.0
	II	2.2	122.4	110.1	451	41.0
	III	3.1	145.0	166.5	902	87.0
2003	I	3.0	200.0	117.5	831	62.0
	II	3.9	132.5	192.9	927	96.0
	III	4.7	170.0	213.3	1747	196.0

注：每个处理随机调查10株，取平均值

　　从实际修剪的情况看，生长期强拉枝处理的3年生幼树在冬季修剪时表现为树冠紧凑、枝条过多，需疏除部分重叠枝与交叉枝，修剪上以疏除长枝为主，且修剪量可达总生长量的20%以上。而其他2种处理在第3年冬季修剪时修剪量极少，以主枝延长枝简单短截为主，不具备来年丰产的树体基础。

　　生长期采用强拉枝技术解决了梨树顶端优势强、成枝力差的缺点，充分利用梨二次枝、背上枝，有效地提高梨幼树生长量，扩大了树冠，减少了冬剪造成的生物量损失，促进了花芽形成，提早进入丰产期，对提高早熟梨种植效益，缩短投资回收周期具有显著的意义。在应用强拉枝技术时要注意秋季的主枝回放，使主枝延长头回翘，能在来年保持一定的顶端优势，来促进树冠的扩大；同时，应加强肥水管理，特别是增加叶面喷肥次数，保证营养的供应。

　　2. 生长期强拉枝处理在不同早熟梨品种间的应用效果

　　生长期强拉枝处理在不同的品种间的应用效果也存在较大差异（表3-4）。其效果依次为清香、翠冠、新雅、脆绿，以清香最好，脆绿最差。从品种间的差异可以看出生长势越强、树姿越直立的品种运用强拉枝的效果越明显。而树势较弱、树姿开张、花芽容易形成的品种在应用综合拉枝后在第1、第2年就形成大量花芽，反而影响了树体的扩大。

　　因此，对生长势较弱的品种应谨慎使用强拉枝技术，幼树期应及时疏除花蕾，防止结果过早影响树冠的扩大；投产后应加强疏花疏果，避免结果过多造成树势早衰。

表3-4　不同品种应用综合拉枝处理的效果比较（cm）

（温岭市农业林业局，2003）

品种	干径	株高	冠径	有效枝条生长总量	花芽数（个）
翠冠	4.7	170	213.3	1 747	196
新雅	4.1	160	170.0	1 414	170
清香	4.8	200	195.0	2 116	254
脆绿	3.9	145	167.5	1 531	138

注：每个处理随机调查10株，取平均值

（三）沿海涂地梨幼树培育的关键技术

梨树在稀植条件下幼树期从定植起持续5~6年，再经过5年左右的初结果期，才基本形成树形，开始大量结果。在密植条件下，一般也需要经过3年的幼树期，5~7年后进入盛果期。梨幼树期主要进行营养生长，扩大树冠，培养树形，为梨树投产打下坚实的基础，是梨树整个生育期中最关键的时期。但在生产实际中大家往往忽视幼树期的培育，造成梨幼树期经历时间长，树体生长缓慢，容易形成小老树，严重影响梨树栽培的投资回收周期及经济效益。我们经过多年的幼树培育方式试验及生产推广实践，总结出一套在大面积适度密植条件下，2年完成幼树期，第3年进入初结果期，第4年进入盛果期，在保证品质控制产量的情况下，产量稳定在30 000kg·hm^{-2}左右，实现回收前期投入成本并赢利的幼树培育经验。

1. 提倡壮苗定植，配合覆膜栽培

高规格的梨苗是梨幼树快速生长的前提条件之一。据调查，嫁接口以上10cm处干径在1cm以上的梨苗在科学管理的条件下经过一年的生长发育可形成516cm的平均总枝量及2.39cm的平均干径（离地20cm处），分别是干径在0.7~1cm规格梨苗的1.8倍和1.3倍，是干径在0.5~0.7cm规格梨苗的4.1倍和1.5倍。干径在0.5~0.7cm规格梨苗在经过两年生长发育后形成的枝量还只有干径在1cm以上梨苗一年所形成枝量的72.3%。除干径外，发达的根系也是优质梨苗的重要指标，非坐地嫁接及水稻地育成的梨苗具有较发达的须根。所以，应选择根系发达、干径粗壮的梨苗进行种植，切不可贪图便宜选用细弱梨苗定植。

梨苗经过定干、根系整理，用中国林业科学院生产的ABT生根粉或GGR绿色植物生长调节剂浸根后定植。定植株距为1.5~2m，行距为3.5~4m。定植后及时覆盖厚度0.007mm宽度1m的白色地膜。地膜于5月份撤除，以便施肥及其他田间管理。通过地膜覆盖改善梨苗根际土壤温度、水分及团粒条件，减少杂草的前期危害，加快根系的愈合及生长。不仅可提高栽种成活率，对当年梨幼

树的生长发育也有明显的促进作用，可增加枝量29.3%，增粗干径36.7%。

在梨苗大田定植的同时，应集中假植5%左右的预备苗。用于第2年替补死亡及生长不良的梨幼树，保持梨园的整齐度。

2. 提倡合理间作，配合生草覆盖

合理间作不仅可提高梨幼树期的土地利用率，增加梨园早期收益，还能改善梨幼树生长的生态环境。通过间作物秸秆的生物覆盖，还可明显提高土壤有机质含量，并有效地抑制杂草生长，降低管理成本。

梨幼树间作的作物以鲜食蚕豆最为理想。据试验，鲜食蚕豆在梨幼树第1、第2年间作采收两遍鲜荚后割倒覆盖树盘的情况下，每667m² 分别可收获鲜荚655.7kg和300.9kg，收获覆盖材料（包括蚕豆茎秆、叶片、花蕾及幼荚）7 656kg和4 400kg。其较高的植株高度（80～100cm）在早春时节还可起到阻挡干风的侵袭，防止梨苗幼叶出现叶缘枯焦现象。蚕豆收割覆盖后可种植绿豆或实行生草制，9月后全园割草进行树盘覆盖。在通过两年的蚕豆间作与生草制，配合树盘生物覆盖，树盘土壤有机质含量可提高75%以上，树盘杂草发生率减少80%以上。

3. 提倡生长期拉枝，配合冬季修剪

在基本完成树冠扩大的基础上，迅速从营养生长转化成生殖生长，是梨幼年树整形修剪的主要目标。而枝条角度小、极性强、萌芽率高、发枝率低是梨幼树的重要特性。通过拉枝可调节枝条的营养局部积累，转换顶端优势，改变枝条角度，促进成枝及花芽形成。

常规的冬季拉枝及生长季45°拉枝虽能起到一定的开张枝角、缓和树势的作用，但不能解决梨幼树极性强、发枝率低的特性。通过试验，梨幼树期在第1次长梢接近停梢时摘心并拉成弓形，通过顶端优势的转移促使原中短枝形成长枝及促发背上长枝，待第2批长枝接近停梢时作相同处理。落叶前一个月解开所有被拉枝条，让主、侧枝自然回升，保持第2年良好的生长势。冬季修剪时剪除主枝二次梢部分，其他枝条除疏除过密枝及交叉枝外一律作轻剪或不剪。此方法可显著提高梨树有效生长枝量，加快树冠扩展速度。一般第3年可接近封行，形成固定树形。幼树表现干径粗，冠径大，树冠紧凑，枝条数多且分布均匀，花芽极多且以腋花芽为主，具备进入初结果期和盛果期的树体及花芽基础。

4. 提倡叶面喷肥，配合施用基肥

梨幼树期根系活动能力较差，片面进行土壤化学施肥反而促进根际土壤盐分积累，不利于根系的健康发育，使梨幼树出现生长缓慢及缺素症状等现象。因此，梨幼树期应尽量减少土壤化肥追肥次数，采用叶面喷肥的方式提高肥料利用率，补充梨幼树生长发育所需的营养元素。一般萌芽期至一次梢停梢期每7～10d喷肥一次，以后每15d喷肥一次。前期以氮素为主，如尿素、绿芬威2

号等；后期以钾素为主，如磷酸二氢钾、绿芬威 3 号等。

基肥可在每年 5 月份施用，此时正值梨幼树生长发育所需营养从树体储藏养分向树叶同化养分的转移期，根系活动活跃，肥效明显而经济。肥料种类可采用腐熟的家禽粪便与复合化肥结合，配合间作绿肥的树盘覆盖或压绿进行。

进入初结果期后，梨树根系发育已健全，可增加土壤化肥施用量，以满足果实生长发育所需的营养元素，叶面喷肥侧重补充微量元素以提高坐果率及提高果实品质。

二、梨树抗风树形的培养与结构分析

南方多雨地区梨树生长旺盛，顶端优势明显，树冠高大，易受台风影响。同时，幼树发枝力较低，树冠扩大慢，一般需 6～7 年才能进入丰产期，投资回收周期较长，影响了梨业的进一步发展。为减轻台风对梨树的损害及提高梨树种植的效益，我们在开展梨树拉枝试验的基础上，经过不断探索与实践，创造出一种具有较强抗风能力并兼有早果、丰产、优质等特征的梨树抗风树形。

（一）抗风树形的树体结构与特点

1. 抗风树形的树体结构

抗风树形成型后主干高度 40～50cm，树高 190～230cm，冠径 400～420cm，由 1 个主干、6～8 个骨干枝和 200～240 个枝组构成（图 3-1）。骨干枝长度为 180～280cm，基角30°～45°，腰角 75°～90°，梢角40°～50°。枝组直接着生在骨干枝上，每个骨干枝上配备 25～30 个枝组，包括了 1 个大型枝组、3～4 个中型枝组和 20～25 个小型枝组。全树留枝量为650～800 条，长枝：中枝：短枝的数量比例为 1：1：2.5。

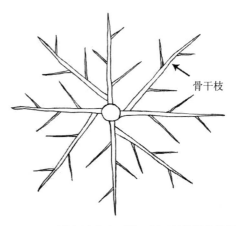

骨干枝

图 3-1　梨树"米"字形抗风树形的俯视结构图

2. 抗风树形的果实分布

从结果部位看，抗风树形的果实着生部位较集中，以中低部为主。果实按着生高度可分为 3 个层次，70cm 以下、70～90cm、90cm 以上各占 1/3，其中超过 100cm 的果实只占总果量的 13%。34.7% 的果实分布在离主干 50cm 以内，53.7% 的果实分布在离主干 50～100cm，只有 11.6% 的果实距离主干超过100cm，从而大大地提高了果实抗风能力。

3. 与自然开心形树形的比较

在株行距 1.7m×3.7m 的种植密度下，4 年生的抗风树形基本封行。主干高度 40cm，树高 180~210cm，冠径 280~300cm，主枝数 2~4 个，每个主枝配置 1~2 个侧枝，形成 6~8 个生长中庸，粗细、长短相近的骨干枝，骨干枝长度 180~190cm。隔株间伐后，7 年生的抗风树形冠径扩大到 300~320cm，其他树体指标基本保持不变。

与自然开心形树形相比，抗风树形的干周、冠径和树高均无显著差异，骨干枝数增加了 1 倍，骨干枝长度较短（表 3-5）。最大差异在于骨干枝的角度，自然开心形一般呈 50°~60° 向上延伸，而抗风树形的骨干枝中部呈水平状延伸，离地高度比前者矮 20cm 左右，从而增加了抗风性能。4 年生抗风树形的总枝量、有效枝量和花芽数均显著高于自然开心形，其中花芽数增加 107.7%，表示抗风树形还具有较强的早期丰产能力；7 年生抗风树形的总枝量、有效枝量仍显著高于自然开心形，但花芽数基本接近，且与 4 年生树体无显著差异。

表 3-5 不同树形的树体结构比较（cm）

（温岭市农业林业局，2007）

树龄	树形	干周	冠径	树高	骨干枝数（个）	骨干枝长度	总枝量	有效枝量	花芽数（个）
4 年生	抗风树形	20	280	198	6	186	5 079	1 978	322
	开心形	20	263	182	3	215	3 663	1 045	155
7 年生	抗风树形	23	306	185	6	204	11 733	2 566	311
	开心形	28	336	200	3	254	7 397	1 810	320

4. 抗风树形的主要特点

（1）骨干枝近水平着生，分布均匀，错落有致，树势平衡稳健。

（2）树冠低矮，果实着生部位低且集中，抗风能力强。

（3）光照充足、果大、质优、大小均匀、商品率高。

（4）枝类级次减少，从属分明，修剪量小，简便省工。

抗风树形与日本棚架树形相比，在达到几乎相同的抗风能力情况下，省略了棚架搭建成本，缩短梨树幼龄期 3~4 年，减轻了管理难度，大大缩短了投资回收周期。与国内普通开心形树形相比，该树形降低了结果部位高度，大大提高了果实抗风能力；同时，也缩短梨树幼龄期 1~2 年。

（二）抗风树形的适宜负载量

2006 年，我们在温岭市国庆塘梨园随机调查了 73 株抗风树形的结果量与产量（表 3-6），在行株距 3.7m×1.7m 的种植密度下（1 590 株/hm²），抗风树形树体平均结果数为 78 个，平均株产为 17.5kg，平均亩产为 1 855kg。随着结果数的增加，平均株产不断增加，平均单果重、商品果率（单果重≥ 200g 的果实个数 / 总个数）和优质果率（单果重≥ 250g 的果实个数 / 总个数）逐渐减少。以商品果率为主要参考指标，每株结果数超过 90 个的商品果率要显著低于少于 90 个，而结果数在 90 个以下的树体其商品果率没有显著差异。因此，在株行距 1.7m×3.7m 的密植条件下，抗风树形的单株结果上限应为 90 个，最大负载量为 30 000kg/hm^2。如果以优质果生产为主，则需要进一步减少结果量，适宜负载量以 22 500kg/hm^2 为宜。

表 3-6　抗风树形结果数与商品果率的关系

（温岭市农业林业局，2006）

调查株数（株）	结果数（个）	平均株产（kg）	平均果重（g）	果实分级比例（%）			商品果率（%）	优质果率（%）
				< 200g	200～249.9g	250g		
5	10～19	5.6k	334.0a	1.54	8.46	90.00	98.5a	90.0a
4	20～29	7.4jk	300.4ab	2.96	12.57	84.48	97.0a	84.5ab
3	30～39	9.0ij	284.4bc	5.74	17.78	76.48	94.3a	76.5ab
6	40～49	11.7hi	268.5bcd	9.56	28.48	61.96	90.4ab	62.0bc
2	50～59	13.8gh	244.2cde	15.17	44.09	40.74	84.8abc	40.7cde
8	60～69	15.8fg	250.8cdef	14.42	35.78	49.80	85.6abc	49.8cd
9	70～79	18.1ef	242.6def	21.55	34.31	44.14	78.5abcd	44.1cd
10	80～89	19.2de	228.9defg	29.92	37.77	32.31	70.1abcde	32.3def
7	90～99	20.1de	214.4efg	38.15	37.99	23.85	61.9bcde	23.9def
4	100～109	22.2cd	209.1efg	39.75	48.19	12.06	60.3cde	12.1ef
3	110～119	22.5cd	195.8g	56.12	35.75	8.13	43.9de	8.1f
4	120～129	25.2bc	205.0fg	47.73	37.32	14.95	52.3de	15.0f
2	130～139	27.9ab	203.7fg	45.69	44.86	9.45	54.3e	9.5f
6	> 140	28.7a	199.6g	52.12	37.66	10.22	47.9e	10.2f
平均	78	17.5	242.3	33.68	36.57	29.02	65.60	29.0

（三）抗风树形的培养与管理

1. 骨干枝的培养

抗风树形的骨干枝采用"三段培养法"（图 3-2）。第一段枝干角度 30°～45°，长度为 0.6~1.0 m，离地高度为 0.8~1.0 m；第二段枝干角度 75°～90°，长度 1.2~1.6 m，离地高度 0.8~1.5 m；第三段枝干角度 45°，长度 0.7~1.0 m，离地高度 1.4~2.0 m。

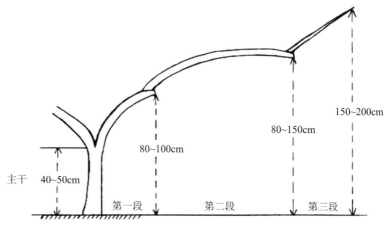

图 3-2 骨干枝三段培养法的结构示意图

选用壮苗定植，定干高度 40~50cm。在第一次长梢大多达到 60cm 以上并接近停梢时作统一的摘心处理，并拉成弓形，转换顶端优势，促发主干上的中短梢形成新的长梢。待新的长梢接近停梢时作相同处理。落叶前 1~2 个月解开所有被拉枝条，让枝条角度自然回升。至年底可培养出多个生长健壮，长度在 80~100cm 的长梢。冬季修剪时选留 2~4 个长梢剪除二次梢部分做骨干枝培养，剪口芽留上芽，形成第一段骨干枝。

第二年待长梢接近停梢时同第一年作相同处理，经 2~3 次拉枝后年底可形成 8~15 个近水平伸展、生长发育基本一致、空间分布均匀的长梢。冬季修剪时选留 6~8 个近水平伸展、生长发育基本一致的长梢，延长头上芽剪除二次梢部分，按均匀的空间分布进行牵引固定，形成第二段骨干枝。

第三年待骨干枝延长枝停梢后拉枝呈 45°，冬季修剪时留上芽剪去新梢顶端部分，形成第三段骨干枝。至此，树形的骨干枝部分已构建完成。

采用三段培养法一般 3 年可完成骨干枝的培养，未完成的可在第 4 年继续补充培养。

2. 结果枝组的培养

在骨干枝构建完成后，选留骨干枝上位置合适的长梢开始结果并培养成大型结果枝组，对其他长梢在冬季修剪时保留 20cm 左右作短截处理，短截处萌发的新梢在超过 20cm 时作摘心处理，萌发的二次梢长度超过 20cm 时重复摘心，冬季修剪时保留第二、第三芽位萌发的中、短枝作留桩修剪形成较固定的结果枝组。我们把这种结果枝组的培养称之为"留桩修剪培养法"（图 3-3）。枝组间距为 20cm 左右。

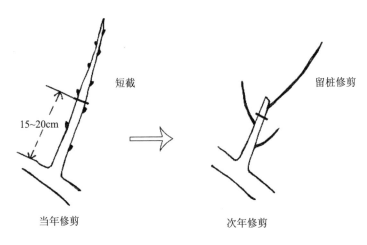

图3-3 中、小型枝组的留桩修剪培养方法示意图

3. 抗风树形的管理

进入丰产期后，加强对内膛强枝的连续摘心或短截，同时疏除过密发育枝，控制内膛枝的发育，以促进营养积累和果实发育。对衰弱的骨干枝或大型结果枝组选留附近合适长梢拉枝处理后重新培养，使骨干枝或结果枝组保持良好的营养供应和枝梢抽发能力，并保持矮干、低冠、通风透光良好的结果群体。

在肥水管理方面应加强休眠期有机肥和生长期叶面施肥的应用，减少化肥特别是生长季氮肥的用量，防止骨干枝上大量营养枝的生成。在花果管理上应加强疏花疏果，防止拉枝后形成的大量腋花芽造成过量结果。

三、梨无（少）锈套袋技术研究

（一）砂梨果皮锈斑的成因、影响因素及对策

砂梨是我国南方地区、日本和韩国等国家的主栽梨系统，也是东亚以外国家中作为栽培种的唯一东方梨。梨果实成熟时，果皮一般呈现3种色泽：黄绿色（或绿色），褐色和红色。黄绿色（或绿色）的果皮多见于西洋梨、秋子梨、白梨和一部分的砂梨。在栽培种中，褐色果皮为砂梨独有，如日本梨品种今村秋、晚三吉、长十郎、秋荣和丰水，中国砂梨品种黄花、三花梨和苍溪雪梨等都是褐皮梨。虽然红色果皮的梨品种较少，但在秋子梨、西洋梨和砂梨的部分品种中均有分布。还有许多品种，特别是砂梨品种，虽然果面的大部分为黄绿色（或绿色），但常不规则地分布褐色锈斑，把这种果皮色称为中间色，常见的有日本的幸水、赤穗和真鍮，我国南方地区主栽品种翠冠就是十分典型的代表品种。而具有中间色的梨果实由于果面锈斑分布，造成果实外观品质的严重下降。

1. 梨果皮锈斑的成因

不论成熟时砂梨果实表现什么样的果皮颜色，它们在幼果期都为绿色。只是达到一定的发育阶段后，由于果实表面和果皮气孔（果点）周围木栓层的聚集与否及多少，最终决定果色为绿色，褐色或者中间色。因此，梨果皮褐色（包括锈斑）就其本质来说是角质层和表皮细胞破损后果皮木栓层积累的结果，而非色素的变化所致。而果皮木栓化是从果皮气孔破裂形成果点开始的。果点是一团凸出果面的木栓化细胞，是在气孔保卫细胞破裂后形成的空洞内产生的次生保护组织。在日本的栽培条件和气候条件下，梨品种固有的果皮色泽大约在 6 月中旬就可以明显区分开。这一时期相当于盛花后 50～60d，褐色品种如长十郎在此时已有 80% 的果皮木栓化，中间色的赤穗的果皮刚刚开始木栓化，而绿皮的二十世纪的果皮没有木栓化。

果点形成及木栓化开始的时间也因品种类型而异。褐色品种一般早于中间色品种，而中间色品种又早于绿色品种。果点的大小以褐色品种最大，绿色品种最小，中间色的则居中。马可元等（1995）的研究表明我国北方栽培的鸭梨（白梨系统，绿色果皮）花后 15d 梗端气孔保卫细胞最先开始破裂，皮孔开始发育，整个果实皮孔的发育可持续到花后 100d。果点的木栓化也以梗端发生最早，约在盛花后 30d 前，胴部在花后 30d，萼端在花后 40d 前。果面锈斑的发育则开始于盛花后的 40～45d，直到果实采收阶段。因此，收获时果皮的光洁度和锈斑的多少取决于果实气孔破裂（果点形成）及木栓化时期的早晚及程度。果点及果面的木栓化越早，程度越高，则可能意味着果皮越粗糙，果面锈斑越严重。反之，推迟木栓化时间或减轻木栓化的程度就可能得到果面光洁、锈斑少的果实。

早在 20 世纪 40 年代，日本著名的园艺学家菊池秋雄在他的著作《果树园艺学》中就对梨果皮色泽的遗传规律及表现做了总结。他所做的试验表明，褐色果皮对纯绿色果皮表现为显性遗传，而绿色果皮为一对隐性基因所控制。按照这个遗传规律来推测的话，褐色与纯绿色品种的杂交实生后代应该为中间色。然而，实际情况要复杂得多。中间色的基因组成为杂合体，但部分在日本气候条件下表现为褐色的品种，如独逸、明月和早生赤等的遗传组成也是杂合的。而这些在日本表现为褐色的品种在中国东北地区栽培时表现为中间色。赤穗和真錀在日本南部表现为中间色，而在我国东北地区南部表现为完全的绿色。在浙江省，翠冠梨在不套袋栽培时，果皮表现为中间色，而如果采取套袋栽培，因为使用的果袋种类和套袋方式等不同，果皮颜色最终会表现为黄褐色（整个果面被木栓层覆盖）、中间色或绿色。这一现象说明基因组成为杂合体的品种从本质上说都为中间色的品种，但果色最终表现为褐色还是中间色取决于栽培的环境和栽培条件。

2. 影响果皮锈斑形成的主要因素

影响果皮色泽变化的因子有很多，但最重要的因子就是空气的湿度。研究表明，在日本的环境条件下，7月及其之前的空气湿度对砂梨果皮和果点木栓层的积累起关键作用，从而促进果锈的形成。其原因可能是高湿度条件导致果皮表面角质层的缺失，诱发木栓形成层的发生，最终形成果锈。早在20世纪30~40年代，日本学者的试验和调查证实对于有些品种来说，果实周围的高湿度可以加强褐色的发育和表现。如赤穗和真鍮果色的表现就受环境湿度的左右。它们在湿润的日本南部表现为中间色，而在较为干燥的我国东北地区栽培时果色为完全的绿色。

因此，改变果实周围湿度的栽培条件和环境条件必将影响果皮特别是那些中间色品种的果皮锈斑的形成和分布。果实发育季节的多雨天气常常造成果皮锈斑的加重，这也就是同一品种在我国北方和南方地区栽培时果色和果面光洁程度有差异的最主要原因。对于套袋果实来说，袋内湿度的高低决定果实表面的光洁度和锈斑的多少和分布。果实套袋后，于不同时期在果袋内进行多湿处理或者干燥处理，结果表明，果实发育期特别是6~7月的多湿条件对二十世纪梨果点的木栓化和果面木栓层的积累具有关键作用（图3-4）。国内在黄冠梨上所做试验也表明6月果袋内的高湿条件显著增加果皮锈斑指数。

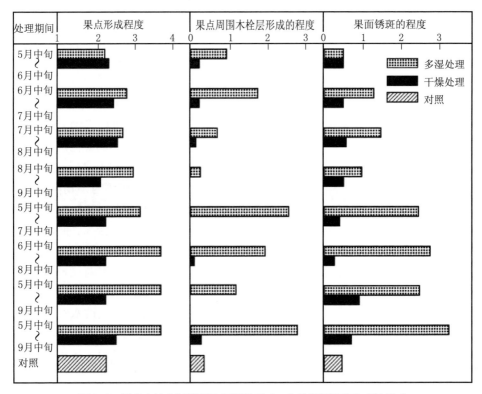

图3-4 果袋内的多湿处理及干燥处理对二十世纪梨果实外观的影响

使用农药的类型会影响梨果实锈斑的形成。乳剂、石硫合剂和波尔多液等会诱发和加重二十世纪梨果面锈斑的形成。粉锈宁（三唑酮）易使雪青和翠冠造成果面污染，锈斑增多。因此，在果实没有套袋前，特别是果皮气孔开始破裂，形成果点的初期，应该尽量避免使用这类药剂。

果袋的种类、套袋的时间和方式也会影响果点的大小、数量及锈斑的形成。国内外的研究都表明，对于果皮为绿色或中间色的梨，选用外黄内白或内黄外白且外层为蜡纸的果袋或者单层黄色涂蜡纸袋，可以消除或减轻锈斑，同时果实的含糖量不至于下降太多。不论果袋的颜色如何，如果适当地早套袋，即在果皮气孔的保卫细胞破裂之前套袋，可以显著地减小果点大小，增加果面的光洁度。果袋所用材料对于果实，特别是中间色果实果点的大小和果面的锈斑会产生显著的影响。玻璃纸（cellophane）和牛皮纸促进果点和果锈的形成，而蜡纸显著地抑制果点的木栓化。报纸袋提早果面木栓化、促进果面果锈的形成。

3. 克服梨果皮锈斑的方法

梨果皮锈斑的形成受遗传和环境的共同作用。在理论上，任何能够抑制或延缓木栓层发生和积累的栽培条件和措施都将减轻或者消除锈斑。如避免使用诱发锈斑的农药，防止果面擦伤等栽培措施都能达到一定的效果。从果面保护的角度和我国梨树普遍实行套袋栽培的现状出发，果实套袋去锈技术最具现实意义。

梨果实套袋的最初目的是防止病虫对幼果的危害，然而，套袋后的果实所处的环境和自然条件之下的差异很大，其结果是外观和果实品质发生了很大的变化。为此，日本学者对果实套袋后的果实微环境的变化、套袋的时期、果袋的种类等进行了广泛的研究，在20世纪中叶就形成了较完善的梨果实套袋技术体系。我国于20世纪80年代引进这项技术，对于减少果实的农药残留，改善果皮色泽发挥了重要的作用，现在已经成为我国优质梨果生产的重要措施之一。近年来，我国果树研究者就不同果袋对提高果实品质的效应、套袋所带来果实糖度下降等负面影响及解决对策等做了大量的研究。与日本不同的是，我国实行套袋栽培的梨品种多达30余个，而在日本用于套袋栽培的品种主要是黄绿色果皮的二十世纪等少数品种，而丰水等褐色果皮的品种现在多实行无袋栽培。

在日本，根据果实发育的不同阶段，二十世纪梨的套袋分两步进行，一般在开花后3~4周之间先套白色蜡质小袋（图3-5），开花后60~70d再套一层大袋。套小袋的优点在于：在果皮气孔破裂之前，保护果皮，同时避免因为在果实幼小时直接套大袋而折断果梗的危险。为了得到糖度较高和外观美观的果实，日本二十世纪梨主产区的鸟取县所用果袋为双层型，外层为白色的打蜡纸，内层为较柔软的黄色蜡纸。正是这种果袋的成功开发和使用，使日本生产的二十世纪果面光洁无锈，十分美观，创下了国际梨贸易的最高价。

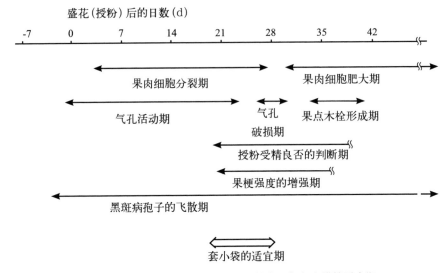

盛花(授粉)后的日数(d)

果肉细胞分裂期

果肉细胞肥大期

气孔活动期

气孔破损期

果点木栓形成期

授粉受精良否的判断期

果梗强度的增强期

黑斑病孢子的飞散期

套小袋的适宜期

图 3-5　日本二十世纪梨幼果的发育与套小袋的适宜期

我国梨产区所用果袋大多为内层黑色的双层袋或者内面黑色的单层袋，而且使用时对绿皮果和褐皮果的品种不加区别。这些果袋一般表面没有涂蜡，纸的质量也因厂商不同而千差万别。这种类型的果袋可以使一些品种如黄花梨的深褐色果皮变为浅褐色，改善其外观品质。但是将这些果袋用在翠冠上后，不仅不能改善果实外观，反而使果面的锈斑加重，严重影响美观。究其原因主要是栽培者缺乏对于果皮上锈斑生成规律的了解，因此，在果袋种类的选择和套袋时间上均存在盲目性。

(二) 传统套袋工艺对砂梨果实品质的影响

2008 年，我们在不考虑制作工艺和生产成本的前提下，以现代套袋技术为对照，研究传统套袋工艺——箬叶袋套袋对砂梨果实外观和内在品质的影响。试验设箬叶袋套袋(处理Ⅰ)、普通双层果袋套袋(处理Ⅱ)、小林 1-KK 双层果袋套袋(处理Ⅲ)和不套袋(处理Ⅳ)4 个处理。试验品种为翠冠、圆黄、雪青和蒲瓜梨，除蒲瓜梨因成熟期晚、虫害严重必须套袋栽培而不设处理Ⅳ。各套袋处理均于 5 月 6~8 日进行套袋，每个处理随机套 50 个以上果实。果实成熟期(翠冠 7 月 31 日，雪青和圆黄 8 月 7 日，蒲瓜梨 9 月 12 日)采收试验果实进行品质测定。

1. 箬叶套袋对梨果实外观品质的影响

除袋后分别对每个品种的果皮颜色、果点、果锈等外观指标进行描述鉴定，并由 5 名试验人员对各处理果实进行综合评分(1~5 分)，取平均值(表 3-7)。箬叶袋套袋后 4 个砂梨品种果皮颜色均呈黄褐色，果面较暗，果点不明显，果面覆盖较多的褐色锈斑。果袋密封不好的果实漏光处有青（褐）斑，袋内有蚂蚁、蜘蛛、蜗牛等小动物栖息，部分果实果皮有虫啃咬后形成的伤疤。各品种外观综合评分除蒲瓜梨外均以箬叶袋（处理Ⅰ）最差，翠冠和雪青均以小林双层袋（处理Ⅲ）最高，圆黄则以普通双层袋（处理Ⅱ）最高。而蒲瓜梨的外观综合评分则以箬叶袋（处理Ⅰ）最高。

表 3-7　不同果袋对梨果实外观品质和果皮色素的影响

（温岭市农业林业局，2008）

品种	处理	果皮颜色	皮色均匀度	果面光亮度	果点	果锈	综合评分	叶绿素 (mg·kg^{-1})	类胡萝卜素 (mg·kg^{-1})
翠冠	Ⅰ	黄褐色	不均匀	较暗	不明显	较多	1.86	20.67c	17.64c
	Ⅱ	黄褐色	较均匀	亮	不明显	较多	3.70	12.38d	13.58d
	Ⅲ	绿色	较均匀	较亮	较明显	少	3.94	82.48b	44.47b
	Ⅳ	绿褐色	较均匀	暗	明显	极多	2.94	112.10a	57.31a
雪青	Ⅰ	黄褐色	不均匀	较暗	不明显	较多	2.02	16.03c	14.47c
	Ⅱ	黄白色	较均匀	亮	较明显	少	3.46	7.71c	10.95c
	Ⅲ	淡绿色	均匀	亮	不明显	少	3.80	73.57b	38.48b
	Ⅳ	黄绿色	均匀	较亮	较明显	少	3.42	91.65a	48.10a
圆黄	Ⅰ	黄褐色	不均匀	较暗	不明显	少	2.60	19.09c	14.11c
	Ⅱ	黄色	均匀	亮	不明显	无	4.48	12.17c	9.72c
	Ⅲ	黄褐色	较均匀	较暗	不明显	无	4.14	50.92b	28.80b
	Ⅳ	青色	均匀	暗	不明显	无	3.62	69.17a	34.46a
蒲瓜	Ⅰ	黄褐色	均匀	较暗	不明显	全锈	3.60	12.65b	8.37b
	Ⅱ	浅色	较均匀	较亮	较明显	较多	3.26	7.19c	6.30c
	Ⅲ	绿褐色	不均匀	暗	明显	较多	2.84	30.77a	15.44a

注：果皮叶绿素和类胡萝卜素含量采用比色法测定

各品种不同处理对果皮色素含量的影响是一致的，翠冠、雪青和圆黄 3 个品种的果皮叶绿素和类胡萝卜素含量均为处理Ⅳ＞处理Ⅲ＞处理Ⅰ＞处理Ⅱ，蒲瓜梨的果皮叶绿素和类胡萝卜素含量为处理Ⅲ＞处理Ⅰ＞处理Ⅱ。箬叶袋套袋果实的果皮色素含量仅高于普通双层袋，而低于其他 2 种处理，这与各处理的透光率是密切相关的。

2. 箬叶套袋对梨果实内在品质的影响

与不套袋果实相比，箬叶袋套袋显著降低了翠冠的可溶性固形物含量和雪青的单果重；减少了圆黄的果实硬度、维生素 C 和石细胞含量。与普通双层袋相比，箬叶袋套袋显著降低了翠冠和蒲瓜梨的可溶性固形物和维生素C含量；减少了圆黄的果实硬度、维生素C和石细胞含量；提高了蒲瓜梨的单果重、果实硬度和可滴定酸含量。与小林双层袋相比，箬叶袋套袋显著降低了翠冠的单果重、可溶性固形物和维生素C含量；降低了圆黄的单果重，提高了可溶性固形物含量；减少了圆黄的果实硬度和石细胞含量，增加了可溶性固形物含量；减少了蒲瓜梨的可溶性固形物和维生素C含量（表3-8）。

表3-8　不同果袋对梨果实内在品质的影响

（温岭市农业林业局，2008）

品种	处理	单果重(g)	硬度(kg·cm⁻²)	可溶性固形物(%)	可滴定酸(%)	维生素C(mg·kg⁻¹)	石细胞(%)	合意度
翠冠	I	272.7b	4.94ab	10.46c	0.092 5a	69.86b	0.282ab	0.231
	II	271.9b	5.36a	11.29b	0.095 3a	77.07a	0.345a	0.323
	III	305.9a	5.10ab	12.15a	0.094 1a	77.50a	0.292ab	0.882
	IV	277.8b	4.56b	11.91ab	0.107 2a	70.44b	0.257b	0.517
雪青	I	282.6c	5.42a	12.34a	0.125 1a	44.83ab	0.684ab	0.446
	II	290.3bc	5.58a	12.08ab	0.119 9a	46.30a	0.794a	0.328
	III	314.3b	5.29a	11.82b	0.121 7a	44.10b	0.604b	0.332
	IV	381.1a	5.41a	12.28ab	0.115 6a	44.10b	0.642ab	0.804
圆黄	I	333.2a	5.27c	12.19a	0.146 3a	29.23b	0.329c	0.858
	II	335.8a	6.13b	11.60a	0.168 4a	33.90a	0.460b	0.648
	III	308.5a	6.83a	10.90b	0.143 0a	32.76ab	0.585a	0.169
	IV	335.6a	5.99b	11.81a	0.163 2a	34.31a	0.515ab	0.711
蒲瓜	I	626.2a	6.77a	11.45b	0.303 4a	20.96c	0.93ab	0.22
	II	541.2b	5.87b	12.62a	0.224 1b	23.90b	0.71b	0.76
	III	608.0ab	6.39ab	12.53a	0.256 3ab	26.25a	0.96a	0.59

对各个处理进行果实内在品质的合意度评价，把单果重、硬度、可溶性固形物、可滴定酸、维生素C和石细胞6个指标作为评价因子，加权数分别设为0.2、0.2、0.2、0.1、0.1和0.2。翠冠内在品质合意度：处理III＞处理IV＞处理II＞处理I，雪青内在品质合意度：处理IV＞处理I＞处理III＞处理II，圆黄内在品质合意度：处理I＞处理IV＞处理II＞处理III，蒲瓜梨内在品质合意度：处理II＞处理III＞处理I。因此，可以认为箬叶袋套袋有利于圆黄和雪青的果实内在品质，不利于翠冠和蒲瓜梨的内在品质。

3. 箬叶套袋的综合评价

果实套袋技术在中国悠久的农业生产中早有应用，写在清代乾隆年间的《红楼梦》就记载着用冷布口袋进行果实套袋防止翎禽草虫的方法。长江流域箬竹资源丰富，不少地方如浙江温岭、龙游和江苏溧阳等地的梨农利用箬竹的叶片缝制成果袋进行套袋栽培，以防止虫害。与现代商品果袋相比，箬叶袋由于是由数张箬叶交叉重叠缝制而成，密封性较差，袋内微域环境变化较大。一方面能有效阻挡光辐射导致果皮叶绿素降解从而使表皮层呈黄白色，另一方面又因箬叶具有较强的吸水保湿作用，使果实长期处于高湿的微域环境下，从而促进了木栓层的发生，导致果面布满锈斑而呈现黄褐色。同时袋内因箬叶不同的重叠程度导致了微域环境的局部差异，这种差异又促进了局部果面锈斑发生的程度不同，从而又使果面呈现不均匀的锈斑分布。另外，因为箬叶袋具有良好的防雨、防风和通气性，容易成为蚂蚁、蜘蛛等小动物栖息地，小动物的大量活动促进了表皮细胞的老化，其食物和排泄物的污染又导致果实外观的进一步恶化。因此，翠冠、雪青和圆黄等现代砂梨品种箬叶袋套袋后，果实外观难看，商品性极差。

一方面，与现代品种相比，蒲瓜梨等传统砂梨品种果皮较厚，果点粗大，锈斑较多，不良的微域环境对表皮细胞和角质层的老化影响相对较少，对锈斑的促进作用又导致了全锈果的产生，从而使果面呈现黄润的皮色，反而促进了果实商品性的提高。另一方面，传统品种多为晚熟品种，成熟期夜蛾类害虫危害严重，传统套袋工艺的栽培目的主要是防止虫害。从试验效果看，箬叶袋能有效防止夜蛾类的叮咬，从而避免了产量的损失。因此，从单纯的虫害防治角度看，传统套袋工艺是可以达到其栽培目的的。而现代砂梨品种果实套袋栽培是生产优质高档梨果，提高其商品价值的重要措施。除要求能有效防治病虫害的同时，提高果实外观品质是现代套袋技术的重要作用之一。因此，从试验结果看，箬叶袋套袋会严重影响果实外观品质，是不适宜现代砂梨品种套袋的功能需求。

总体而言，箬叶袋套袋只能满足单纯的虫害防治，缺乏现代套袋技术对提高果实外观品质的功能需要，不适宜于现代砂梨品种的生产。这种传统套袋工艺的被取代不仅是因为工艺烦琐、成本较高的缘故，其套袋效果的功能缺少也是重要的一个因素。

（三）两次套袋对翠冠梨果皮特征和品质的影响

2004—2006 年，我们在浙江省杭州市滨江果业有限公司进行翠冠梨套袋试验，试图通过对翠冠梨进行不同类型果袋处理，定量研究套袋条件下果皮的形态特征、果实外观和内在品质的变化，为翠冠梨生产上果袋的选择和使用提供理论指导。

试验所用翠冠梨为 14 年生（2006 年），树形为 3 主枝开心形，棚架栽培。

株行距 4m×5m。于盛花后 20d 内给幼果套青岛小林制袋有限公司生产的蜡纸小白袋(F-PK2)。套袋前先疏果,并均匀喷洒杀螟硫磷 + 托布津一次。套小袋 1 个月之后,再套 4 种大袋(表 3-9)直到采收,以不套果袋为对照(CK)。

表 3-9　果袋种类

果实袋名称	制造商	外层是否蜡纸	袋色	透光率*
鸟取单层	日本鸟取农协	否	黄色	29.28
鸟取双层	日本鸟取农协	是	外白内黄	36.44
小林双层(1-KK)	青岛小林制袋有限公司	是	外黄内黄	18.05
台果双层	青岛台果纸业有限公司	否	外黄内黑	0

注:*透光率的测定采用 Li-188B 量子 / 辐射 / 照度计(美国 LI-COR 公司)测定 5 个果袋,取平均值

1. 不同果袋处理对果面色泽的影响

果面色泽用 TC-P2A 全自动测色色差计(北京光学仪器厂)测定。从测定结果看(表 3-10),果实套袋处理改变了翠冠果面色泽和光洁度,随果袋种类而不同。不套袋(对照)的翠冠果面为绿色,被褐色锈斑覆盖。套透光袋(日本鸟取单层、鸟取双层袋和小林 1-KK 袋)后,果实成熟时果面浅绿色,a^* 绝对值都在 14 以上;而套台果双层袋(不透光)的果面为乳白色,a^* 绝对值最小。套透光袋的果面的 b^* 值显著高于对照和套台果双层袋的果面。所有处理的 b^* 的变化趋势与 a^* 相似。本结果 a^* 为负值,表示绿色,其绝对值越大,表示绿色越深。h° 的数据在 90(黄色)~180(绿色)之间。这些色泽指标反映的色泽变化和实际观察结果完全一致。从表 3-10 还可以看出,翠冠套透光袋后果面的亮度(L^*)和色泽的饱和度 (C^*) 都有明显改善,与 CK 相比均存在显著差异。套台果双层袋的果面为白色,所以亮度高于套鸟取袋和小林袋的果面亮度,但色泽饱和度均低于后两者;而未套袋的果实,色泽暗淡,亮度最低。

表 3-10　不同套袋处理对翠冠梨果面色泽的影响

(浙江大学,2006)

处理	L^*	a^*	b^*	h°	C^*
鸟取单层	66.82b	−14.90cd	40.59a	110.12ab	43.27ab
鸟取双层	65.78b	−14.10bc	40.55a	109.14b	42.96b
小林双层	66.40b	−15.90d	41.13a	111.12a	44.12a
台果双层	79.06a	−4.50a	31.16c	98.22c	31.49d
对照(CK)	60.54c	−13.49b	38.49b	109.32b	40.82c

2. 不同果袋处理对果点和果锈的影响

将刮下的果实赤道部位果皮，用直径 1cm 的打孔器随机取小圆片，用体视显微镜观察，计算果点数和测定果点直径。发现套袋处理对果点密度没有影响，但显著降低了果点大小（表 3-11）。未套袋的果实果点最大，与所有套袋果存在显著差异。而套鸟取单层袋的果实果点又显著大于套双层袋的。套袋后果实锈斑面积明显减小。未套袋果实的整个果面几乎被锈斑覆盖，果实因此呈黄褐色。3 种透光袋的无锈和少锈果比率（锈斑面积少于果面 30）均在 92% 以上，其中，以鸟取双层效果最好，特别是无锈和锈斑面积 <10% 的果实比例达到了近 94%。而不透光的台果袋的无锈和少锈果比率（锈斑面积少于果面 30）较低，为 71%。

表 3-11　不同套袋处理对果点和果锈的影响

（浙江大学，2006）

处　理	果点密度 (No·cm^{-2})	果点平均直径 (mm)	无锈和有锈果实比例			
			锈斑程度			
			0%	<10%	10%~30%	>30%
鸟取单层	19.74a	0.64b	7.64	74.52	10.19	7.65
鸟取双层	20.27a	0.53c	8.75	85.00	3.75	2.50
小林双层	20.09a	0.52c	6.12	81.64	6.12	6.12
台果双层	20.84a	0.54c	5.77	51.92	13.46	28.84
对照（CK）	19.57a	0.80a	0	0	0	100

注：锈斑程度是指果面锈斑面积占整个果面的百分率

果实果点的密度、大小和锈斑的多少是影响梨外观品质的重要因素。套袋对果实外观品质的改善，最主要的是减小了果点直径和锈斑面积。梨果点形成要经过气孔期、皮孔期、果点形成期和果点增大期。由于果点由气孔形成，气孔数的多少主要受遗传因素控制（马克元，1995），因而在果实大小相同的情况下，各处理间果点密度没有显著差异。但套袋却能有效地减小果点直径、使果点颜色变淡，且双层袋处理的效果明显优于单层袋的。

3. 不同果袋对果点和果面的细微结构的影响

将打孔器随机取下的直径 1cm 的小圆片用 2.5% 戊二醛在 4℃下固定过夜后倒去固定液；用 0.1mol/L pH 值 7.0 磷酸缓冲液冲洗 3 次，每次 15min；用 1% 锇酸溶液固定 1~2h，倒去固定液，用 0.1mol/L pH 值 7.0 磷酸缓冲液冲洗 3 次，每次 15min；用梯度 (50%~100%) 乙醇依次脱水，每个梯度 15min；在乙醇：醋酸异戊酯（1∶1）混合液中浸泡 30min；之后，换纯醋酸异戊酯 1~2h；用 HCP-2 型临界点干燥仪干燥（干冰为干燥剂）；将样品用 IB-5 离子溅射仪喷铂金；在 KYKY-1000B 型扫描电子显微镜下观察并拍照（图3-6）。

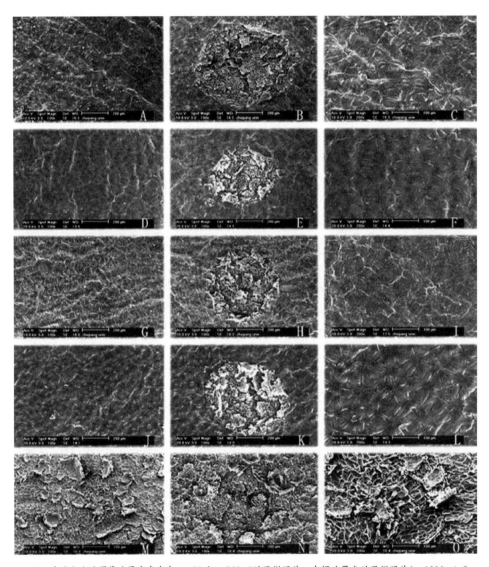

注：左边和右边图像为果实表皮在 ×100 和 ×200 下的显微照片；中间为果点的显微照片（×100）。A-C：
鸟取单层；D-F：鸟取双层；G-I：小林双层；J-L：台果双层；M-O：对照（未套袋）

图3-6　不同套袋处理对果实外观显微结构的影响

（浙江大学，2006）

　　套袋果实的果面明显比未套袋果实果面光洁，看不到木栓层的附着。套袋
果实的果面平滑，纹理清晰细腻，龟裂较少。套双层袋包括鸟取双层袋、小林
1-KK 袋和台果双层袋的果面均较鸟取单层袋的为佳，其中尤以鸟取双层的效果

最好。未套袋的果实果面，由于果面布满木栓层，看上去凹凸不平。

另外，套双层袋包括鸟取双层袋、小林 1-KK 袋和台果双层袋的果实果点比鸟取单层的更小更圆，轮廓更清晰，与果面相接处更平缓，中心部位积累较少的木栓物质。台果袋果点形状不规则，与果面衔接处稍有凸起，中心部位有较多的木栓物质。而未套袋果实的果点大且不规则，果点轮廓模糊，果点与果面连成一片，中心部位堆满木栓物质。

4. 不同果袋对果实内在品质的影响

套袋不影响果实的单果重，但却相对降低了果实的可溶性固形物含量和硬度（表 3-12）。套小林双层袋的果实可溶性固形物含量最低，显著小于其他处理，比 CK 低 1.67 个百分点。果实硬度以 CK 最大，套鸟取双层袋最小，且差异显著。石细胞的含量以套台果双层袋的果实最高，显著高于其他处理。

表 3-12　不同套袋处理对果实内在品质的影响

（浙江大学，2006）

处　理	单果重 （kg）	可溶性固形物 （%）	硬度 （N）	石细胞含量 （%）
鸟取单层	0.32a	10.50b	14.77b	0.10b
鸟取双层	0.32a	10.79b	15.02ab	0.11b
小林双层	0.32a	10.01c	15.42ab	0.12b
台果双层	0.32a	10.85b	15.08ab	0.16a
对照（CK）	0.33a	11.68a	15.82a	0.11b

石细胞是影响果实品质的一个重要因素。梨石细胞的形成是在梨果实细胞分裂期，由居间分生组织细胞分裂形成薄壁细胞，这种分裂停止后，薄壁细胞的壁不断加厚，继则木质化而形成的（乔勇进，2005）。本研究中套透光袋的果实与未套袋的果实石细胞含量没有显著差异，套不透光的台果双层袋反而提高了石细胞的含量。刘小阳等（2006）的试验表明与强光条件相比，弱光条件下的砀山酥梨果实的石细胞含量显著增加。

从试验结果看，两次套袋技术明显减小了翠冠梨果实的果点直径和锈斑面积、增加了无锈斑和少锈斑果实的比率，改变了果实表面的显微结构，使果皮的亮度值有所升高，显著改善了果实外观色泽；除不透光果袋增加了果实石细胞含量、所有套袋处理均降低了果实可溶性固形物含量外，套袋处理的果实在硬度、单果重等方面和对照没有差异。综合各项指标，以透光的双层蜡质果实袋在去除或减少翠冠梨果皮锈斑、改善外观品质上为优，其中，又以鸟取 JA 产的双层蜡质果实袋为最佳。

（四）一次套袋对翠冠梨果实品质和果皮解剖结构的影响

由于两次套袋增加了用工量，对套袋技术要求较高。为此，我们引进小林 1-KK 双层果袋，采用一次套袋法减少翠冠梨果皮锈斑的发生。试验于 2008—2009 年在浙江省温岭市国庆塘梨园进行。试验设普通双层果袋（外黄内黑，不透光）套袋、小林 1-KK 双层果袋（外层为蜡纸，外黄内黄，透光率 18.2%）套袋和不套袋（CK）3 个处理。各处理均于 5 月 5 日（2008 年）、5 月 6 日（2009 年）进行套袋，果实成熟期采收试验果实。

1. 套袋对翠冠梨果面锈斑和色泽的影响

套袋处理明显地改变了翠冠梨的果实外观。套普通双层袋的果面呈黄褐色，锈斑多且较均匀，果面光洁明亮，果点不明显；套小林 1-KK 双层袋的果面呈绿色，锈斑少，果面光洁，果点较明显；而不套袋（对照）的果面呈绿褐色，锈斑极多，果面暗淡，果点大而明显。

锈斑指数以小林 1-KK 双层袋最小，分别比普通双层袋和 CK 减少 29% 和 30.6%，且差异显著；各处理间的果点密度和果点直径没有显著性差异；L^* 值以普通双层袋最大，CK 最小，各处理间差异显著；a^* 值以普通双层袋最大，小林 1-KK 双层袋最小，各处理间差异显著；b^* 值以小林 1-KK 双层袋最大，并显著大于普通双层袋和 CK（表 3-13）。

表 3-13　不同套袋处理对翠冠梨果面锈斑和色泽的影响

（温岭市农业林业局，2009）

处理	锈斑指数	果点密度 $(\text{No} \cdot \text{cm}^{-2})$	果点直径 (mm)	L^*	a^*	b^*
普通双层袋	93.02a	39.2a	0.423a	67.58a	5.94a	36.93b
小林双层袋	66.02b	33.7a	0.477a	57.29b	−3.65c	41.03a
不套袋（CK）	95.16a	36.7a	0.450a	50.07c	−2.25b	36.28b

外黄内黑的双层袋是目前南方砂梨应用最多的果袋，从本试验的结果看，该果袋并不能减少翠冠梨果锈的发生，袋内高湿的微域环境还在一定程度上促进了锈斑的发生，导致"全锈果"的产生。同时，由于普通双层袋完全隔绝了自然光的有效辐射，减少了果皮色素尤其是叶绿素的含量，从而使果皮颜色变浅变亮，使整个果面呈明亮的黄褐色，提高了外观品质。小林 1-KK 双层袋是近几年从日本引进的新型果袋，具有更优良的防雨透气性和一定的透光性，从试验结果看，其对防止翠冠梨锈斑的发生和改善外观品质具有明显的效果。

2. 套袋对翠冠梨果皮解剖结构的影响

套袋显著减少了角质层和周皮厚度（表 3-14、图 3-7）。各处理间表皮细胞均为 1～2 层，周皮细胞层数以 CK 最多，达到 4～5 层，小林 1-KK 双层袋的周皮细胞层数为 3～4 层，普通双层袋最少，只有 2～3 层。与 CK 相比，普通双层袋的角质层厚度、表皮细胞长度、表皮细胞大小和周皮厚度分别减少 26.6%、4.9%、5.2% 和 32.2%；小林 1-KK 双层袋的角质层和周皮厚度分别减少 9.3% 和 14.4%，表皮细胞长度、宽度、大小和木栓层细胞大小分别增加 7.2%、12.6%、20.6% 和 10%。与普通双层袋相比，小林 1-KK 双层袋的角质层厚度、表皮细胞长度、宽度、大小、周皮厚度和木栓层细胞大小分别增加 23.6%、12.7%、12.5%、27.1%、26.1% 和 9%，且差异均显著。

表 3-14 不同套袋处理对翠冠梨果皮解剖结构的影响

（温岭市农业林业局，2009）

处理	角质层厚度（μm）	表皮细胞层数	表皮细胞长度（μm）	表皮细胞宽度（μm）	表皮细胞大小（μm²）	周皮细胞层数	周皮厚度（μm）	木栓层细胞大小（μm²）
普通双层袋	7.72c	1～2	19.85c	13.48b	267.26c	2～3	46.32c	281.64b
小林双层袋	9.54b	1～2	22.38a	15.17a	339.77a	3～4	58.43b	306.90a
不套袋（CK）	10.52a	1～2	20.87b	13.47b	281.79b	4～5	68.27a	279.08b

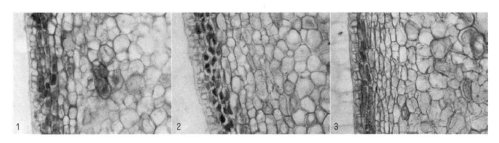

1. 普通双层果袋；2. 小林 1-KK 双层果袋；3. 不套袋

图 3-7 套袋对翠冠梨果皮解剖结构的影响

（温岭市农业林业局，2009）

3. 套袋对翠冠梨果实品质的影响

与 CK 相比，套普通双层袋的处理降低了单果重、可溶性固形物和可滴定酸含量，提高了果实硬度、维生素 C 和石细胞含量；而套小林 1-KK 双层袋的处理提高了果实单果重、硬度、可溶性固形物、维生素 C 和石细胞含量，降低了可滴定酸含量（表 3-15）。对各个处理进行果实品质合意度评价，把外观综合评分、单果重、硬度、可溶性固形物、可滴定酸、维生素 C 和石细胞 7 个指标作为评价因子，加权数分别设为 0.4、0.1、0.1、0.1、0.1、0.1 和 0.1。可以得出各处理综合品质合意度小林 1-KK 双层袋（0.893）＞普通双层袋（0.489）＞对照（0.289）。大多数研究表明套袋降低了梨果实可溶性固形物含量。本试验中的普通双层袋套袋处理的果实可溶性固形物含量与对照相比也降低了 0.62 个百分点，但小林 1-KK 双层袋套袋处理的果实可溶性固形物含量反而比对照提高了 0.24 个百分点，这可能与小林 1-KK 双层袋具有一定的透光性密切相关。

表 3-15 不同套袋处理对翠冠梨果实品质的影响

（温岭市农业林业局，2009）

处理	单果重 (g)	硬度 (kg·cm⁻²)	可溶性固形物(%)	可滴定酸(%)	维生素 C (mg·kg⁻¹)	石细胞(%)	合意度
普通双层果袋	271.9b	5.36a	11.29b	0.0953a	77.07a	0.345a	0.489
小林双层果袋	305.9a	5.10ab	12.15a	0.0941a	77.50a	0.292ab	0.893
不套袋（CK）	277.8b	4.56b	11.91ab	0.1072a	70.44b	0.257b	0.289

4. 套袋对翠冠梨矿质营养的影响

套袋处理改变了翠冠梨果实矿质营养的积累（表 3-16）。与 CK 相比，套普通双层袋的果实 Ca 含量显著下降，Mn 含量显著提高；而套小林 1-KK 双层袋的果实 N、Ca、Mg 含量均显著下降，其果实的 N、Ca、Mg、Mn 含量均显著低于普通双层袋。

表 3-16 不同套袋处理对翠冠梨矿质营养的影响（mg·kg⁻¹）

（温岭市农业林业局，2008）

处理	N	P	K	Ca	Mg	Fe	Mn	Cu	Zn
普通双层果袋	446.0a	121.0a	10 128a	12.56b	54.27ab	15.01a	27.92a	8.38a	6.32a
小林双层果袋	393.5b	124.8a	10 113a	10.22c	52.17b	16.81a	23.15b	10.35a	5.86a
不套袋（CK）	451.0a	123.7a	10 635a	15.94a	57.02a	19.67a	24.91b	8.63a	6.28a

注：N 含量用凯氏定氮法测定，P 含量用钒钼黄比色法，K、Ca、Mg、Fe、Mn、Zn 等含量用干灰化原子吸收分光光度法测定

翠冠梨套袋后果实的 N、Ca、Mg 含量均有一定程度的下降，这与黄冠等品种上的研究是基本一致的（何为华等，2003；林存峰，2008；关军峰等，2008）。其中，尤以小林 1-KK 双层袋套袋最为突出，其外层的蜡纸材质进一步减弱了果面水分的蒸腾作用，从而影响了矿质营养向果实的移动。果实的矿质营养与品质有密切的关系，本试验中有些元素与品质的影响与前人的研究一致，但有些结果是不同的，这表明决定果实品质的并非单一元素含量的高低，而很可能是某些元素的交互作用更为重要（关军峰，2008）。同时从试验结果可以看出，在翠冠梨套袋果实上部分元素含量的下降并没有在生产和品质上有不良的表现。

因此，认为在南方多雨高湿的气候条件下，小林 1-KK 双层袋套袋可以改善

翠冠梨外观品质，减少锈斑的发生，提高果实综合品质，同时符合绿色、无公害生产标准，减少农药污染和病虫害侵袭。同时，与二次套袋相比，节省了劳动力支出，值得进一步推广应用。

（五）套袋对翠玉梨果实品质的影响

2012 年，我们在浙江省富阳市大青果园进行翠玉梨的套袋试验，通过研究不同果袋对翠玉梨果实品质的影响，寻找适宜翠玉的果袋类型，为进一步提高翠玉果品质量提供理论依据。

试验树体为 2002 年初定植，株行距为 2.5m×4m，棚架栽培，管理条件较好。试验果袋选用日本小林制袋产业株式会社生产的 NK-15（单层白袋，透光率为 80.3%）、1-KK（外黄内黄，透光率为 18.2%）和 1-LP（外黄内黑双层袋，不透光）3 种不同的果袋。套袋时间为盛花后 31d（5 月 7 日），采收时间为花后 108d（7 月 23 日）。

1. 套袋对翠玉果皮色泽的影响

果实套袋后光照强度变弱，抑制了叶绿素的形成，并且促使了果皮原有叶绿素的降解，促使果皮黄化（Jose 和 Schafer，1978），从而使果皮呈现浅黄色或黄白色。果实套袋处理改变了翠玉的果面色泽（表 3-17）。套透光袋（1-KK、NK-15）成熟果实的果皮色泽与不套袋对照果实的果皮色泽均为黄绿色，a^* 绝对值都在 6.5 以上，三者无显著差异；而套不透光的 1-LP 果袋的果面为黄白色，a^* 绝对值最小，并显著低于其他 3 个处理。不套袋果实的 b^* 值最大，并随果袋透光度的减少而减少，各处理间差异显著。翠玉套袋后果面的亮度（L^*）有显著增加，并随果袋透光度的减少而递增。$h°$ 的数据在 90（黄色）~180（绿色）之间，且偏于黄色。与果面亮度刚好相反，套袋后果面的色泽饱和度显著下降，并随果袋透光度的减少而递减。

表 3-17　套袋对翠玉果皮色泽的影响

（浙江大学，2012）

处理	L^*	a^*	b^*	$h°$	C^*
NK-15	61.41c	−6.50b	38.60b	99.56b	39.15b
1-KK	63.30b	−6.59b	36.81c	100.16a	37.40c
1-LP	70.03a	−1.78a	25.99d	94.06c	26.06d
CK	58.85d	−6.58b	39.78a	99.38b	40.33a

2. 套袋对翠玉果实品质的影响

翠玉套袋后，单果重以套透光率最大的 NK-15 果袋的果实最大，比不套袋

的果实增加 7.7%；不透光的 1-LP 果袋套袋后果型最小，比不套袋的果实减少
9.1%，但差异均不显著（表 3-18）。套 1-KK 和 1-LP 果袋后果实横径显著变小，
从而使果形指数显著增加。套袋提高了翠玉的果实硬度，果袋透光率越小，其果
实硬度越大，套 1-LP 果袋后的果实硬度显著大于不套袋果实。套袋显著降低了
翠玉的可溶性固形物和总糖含量，各套袋处理间差异不显著。

表 3-18　套袋对翠玉梨果实品质的影响

（浙江大学，2012）

处理	单果重（g）	纵径（mm）	横径（mm）	果形指数	硬度（N）	TSS（%）	总糖（mg·g⁻¹）
NK-15	390.7a	74.92a	86.83a	0.87b	13.53b	11.23b	104.38b
1-KK	349.6a	74.94a	82.88b	0.91a	14.28ab	11.33b	102.86b
1-LP	329.7a	75.91a	83.28b	0.91a	15.74a	11.52b	108.46b
CK	362.8a	75.31a	89.29a	0.84b	12.86b	12.06a	116.78a

3. 小林 NK-15 是翠玉最适宜的果袋

套袋后果实周围的微环境发生了变化，从而改善了果实外观，也影响了果实
的内在品质。从试验结果看，翠玉果实套袋后降低了可溶性固形物和总糖含量，
在一定程度上影响了果实的品质，尤其以套不透光的 1-LP 果袋最为显著。在实
际生产中还发现 1-LP 果袋套袋果实较 1-KK 与 NK-15 果实锈斑多。由于翠玉
在不套袋情况下依然可以获得光滑无锈的外观品质，所以单纯从提高翠玉果实糖
度的角度看，应该提倡无袋栽培。但如果从绿色、无公害的角度看，套袋可以显
著减少农药残留，并能减少裂果，防止鸟害和金龟子等虫害，起到安全生产和减
少产量损失的作用。综合考虑各试验果袋对外观和内在品质的影响，认为翠玉在
实行有袋栽培的情况下，应以套小林 NK-15 果袋为佳。

四、梨果灵等植物生长调节剂的应用研究

2000 年 1 月，由浙江大学园艺系研制开发的"梨果灵"通过专家鉴定，它具
有增大梨果型、改善品质、提早成熟（可提前 7~10d 上市）以及减少某些品种裂
果和黑斑病的作用（吕均良，2000）。2007 年 8 月，由中国农业科学院郑州果树
研究所主持完成的"梨果早熟增大生物源制剂'梨果早优宝'的研制及高效应用"
项目通过了河南省科技成果鉴定。涂抹梨果早优宝，可使梨果增大 30% 左右，
高档果比例增加，成熟期提早 7 天左右，品质提高，不影响货架期，同时有效降
低易裂果品种的裂果率（陈锦永，2007）。我们在 2005 年进行了几种以 GAₛ 为
主要成分的植物生长调节剂在梨果实上的应用研究，以期为梨优质丰产和防风栽
培提供参考。

（一）植物生长调节剂对梨果实发育的影响

2005 年 4 月 30 日，我们在温岭市城南镇罗永青户的翠冠梨树上选择 20 个着生 4 个以上大小均匀幼果的果台，每果台留 4 个幼果分别用梨果早优宝 A 型、B 型（中国农业科学院郑州果树研究所研制）和梨果灵（浙江大学果树科学研究所研制）处理，另一个作 CK，挂牌编号，每周测量一次果实横径（图 3-8）。

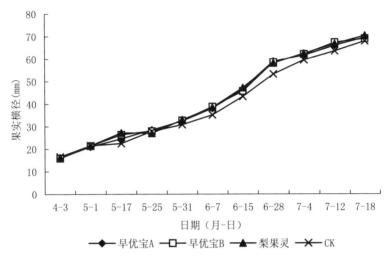

图 3-8　不同植物生长调节剂处理的果实横径变化
（温岭市农业林业局，2005）

结果表明：①从处理后 17d 开始，各处理与 CK 的差异逐渐显现，随后这种差异进一步增大，尤其在 6 月中下旬期间，CK 与其他各处理的差异达到了最大。例如，6 月 15 日（盛花后 60d）梨果早优宝 A 型、梨果早优宝 B 型、梨果灵各处理的横径分别比 CK 增大 10.28%、7.01% 和 6.54%。而后这种差异渐渐减少，至 7 月 12 日采收时各处理的横径分别比 CK 增大 5.73%、8.02% 和 5.40%。②同一果台不同处理间具有一定的药剂输导作用，除各处理间表现出相似的生长动态外，采收时作 CK 的果实均表现出比附近果台着生果实大的特征。

（二）植物生长调节剂对梨果实品质和成熟期的影响

试验在温岭市国庆塘梨园进行。共设 19 个处理，分别用 A1～ A6、B1～ B6、C1～ C6 和 CK 表示。A、B、C 分别代表用梨果早优宝 A 型、B 型和梨果灵处理，1～6 代表三种植物生长调节剂分别在 4 月 26 日（盛花后 11d）、5 月 3 日（盛花后 18d）、5 月 10 日（盛花后 25d）、5 月 17 日（盛花后 32d）、5 月 25 日（盛花后 40d）和 5 月 31 日（盛花后 46d）处理（表 3-19）。每处理在梨树不同方位随机选择 5 个幼果进行果柄涂抹，每果用膏剂 20mg 左右。7 月 12 日、

7月18日、7月26日分3次采收，分别测定果实重量、可溶性固形物含量、果柄长度和粗度、果实纵径和横径并计算出果形指数。

表 3-19　不同处理方法及其代号

（温岭市农业林业局，2005）

处理时间（月－日）	梨果早优宝 A 型	梨果早优宝 B 型	梨果灵
4-26	A1	B1	C1
5-3	A2	B2	C2
5-10	A3	B3	C3
5-17	A4	B4	C4
5-25	A5	B5	C5
5-31	A6	B6	C6

1. 不同植物生长调节剂处理对翠冠梨果实品质的影响

所有处理的平均单果重和可溶性固形物含量（TSS）均比 CK 有不同程度的增大，梨果早优宝 A 型、B 型和梨果灵的单果重分别比 CK 增大 31.2%、28.2% 和 24.51%，可溶性固形物含量分别比 CK 增加 0.32、0.25 和 0.08 个百分点，增加幅度均以梨果早优宝 A 型最大。各处理不改变果实的果形指数（表 3-20）。

表 3-20　不同处理对翠冠梨果实性状的影响

（温岭市农业林业局，2005）

处理	单果重（g）	TSS(%)	果形指数	果柄长度（cm）	果柄粗度（cm）
梨果早优宝 A 型	235.30	11.02	0.92	2.04	0.52
梨果早优宝 B 型	230.08	10.95	0.90	2.05	0.42
梨果灵	223.37	10.78	0.91	2.00	0.43
CK	179.40	10.70	0.91	1.93	0.39

各处理除促进果实增大外，还促进了果柄的生长发育，对果柄粗度的增粗效果非常明显。尤以梨果早优宝 A 型最为显著，比 CK 增粗 33.33%，而且处理时间越早对果柄的增粗效果越为明显，梨果早优宝 A 型处理后在果柄皮孔处会形成瘤状凸起，影响果实外观。

2. 不同处理时间对果实单果重和可溶性固形物含量的影响

从表 3-21 可以看出，梨果早优宝 A 型不同时间处理对提高单果重的效果从大到小依次为 A6、A1、A4、A2、A5、A3，分别比 CK 增加 49.62%、39.33%、20.62%、18.09%、16.76%、13.35%；梨果早优宝 B 型不同时间处理效果从大到小依次为 B1、B2、B6、B4、B3、B5，分别比 CK 增加 46.63%、28.52%、27.53%、24.58%、19.52%、8.40% ；梨果灵不同时间处理效果从大到小依次为 C2、C1、C3、C4、C6、C5，分别比 CK 增加 37.99%、33.79%、23.53%、19.56%、19.15%、2.70%。增加 30% 以上的有 A1、A6、B1、C1、C2，除 A6 外，其他都是前期处理的，表明处理时间越早其对果实的增大效果越好，并随着处理时间的推迟其增大效果有减少的趋势，但在盛花期 45d 后处理其效果又会明显增加。

表 3–21　不同处理对翠冠梨单果重和可溶性固形物的影响

（温岭市农业林业局，2005）

处理	7月12日采样		7月18日采样		7月26日采样		平均	
	单果重 (g)	TSS (%)	单果重 (g)	TSS (%)	单果重 (g)	TSS (%)	单果重 (g)	TSS (%)
A1	242.8	10.1	255.8	11.6	250.9	11.6	249.8	11.1
A2	197.8	10.4	203.2	10.8	234.2	11.3	211.7	10.8
A3	207.6	10.0	187.6	11.5	214.5	11.7	203.2	11.1
A4	188.1	10.1	200.4	10.9	260.3	11.4	216.3	10.8
A5	180.9	10.0	200.9	11.1	246.3	11.5	209.4	10.9
A6	249.2	9.9	269.9	11.1	285.7	11.5	268.3	10.8
B1	238.7	10.7	268.0	11.9	282.0	11.9	262.9	11.5
B2	196.8	10.5	213.3	11.8	281.2	11.6	230.4	11.3
B3	205.8	9.9	215.0	10.6	222.1	10.9	214.3	10.5
B4	203.0	9.8	223.3	11.0	243.8	11.1	223.4	10.6
B5	180.2	9.3	190.1	10.3	212.8	10.6	194.4	10.1
B6	210.2	10.0	212.6	11.3	263.2	11.2	228.7	10.8
C1	211.2	10.9	212.0	11.3	296.5	11.9	239.9	11.4
C2	214.7	10.1	267.5	11.3	260.1	11.6	247.4	11.0
C3	201.8	9.7	223.3	11.3	239.4	10.9	221.5	10.6
C4	195.3	9.7	206.7	10.5	241.1	11.1	214.4	10.4
C5	170.7	9.5	195.4	10.7	186.3	10.6	184.1	10.3
C6	192.1	8.9	210.5	11.4	238.3	11.2	213.6	10.5
CK	161.1	9.7	185.1	10.6	191.7	11.0	179.3	10.4

从 7 月 18 日和 7 月 26 日的采样数据分析，不同时间处理对果实可溶性固形物含量的影响不大；而从 7 月 12 日的采样数据可以看出各处理均随处理时间的推迟会有所降低，证明处理时间早有利于果实前期可溶性固形物的积累，但对最终果实可溶性固形物含量的影响不大。

3. 对果实成熟期的影响

按照目前市场商品果的标准（单果重 200g 以上、可溶性固形物 10% 以上），梨果早优宝 A 型在 7 月 12 日、7 月 18 日、7 月 26 日达到商品果标准果实的比例分别为 45.83%、62.50%、86.05%，梨果早优宝 B 型则分别为 43.48%、66.67%、85.00%，梨果灵则分别为 32.00%、66.67%、80.85%，而 CK 则分别为 0.00%、28.57%、30.00%。表明在 7 月 12 日（盛花后 88d）各处理均可开始采收，7 月底采收结束，比 CK 提早成熟 8d 以上，各处理间差异不大。

综上所述，3 种以 GA$_8$ 为主要成分的植物生长调节剂均对翠冠梨果实的生长发育具有良好的促进作用。处理不影响果实的最终品质和果形指数，可增大果实重量，提早果实成熟期，在一定程度上提高了果实的商品性，减少了台风的影响，增加了梨树栽培的效益。其综合效果以中国农业科学院郑州果树研究所研制的梨果早优宝 B 型最好，处理时间以盛花后 10～35d 为宜。梨果早优宝 A 型在南方多湿地区应用对果柄有畸形发育现象，影响果实的商品性能，生产上应慎用。

第四章　梨大棚栽培技术研究

果树设施栽培是指利用温室、塑料大棚或其他设施，改变或控制果树生长发育的环境条件（包括光照、温度、湿度、CO_2、O_2、土壤等），对果树生产进行调控以达到某种生产目标的果树栽培方式。这一栽培方式不仅可以为人们提供新鲜、优质、绿色的果品，而且缓解了果树淡旺季供求的矛盾，满足了人们对新鲜果品周年适时供应的需要。与传统的果树栽培相比，果树设施栽培具有高投入、高技术、高产出的特点，并以其产量高、品质优、淡季供果售价高等优点给经营者带来了高额的收入，取得了明显的社会和经济效益，成为我国现代高效果业的一种重要发展模式。

一、梨大棚的构造与光温环境的变化

（一）大棚设施的构造

1. 大棚结构

水泥竹木混合式连栋大棚是针对东南沿海气候特点自主开发的简易连栋大棚设施，具有造价低、取材方便、抗风能力强、棚内空间大、作业方便等优点。温岭市国庆塘梨园建造的水泥竹木混合式连栋大棚顶高3.8m，肩高2m，单栋宽7.4~8.5m（两行一栋），长30m。大棚以水泥柱、毛竹和铁丝等构建。大棚底部采用9cm×9cm的水泥柱作为支柱；大棚顶部采用7~8cm宽的竹片作为拱杆，用直径7~8cm的毛竹支撑在平台上；大棚平台用粗毛竹和钢索支撑或连接。

2. 大棚材料

水泥竹木混合式连栋大棚棚体取材比较方便，每667m²大棚需9cm×9cm水泥柱85根、毛竹2 000kg、16号×7股钢索650m、12~16号铁丝100kg、地锚18个，每667m²造价7 000~8 000元。水泥柱采用水泥（500号）、砂、石子（瓜子片）按1∶2.5∶2.5的比例浇注而成，以4根5厘钢丝作支撑。一般每包水泥（50kg）可浇注6~7根水泥柱。毛竹需采自6年生以上竹林，每根重量在 15~20kg，以 11~12 月砍伐的老毛竹为最佳。毛竹切割下部粗壮处 5 米长，劈成 4 片 7~8cm 宽的竹片（顶部最细处不低于 3cm）作拱杆用；毛竹上部锯成 1.8m 或 2.2m 作拱杆支撑用。地锚可采用水泥浇注，大小尺寸为 30cm×50cm×12cm，中间埋入一根 16 号 ×7 股的钢索；也可采用长 1.2m、直径 15cm 左右的松木段，与钢索紧固以便牵引。覆盖薄膜采用 0.05mm 厚的多功能流滴聚乙烯农用膜。

（二）大棚内外光温环境的比较

从 2006~2009 年，我们在国庆塘梨园的大棚内外安装浙江大学电气设备厂生产的 ZDR-20 温湿度记录仪进行温度和湿度的记录，并整理 2~6 月的数据（表 4-1）。大棚内的 4 年的平均温度为 19.3℃，比同时期的露地高 2℃；平均湿度为 84.3%，比露地增加 2 个百分点。记录中最高温度为 44.9℃，比露地的最高温度高出 8.4℃；最低温度为 -1.1℃，比露地增加 3℃。

表 4-1　大棚内外的温湿度差异

（温岭市农业林业局，2006—2009）

年度	大棚				露地				内外差	
	平均温度（℃）	最高温度（℃）	最低温度（℃）	平均湿度（%）	平均温度（℃）	最高温度（℃）	最低温度（℃）	平均湿度（%）	平均温度（℃）	平均湿度（%）
2006	18.5	41.1	0.1	86.8	17.0	35.0	-1.6	80.3	1.5	6.5
2007	20.2	42.0	-1.0	83.1	17.7	36.5	-4.1	84.6	2.5	-1.5
2008	19.0	44.9	-1.1	81.3	16.6	34.5	-2.8	80.2	2.4	1.1
2009	19.4	36.8	3.0	85.8	17.9	33.5	0.3	83.9	1.5	1.9
平均	19.3	——	——	84.3	17.3	——	——	82.3	2.0	2.0

1. 促成栽培期

大棚促成栽培期（以 3 月为例）平均气温为 16.8℃，比露地提高 3.3℃；日变化呈单峰曲线（图 4-1），峰值出现在 11:00，为 25.9℃，比露地峰值提高 7.5℃，时间提早 2h；最小值均出现在 6:00，大棚内为 11.3℃，比露地增加 1.1℃；极差为 14.6℃，比露地增加 6.4℃。平均湿度为 84.8%，比露地提高 1.9 个百分点；从 19:00 到翌日 7:00 的夜间湿度为 99.7%，比露地增加 5.6 个百分点；最小值均出现在 13:00，大棚湿度为 51.6%，比露地减少 6.6 个百分点。

促成栽培期间，大棚内的光照强度呈单峰曲线变化，以 12:00 光照强度最大，全日（7:00~17:00）透光率为 73.4%。由于棚内雾滴的影响，早上 7:00~8:00 及傍晚 17:00 透光率最低，只有 60% 左右，中午 13:00~14:00

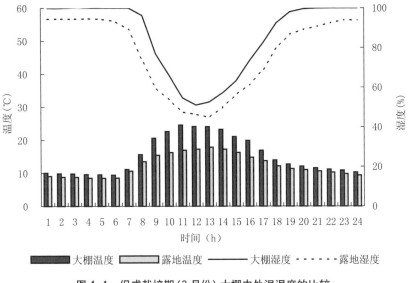

图 4-1　促成栽培期（3 月份）大棚内外温湿度的比较

（温岭市农业林业局，2006）

透光率最高，达到 80% 左右（表 4-2）。

表 4-2　大棚促成栽培期的光照强度与透光率

（温岭市农业林业局，2006）

时间	7:00	8:00	9:00	10:00	11:00	12:00	13:00	14:00	15:00	16:00	17:00
大棚（klux）	8.57	23.00	41.45	52.25	63.05	67.70	66.25	59.95	46.05	21.16	8.17
露地（klux）	14.44	35.65	57.50	79.20	88.15	91.45	83.70	73.65	58.65	27.15	13.60
透光率（%）	59.35	64.52	72.09	65.97	71.53	74.03	79.15	81.40	78.52	77.94	60.07

2. 避雨栽培期

大棚避雨栽培期（以 6 月为例）平均气温为 26.8℃，比露地提高 1℃。日变化的峰值均出现在 11:00，为 32.3℃，比露地峰值提高 3.2℃；最小值均出现在 5:00，大棚和露地均为 23.3℃；极差为 9℃，比露地增加 3.2℃。平均湿度为 86.7%，比露地提高 2.6 个百分点。大棚夜间湿度为 95%，比露地增加 1 个百分点；最小值均出现在 13:00，大棚湿度为 68.1%，比露地减少 5.2 个百分点（图 4-2）。

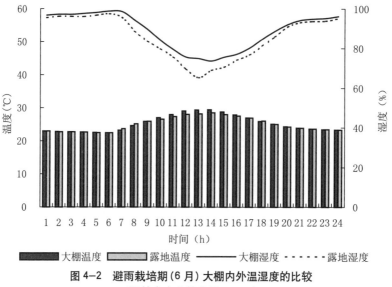

图 4-2　避雨栽培期(6 月)大棚内外温湿度的比较

(温岭市农业林业局，2006)

避雨栽培期间，大棚内的光照强度也以 12:00 最大，全日(7:00~ 17:00) 透光率为 73.6%，与促成期基本相同。由于四周通风不再有雾滴黏附薄膜，全日的透光率差异不大，傍晚时稍低(表 4-3)。

表 4-3　大棚避雨栽培期的光照强度与透光率

(温岭市农业林业局，2006)

时间	7:00	8:00	9:00	10:00	11:00	12:00	13:00	14:00	15:00	16:00	17:00
大棚(kLux)	14.91	35.80	57.75	75.95	74.00	78.80	77.95	64.80	52.65	24.95	16.67
露地(kLux)	21.00	51.10	76.25	90.00	104.20	105.20	106.10	91.20	72.30	38.50	24.00
透光率(%)	71.00	70.06	75.73	84.39	71.02	74.91	73.47	71.05	72.82	64.81	69.46

(三) 大棚内光温环境的旬变化

1. 温度的变化

对大棚内的温度资料进行整理，绘制出大棚内气温和地温的变化曲线，并与相应的大棚外气温进行比较(图 4-3)。

整个试验期大棚平均气温 19.5℃，比露地气温高 2.5℃。大棚内外的温度变化具有良好的同步性，表现出逐渐上升的发展趋势。促成栽培期间(1 月下旬至 4 月下旬)，平均温度大棚地温 > 大棚气温 > 露地气温，避雨栽培期间(5 月上旬至 6 月下旬)大棚内外趋于相同，并逐渐高于大棚地温。大棚内最高温度出现在

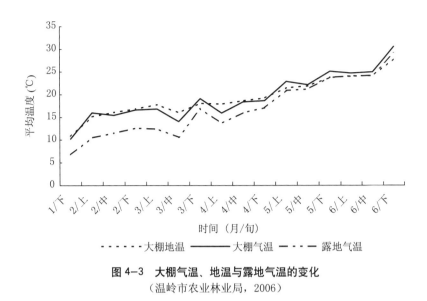

图 4-3　大棚气温、地温与露地气温的变化
（温岭市农业林业局，2006）

3 月上旬，达 42℃，最低温度出现在 1 月下旬，达 −2℃。露地最高温度出现在 6 月下旬，达 36.5℃，最低温度出现在 2 月上旬，达 −4.1℃。

　　从大棚内外整个最高、最低温度变化曲线（图 4-4）看，每个时期大棚最高温度均高于露地最高温度，前期相差极大，以盖棚初期相差最大，达 17.5℃。每个时期大棚最低温度也高于露地，5 月 1 日卸裙膜前大棚平均日最低温度比露

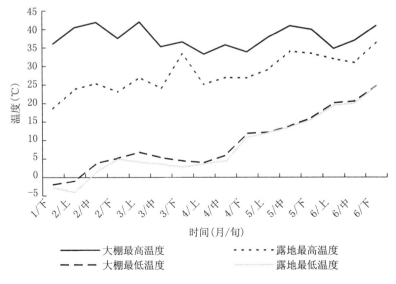

图 4-4　大棚内外最高、最低温度的变化
（温岭市农业林业局，2006）

地高 1.5℃，卸裙膜后差异减少，至顶膜卸除止平均日最低温度大棚只比露地高 0.2℃。

2. 湿度的变化

大棚内外的平均湿度的变化比较稳定，多维持在 70%～90%（图 4-5）。整个试验期间大棚平均湿度 82.4%，比露地降低 1.2 个百分点。促成栽培期间大棚内外湿度相差较大，达 7.9 个百分点；避雨栽培期间差异减少，只差 4 个百分点左右。

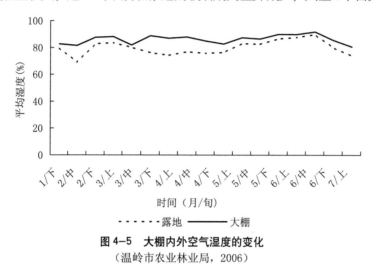

图 4-5　大棚内外空气湿度的变化

（温岭市农业林业局，2006）

3. 光照强度及透光率的变化

将大棚内外 11:00、12:00、13:00 的 3 个时间点光照强度进行汇总，得出大棚内外 11:00～13:00 平均光照强度的变化曲线（图 4-6）。大棚内平均光照

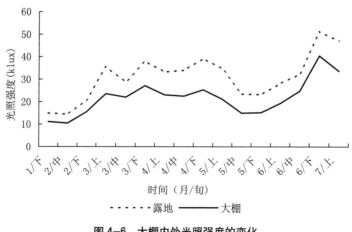

图 4-6　大棚内外光照强度的变化

（温岭市农业林业局，2006）

强度为 21.9kLux，是露地平均光照强度的 70.2%。晴天时大棚薄膜透光率最高（78.9%），雨天最低（61%）。

（四）大棚内光温环境的日变化

以 2007 年 4 月 19 日为例，大棚设施于 9:00 后开始通风降温，大棚内 CO_2 浓度通风前明显低于露地，11:00 起与露地基本一致（图 4-7）。大棚内 7:00 到 17:00 的平均气温为 26.1℃，比露地增加 6.9℃，气温的峰值均出现在 11:00，此时大棚中的空气温度为 31.8℃，比露地增加 9.9℃。大棚内 7:00 到 17:00 的平均湿度为 37.5%，比露地减少 15 个百分点，与露地一样都以 7:00 最高，13:00 最低。光照强度均以 11:00 最大，大棚内光照强度为 42.5kLux，为露地光照强度的 71.5%。

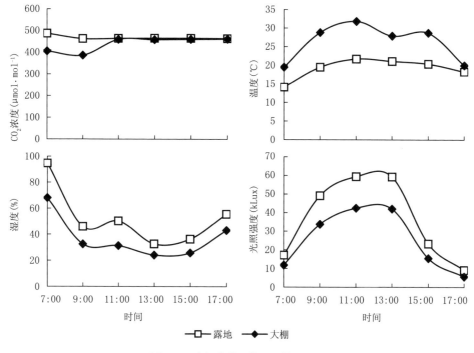

图 4-7　大棚内外环境因子的日变化
（温岭市农业林业局，2007）

二、大棚栽培对梨生长和果实发育的影响

（一）物候期

梨树大棚栽培明显提早了物候期。翠冠梨大棚栽培的芽膨大期、初花期、盛花期、谢花期及果实成熟期分别比露地栽培提早了 27d、25d、26d、26d 和 28d

（表 4-4）。在浙江温岭 6 月中下旬就进入采收期，6 月底前基本采收结束，可避开正常年份东南沿海台风的发生期。大棚栽培的落叶期比露地迟 30d。大棚栽培整个生长期为 287d，比露地栽培长 47d。

表 4-4　翠冠大棚栽培和露地栽培的物候期变化

（温岭市农业林业局，2006）

栽培方式	芽膨大期	初花期	盛花期	谢花期	果实成熟期	落叶期
大棚	2 月 7 日	3 月 2 日	3 月 4 日	3 月 8 日	7 月 3 日	11 月 20 日
露地	3 月 6 日	3 月 27 日	3 月 30 日	4 月 3 日	7 月 31 日	10 月 30 日

（二）花器官和开花动态

1. 对花器官形态的影响

在大棚栽培中，梨花花梗长度显著增加，花丝长度显著减少（表 4-5）。其中，翠冠、圆黄、雪青、秋荣和清香 5 个品种的花梗长度分别比露地栽培增加 50.6%、19.1%、13.2%、24.2% 和 31.5%，花丝长度分别比露地栽培减少 18.7%、29.6%、8.8%、10.3% 和 3.9%。花丝数和花柱数均无显著差异。其余花器官的指标因品种不同而表现不同，如清香的花瓣数显著增加，秋荣的花瓣长度显著增加，翠冠的花瓣宽度显著增加，雪青的花瓣宽度显著减少，翠冠和圆黄的花柱长度显著减少。

表 4-5　大棚和露地栽培梨不同品种花器官形态的差异

（温岭市农业林业局，2008）

品种	栽培方式	花梗长度(cm)	花瓣数（瓣）	花瓣长度(cm)	花瓣宽度(cm)	花丝数（根）	花丝长度(cm)	花柱数（根）	花柱长度(cm)
翠冠	大棚	4.76b	5.80bcd	1.60e	1.45de	25.60cd	0.61d	5.45a	0.72ef
	露地	3.16e	5.75bcd	1.65de	1.35f	24.20de	0.75ab	5.25ab	0.80bc
圆黄	大棚	4.43bc	5.15d	1.68cd	1.61c	22.75e	0.50e	5.20abc	0.73de
	露地	3.72d	5.35cd	1.73cd	1.68c	24.10de	0.71bc	5.20abc	0.83ab
雪青	大棚	5.31a	6.00bcd	1.68cd	1.50d	27.00bc	0.62d	5.00bc	0.78cd
	露地	4.69b	6.85ab	1.76c	1.77b	28.50ab	0.68c	5.05abc	0.80bc
秋荣	大棚	4.52b	6.65ab	2.03a	1.92a	23.50e	0.52d	4.80c	0.85a
	露地	3.64d	6.40abc	1.95b	1.87a	22.30 e	0.58d	5.05abc	0.84ab
清香	大棚	4.13c	7.50a	1.59e	1.42def	29.95a	0.74ab	5.20abc	0.68f
	露地	3.14e	6.30bcd	1.59e	1.40ef	29.45a	0.77a	5.05abc	0.71ef

2. 对开花动态的影响

大棚栽培下，因光辐射等因素的影响会导致大棚内温度的不均衡分布，整体花期要长于露地。但同时因高温高湿环境的影响，单株开花更为整齐，初花后第3d即进入盛花期，至第6d开花数量达到最高峰，而后进入落花期，整个过程一般为10～13d。而露地栽培初花后第7d进入盛花

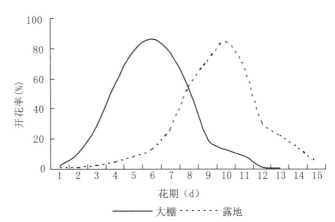

图4-8 大棚和露地栽培翠冠梨开花动态的变化
（温岭市农业林业局，2006）

期，至第10d达到最高峰，历经11～15d（图4-8）。单花序开花时间大棚栽培多为6～8d，露地栽培稍短，多为5～7d。

（三）新梢发育和树体结构

1. 对新梢发育的影响

大棚栽培翠冠梨的新梢生长从2月底开始到5月下旬结束，从2月底到4月下旬新梢基本呈稳定增长趋势，只在3月中旬和4月中旬新梢生长速度出现小的波折（图4-9）。5月开始陆续停梢，到5月下旬基本结束生长；而露地栽培的新梢生长从3月14日开始萌动生长起迅速增长到4月上旬，而后经历一个明显的缓慢增长期，一直持续到5月1日后再进入稳定增长期，到5月中旬进入生长高峰，而后新梢生长速率明显减缓，至6月中旬基本停梢。

大棚栽培与露地栽

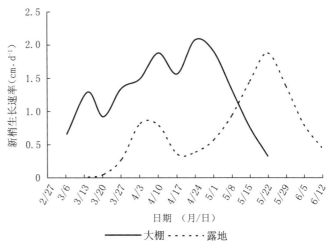

图4-9 大棚和露地栽培翠冠梨新梢生长速率的变化
（温岭市农业林业局，2006）

培的新梢生长发育的总时间相近，但大棚栽培的新梢生长量明显高于露地栽培，新梢平均长度达到111.6 cm，比露地栽培增加55%，且因枝条过长多呈水平或下垂状。这一结果说明大棚栽培对梨树的营养生长有明显的促进作用。

2. 大棚栽培对树体结构的影响

大棚对新梢生长的促进作用直接反应到树冠的扩大，同时也影响了枝组的组成比例（表4-6）。大棚栽培促进了树冠的扩大，徒长枝和长果枝的比例显著增加，短果枝显著减少，从而导致总枝量的显著减少。

表4-6 大棚和露地栽培翠冠梨树体结构的比较

（温岭市农业林业局，2010）

栽培方式	干径(cm)	株高(cm)	冠径(cm)	总枝量(根)	枝类比例(%)			
					徒长枝	长果枝	中果枝	短果枝
4年大棚	34.4a	305.2a	462.8a	531b	3.62a	24.86b	5.91a	65.61b
2年大棚	34.4a	300.8a	415.2b	407c	8.46a	31.17a	4.03ab	56.34c
露 地	35.6a	273.2a	362.0c	706a	2.35b	11.05c	2.80b	83.80a

徒长枝的长度、粗度和节间长度随大棚栽培的年份增加而呈减少的趋势，其中粗度差异显著（表4-7）。长果枝的长度随大棚栽培的年份增加而呈增长的趋势，粗度呈减少的趋势，感观上比露地栽培的枝条显得长而细。长果枝的花芽长度显著减少，短果枝的花芽宽度和厚度也显著减少，感观上大棚内的花芽显得瘦小。

表4-7 大棚和露地栽培翠冠梨枝梢和花芽大小的比较(cm)

（温岭市农业林业局，2010）

栽培方式	徒长枝			长果枝						短果枝		
	长度	粗度	节间长度	长度	粗度	节间长度	花芽长度	花芽宽度	花芽厚度	花芽长度	花芽宽度	花芽厚度
4年大棚	77.8b	1.02c	21.1a	61.4a	0.59b	14.3a	0.95b	0.46a	0.44a	1.07a	0.47b	0.48b
2年大棚	106.1a	1.25b	21.2a	60.9a	0.64b	14.5a	0.96b	0.48a	0.44a	1.07a	0.48b	0.48b
露地	107.2a	1.39a	23.9a	55.1a	0.78a	14.7a	1.01a	0.45a	0.44a	1.05a	0.52a	0.52a

（四）叶片形态结构和光合特性

1. 大棚栽培对梨叶片形态结构的影响

露地栽培条件下翠冠梨叶面上有较厚的角质层覆盖，表皮细胞较小，细胞壁较厚，排列紧密，叶肉组织厚度增加，栅栏组织发达，海绵组织排列紧密。大棚栽培后叶片变薄，除下表皮变厚外，其角质层、上表皮、栅栏组织厚度及海绵组织厚度均变薄（图 4-10）。

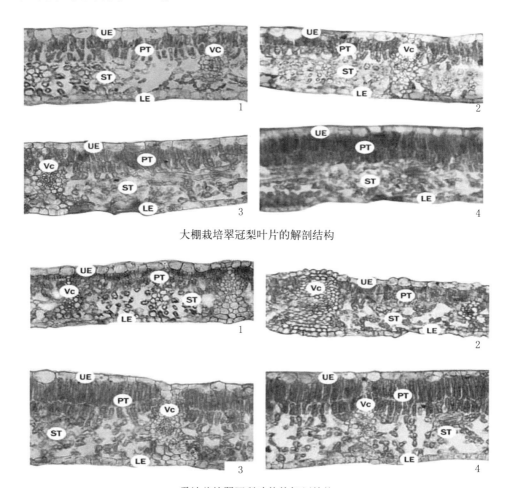

大棚栽培翠冠梨叶片的解剖结构

露地栽培翠冠梨叶片的解剖结构

注：①从1~4分别表示4月6日、4月26日、5月15日和6月5日的取样叶片的解剖结构；②Vc - 维管束、UE - 上表皮、LE - 下表皮、PT - 栅栏组织、ST - 海绵组织

图4-10 大棚和露地栽培翠冠梨叶片解剖结构的比较
（温岭市农业林业局，2009）

（1）叶片厚度的比较。无论是大棚还是露地栽培，翠冠梨叶片均呈逐渐增加趋势，于花后110d达到最高值（图4-11）。各个时期大棚的叶片厚度均少于露地，其中，花后70d后差异显著。果实成熟期（花后110d）大棚叶片厚度达到221.7μm，比露地减少13.1%。

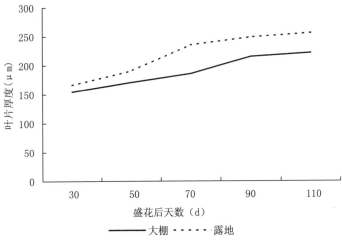

图 4-11 大棚和露地栽培翠冠梨叶片厚度的变化

（温岭市农业林业局，2009）

（2）叶片解剖结构的比较。无论大棚还是露地栽培，翠冠梨叶片的各组织在整个果实发育期间基本上呈现逐渐不断上升的趋势，说明叶片在果实采收前一直处于生长的状态（表 4-8）。与露地相比，大棚叶片的上表皮角质层、上表皮、海绵组织厚度和下表皮角质层均变薄，花后 110d（果实成熟期）时分别比露地减少 7.78%、8.1%、27.7% 和 16.8%；下表皮变厚，花后 110d 时比露地增加 25.1%；栅栏组织厚度在花后 30d 时比露地厚，从花后 50～110d 均小于露地，花后 110d 时差异很少，只比露地减少 1.28%。第一层栅栏细胞长度缩短，花后 110d 时比露地减少 19.86%；海绵细胞长度花后 50d 之前比露地短，而后超过露地，花后 110d 时比露地增加 13.53%。

表 4-8　大棚与露地栽培翠冠梨叶片形态结构参数的比较

（温岭市农业林业局，2009）

参数	栽培条件	花后 30d	花后 50d	花后 70d	花后 90d	花后 110d
上表皮角质层厚度	大棚	4.19	5.06	5.55	6.02	6.16
	露地	5.96	5.96	6.39	6.64	6.68
上表皮厚度	大棚	21.00	23.02	23.63	25.22	26.78
	露地	25.39	25.39	27.63	28.83	29.14
第一层栅栏细胞长度	大棚	24.30	24.60	27.48	29.40	30.02
	露地	28.39	30.85	35.24	38.45	37.46

（续表）

参数	栽培条件	花后 30d	花后 50d	花后 70d	花后 90d	花后 110d
栅栏组织厚度	大棚	45.64	47.62	56.42	66.83	69.24
	露地	41.65	50.75	64.10	68.93	70.14
海绵细胞长度	大棚	15.81	16.02	18.86	20.24	21.90
	露地	16.23	16.83	18.31	18.52	19.29
海绵组织厚度	大棚	67.25	70.03	78.29	89.09	92.10
	露地	83.15	96.60	120.05	125.94	127.38
下表皮厚度	大棚	16.76	17.08	20.08	22.90	23.14
	露地	10.75	12.49	13.42	17.83	18.50
下表皮角质层厚度	大棚	3.16	4.17	4.80	4.96	5.20
	露地	4.87	5.65	5.95	6.22	6.25

2. 大棚栽培对梨叶片重量的影响

在果实发育期间，大棚翠冠梨的叶片始终比露地轻，并都呈现先升后降的趋势（图4-12）。盛花后 44～58d 期间，大棚和露地的差异最大，大棚叶片重量比露地减少 18% 以上；盛花后 72～86d 期间，大棚和露地的叶片重量均达到最大，大棚叶片重量比露地减少 11.7%。

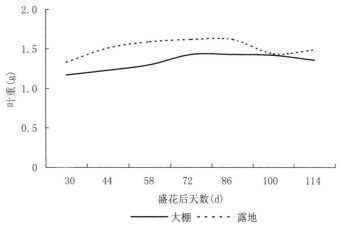

图 4-12　大棚与露地栽培翠冠梨叶片重量的比较
（温岭市农业林业局，2007）

3. 大棚栽培对梨叶片叶绿素含量的影响

SPAD 是日本农林水产省农产园艺局的"土壤、作物分析仪器开发(Soil and Plant Analyzer Development) 的英文缩写"，可以快速、非破坏性地通过手持便携式叶绿素计 SPAD-502 来测定，SPAD 叶绿素计是利用透射方法即两个发光二极管向叶片的某一部位发射红光和红外光，利用两个波长下的光密度差别测量叶绿素相对含量（姜丽芬等，2005）。

通过对果实发育期间大棚内外翠冠梨短果枝上的叶片 SPAD 值的测定（图4-13），在盛花后 100d 之前，大棚内外的叶片 SPAD 值均呈现逐渐上升的趋势，除盛花后 30d 外，其余时间段均以露地较高，其中前期（盛花后 30～58d）差异显著。

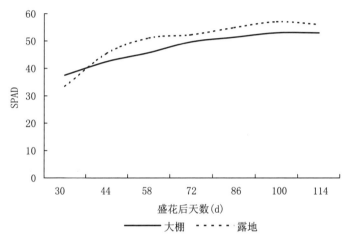

图 4-13　大棚与露地栽培翠冠梨叶片 SPAD 的比较

（温岭市农业林业局，2007）

4. 大棚栽培对梨光合特性的影响

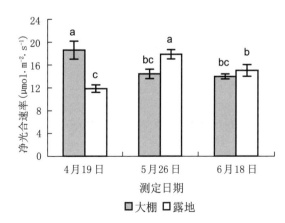

图 4-14　大棚与露地栽培翠冠梨净光合速率的比较

（温岭市农业林业局，2007）

2007 年 4 月 19 日、5 月 20 日和 6 月 18 日采用美国 LI-COR 公司生产的 LI-6400 便携式光合测定仪测定大棚内外翠冠梨叶片的净光合速率（Pn）、气孔导度（Gs）、胞间 CO_2 浓度（Ci）和蒸腾速率（Tr）等光合指标。

大棚栽培条件下翠冠梨叶片 Pn 值以 4 月 19 日最高，而后逐步下降，而露地则以 5 月 20 日最高（图 4-14）。4 月 19 日时大棚栽培的 Pn 值显著高于露地，5 月 26 日时则显著低于露地，而 6

月 18 日测定时大棚内外无显著差异。由于大棚栽培翠冠梨的物候期比露地提早 1 个月左右，4 月 19 日测定时露地的叶片尚未完全转色，而 5 月 20 日和 6 月 18 日露地梨树的叶龄分别与 4 月 19 日和 5 月 20 日大棚梨树的叶龄相仿，Pn 值均无显著差异，证明同一时间大棚内外不同光合能力的差异主要是由不同叶龄差异造成的。而内膛长梢叶幕形成较晚，相对叶龄较小，6 月 18 日测定其中部叶片的 Pn 值达到 20.9μmol·m^{-2}·s^{-1}，比短果枝上的叶片提高了 49.8%。

翠冠梨在大棚栽培条件下 Pn 和水分利用效率（WUE= 净光合速率 / 蒸腾速率）均在促成栽培阶段较高，在避雨栽培阶段较低。促成阶段在测定时正值幼果期（盛花后 45d），短果枝的叶幕完全形成，空气湿度较高，造成叶片光合作用大、蒸腾作用小；避雨阶段在测定期间正值果实膨大期，树体大量营养向果实输送，更重要的是随着叶龄增加，叶片出现光合色素含量降低、光合酶活性下降、蛋白质解体等现象，从而导致叶片光合能力逐渐下降（Patakas A，1997）。

（1）促成期大棚内外翠冠梨的光合特性。2007 年 4 月 19 日测定大棚内外翠冠梨短果枝上的功能叶的各项光合指标（图 4-15）。大棚和露地的 Pn 日变化都呈单峰曲线式变化。大棚栽培 9:00 达到峰值，为 18.6μmol·m^{-2}·s^{-1}，而露

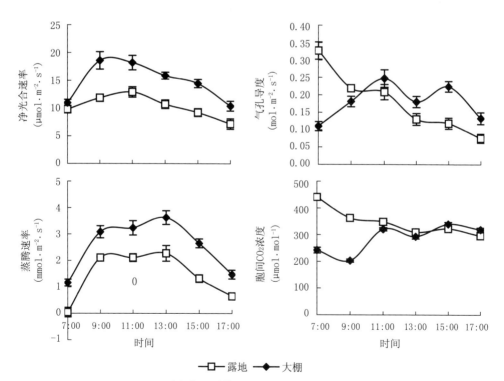

图 4-15　大棚与露地栽培翠冠梨叶片光合特性的日变化
（温岭市农业林业局，2007）

123

地以 11:00 最高，为 12.9μmol·m^{-2}·s^{-1}。大棚栽培日平均 Pn 为 14.5μmol·m^{-2}·s^{-1}，比露地提高 41.6%。

大棚和露地的气孔导度（Gs）日变化明显不同。露地的 Gs 以 7:00 最大，达到 0.32mol·m^{-2}·s^{-1}，是大棚栽培的 2.9 倍，并随着时间的推移缓慢下降，17:00 最低，为 0.08mol·m^{-2}·s^{-1}。大棚栽培的 Gs 日变化呈双峰曲线式变化，以 7:00 最低，9:00 后超过露地，11:00 和 15:00 两个峰值分别达到 0.25mol·m^{-2}·s^{-1} 和 0.22mol·m^{-2}·s^{-1}。

翠冠梨大棚和露地的蒸腾速率（Tr）日变化也都呈单峰曲线式变化。以 7:00 最低，此时露地的 Tr 极低，仅为 0.04mmol·m^{-2}·s^{-1}，这应该是早上露水的影响造成叶面和空气湿度极大的原因造成的；峰值的出现都在 13:00，大棚的 Tr 为 3.63mmol·m^{-2}·s^{-1}，比露地提高 59.6%。

大棚栽培和露地的胞间 CO_2 浓度（Ci）日变化也有明显不同。大棚栽培 9:00 前 Ci 呈下降趋势，并在 9:00 达到最低点，为 203μmol·mol^{-1}；而后迅速上升，11:00 达到 320μmol·mol^{-1}，接近于露地；13:00 达到最大值，为 339μmol·mol^{-1} 并超过露地。露地则以 7:00 最高，达到 441μmol·mol^{-1}，并逐渐下降，17:00 最低，为 296μmol·mol^{-1}。

（2）大棚内外翠冠梨的光响应曲线。大棚栽培翠冠梨的光响应曲线与露地基本一致（图 4-16）。前期随着光强的增加，Pn 均相应升高。当有效光辐射达到 800μmol·m^{-2}·s^{-1} 时 Pn 达到最大值，大棚和露地栽培的 Pn 分别为 17.3μmol·m^{-2}·s^{-1} 和 16.2μmol·m^{-2}·s^{-1}，而后随光强的增加，Pn 呈下降的趋势。证明过高的光强对翠冠梨的光合作用有明显的抑制作用。

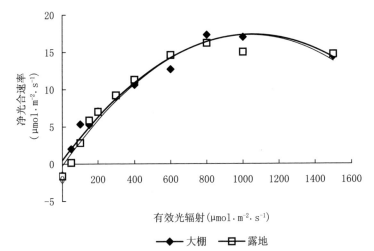

图 4-16　大棚与露地栽培翠冠梨的光响应曲线

（温岭市农业林业局，2007）

大棚栽培因棚膜的反射与吸收减弱了大棚内的光照强度，只有露地平均光照强度的70.2%。但翠冠梨的光饱和点只有800 $\mu mol \cdot m^{-2} \cdot s^{-1}$，除阴雨天外，大棚内的自然光照强度均能满足光合作用的需要。因此，大棚内的相对弱光环境在良好天气条件下并不影响树体正常的光合作用，适度遮阳反而比全光能更有效地进行光合作用。

（3）环境因子对翠冠梨光合特性的影响。翠冠梨大棚栽培的Pn与Gs和Tr呈极显著的正相关，与叶温（T_{leaf}）呈显著的正相关，与空气相对湿度（RH）呈显著的负相关（表4-9）。说明翠冠梨的光合速率与其蒸腾速率交互作用，在大棚栽培促成期间梨树的光合作用主要受环境因子中温度和湿度的影响。

表4-9　翠冠梨大棚栽培中环境因子与光合特性的相关性分析

（温岭市农业林业局，2007）

参数	Pn	Gs	Ci	Tr	WUE	T_{leaf}	CO_2
Gs	0.76**						
Ci	−0.11	0.49**					
Tr	0.85**	0.79**	0.20				
WUE	−0.32	−0.54**	−0.55**	−0.67**			
T_{leaf}	0.42*	0.42**	0.41*	0.75**	−0.73**		
CO_2	−0.12	0.31	0.86**	0.15	−0.29	0.52**	
RH	−0.49**	−0.01	0.61**	−0.51**	0.28	−0.31	0.62**

注：**P＜0.01极显著水平，*P＜0.05显著水平

江南地区属于湿润亚热带气候区，上半年阴雨天气较多，大棚内往往处于高湿弱光的环境条件。高湿弱光会导致叶片净光合速率、蒸腾速率、胞间CO_2浓度和水分利用效率下降，而光合速率的下降与叶绿体体积膨大和叶绿体囊体膜磷酸酯酶活性下降有关（吴月燕等，2005）。在促成期间，温度和空气相对湿度是除光照外对梨树光合作用影响最大的2个环境因子。春季的阴雨天气不仅导致了高湿弱光的环境条件，其形成的低温条件也是影响植株正常光合作用的重要因子。

因此，在大棚梨栽培的促成期间，保温与降湿是大棚环境调控的2个重要方面。

（五）叶片矿质元素的吸收

大棚栽培翠冠梨叶片在果实发育期间对N的需求量最大，其次是Ca和K（表4-10）。除Ca元素含量显著低于露地外，其他各矿质元素在整个果实发育期的平均含量均高于露地，其中，Mg、Mn和Zn 3种元素差异显著。果实采收期（花后114d）大棚栽培的叶片Mg、Fe、Mn、Zn元素含量显著高于露地栽培，而

Ca 元素含量则显著低于露地栽培。

表 4-10 大棚栽培对翠冠梨叶片矿质元素含量的影响

（温岭市农业林业局，2007）

栽培方式	N (g·kg⁻¹)	P (g·kg⁻¹)	K (g·kg⁻¹)	Ca (g·kg⁻¹)	Mg (g·kg⁻¹)	Fe (mg·kg⁻¹)	Mn (mg·kg⁻¹)	Zn (mg·kg⁻¹)
大棚	28.37	1.96	11.46	18.53	4.60**	96.77	72.22**	55.21**
露地	27.01	1.84	11.30	23.46*	4.01	93.09	37.67	32.34

注：*5%水平上显著差异，**1%水平上极显著差异

1. 对叶片 N、P、K 含量的影响

在整个果实发育期间，无论大棚还是露地栽培，叶片的 N 含量整体上呈现下降趋势，以露地更为明显（图 4-17）。大棚栽培的叶片 N 含量在前期（花后 58d 之前）比露地低；后期高于露地，在花后 100d 时差距最大，大棚叶片的 N 含量比露地增加 34.7%；花后 114d（果实成熟期）时差距缩短，大棚叶片的 N 含量只比露地高出 6.76%。

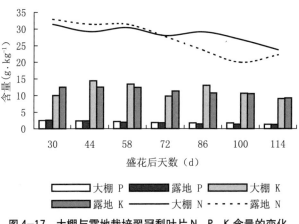

图 4-17 大棚与露地栽培翠冠梨叶片 N、P、K 含量的变化

（温岭市农业林业局，2007）

P 含量也呈下降趋势，花后 44d 之前大棚比露地低，而后超过露地，在花后 100d 时差距最大，大棚叶片的 P 含量比露地增加 28.4%，花后 114d 时差异很少（图 4-17）。大棚栽培的叶片 K 含量起伏较大，花后 44d 达到最高值，为 14.4g·kg⁻¹，比露地高出 15.2%；而后含量逐渐下降，在花后 86d 时又有一个高峰期，达到 13g·kg⁻¹；然后一直下降直到果实成熟期。与大棚的不同，露地的 K 含量呈现逐渐下降的趋势。

2. 对叶片 Ca、Mg 含量的影响

大棚栽培中翠冠梨叶片的 Ca 含量在前期不断上升，到盛花后 86d 时达到最高值 24.4g·kg^{-1}；而后，含量趋于不断减少（图 4-18）。露地栽培叶片的 Ca 含量在前期也是不断上升，到盛花后 58d 时达到 25.6g·kg^{-1}，随后趋于下降；盛花后 86d 之后又快速上升，到盛花后 114d 时达到最高，为 31.3g·kg^{-1}，比大棚高出 49.8%。Mg 含量在整个测定期变化最少，呈平稳状态。大棚 Mg 含量始终高于露地，盛花后 114d 时的 Mg 含量比露地增加 12.5%。

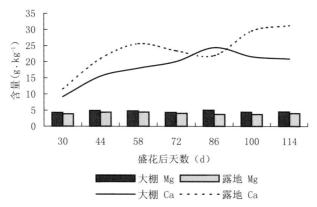

图 4-18　大棚与露地栽培翠冠梨叶片 Ca、Mg 含量的变化
（温岭市农业林业局，2007）

3. 对叶片 Mn、Fe 含量的影响

大棚栽培叶片 Mn 含量始终高于露地（图 4-19）。大棚栽培以盛花后 100d 最高，达到 89.23mg·kg^{-1}；露地栽培以盛花后 72d 最高，达到 45.5mg·kg^{-1}。盛花后 114d 时大棚栽培的 Mn 含量比露地增加 64.7%。大棚栽培叶片的 Fe 含

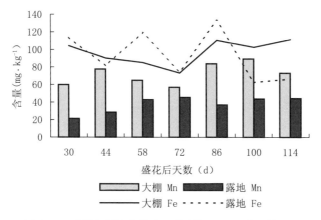

图 4-19　大棚与露地栽培翠冠梨叶片 Mn、Fe 含量的变化
（温岭市农业林业局，2007）

量先降后升，以盛花后72天最低，盛花后114d达到最高，为111.4mg·kg^{-1}，比露地栽培高出67.5%。露地栽培在整个测定期间呈现无规律的变化，在盛花后86d时达到最高，为133.3mg·kg^{-1}，而后迅速下降。

4. 对叶片Cu、Zn含量的影响

大棚栽培叶片Cu含量以盛花后30d时最高，达到13.13mg·kg^{-1}，而后趋于下降；盛花后86d又回升至12.03mg·kg^{-1}，而后又趋于下降（图4-20）。露地栽培叶片Cu含量也以盛花后30d时最高，达到17.13mg·kg^{-1}，并逐步下降。前期（盛花后72d前）大棚Cu含量低于露地，后期高于露地。大棚栽培叶片Zn含量始终高于露地。大棚栽培的Zn含量以盛花后30d最低，盛花后100d达到最高，为69.9mg·kg^{-1}，比露地高出129%。

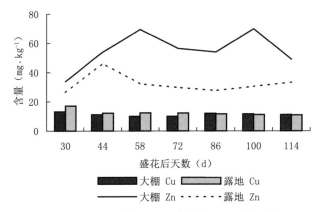

图4-20 大棚与露地栽培翠冠梨叶片Cu、Zn含量的变化
（温岭市农业林业局，2007）

（六）果实发育和品质形成

大棚内光温环境的变化对果实品质产生了明显的影响。以翠冠梨为例，露地栽培的果实呈绿褐色，果面布满了不规律的锈斑；而大棚栽培的果实呈现黄绿色，果面少锈斑。果面光泽度（L^*）显著增加，a^*值显著减少，b^*值显著增加。与露地栽培相比，大棚栽培的果皮色素含量均有明显的下降，其中叶绿素含量减少26.7%，类胡萝卜素含量减少12.6%（表4-11），大棚栽培与露地栽培果实表皮叶绿素与类胡萝卜素的比值分别为1.42与1.69，说明大棚栽培的果实果皮偏黄，这与肉眼观察和果皮色泽的结果相吻合。果实硬度和可滴定酸含量显著增加，分别比露地提高33.8%和0.02个百分点；可溶性固形物含量显著减少，比露地下降0.6个百分点。尽管大棚栽培的果实甜度有所下降，但肉质更为细嫩，汁液更为丰富，从口感上讲，还是明显提升的。

表4-11 大棚栽培对翠冠梨果实品质的影响

(温岭市农业林业局,2009)

栽培方式	L^*	a^*	b^*	叶绿素($\mu g \cdot cm^{-2}$)	类胡萝卜素($\mu g \cdot cm^{-2}$)	硬度(N)	可溶性固形物(%)	可滴定酸(%)	固酸比
大棚	59.69*	−7.50	43.94*	5.21	3.68	16.83*	12.05	0.106*	114.27
露地	50.07	−2.25*	36.28	7.11*	4.21*	12.58	12.65*	0.085	149.53

1. 果实大小的动态变化

无论大棚栽培还是露地栽培,翠冠梨果实纵横径的生长发育趋势基本一致,都为S型生长曲线。整个生育期都有3个生长高峰(图4-21)。大棚栽培谢花后19~33d为第1个生长高峰,果实纵、横径的日平均增长量均为0.53mm;谢花后68~89d为第2个生长高峰,纵径日平均增长量为1.03mm,其中,谢花后82~89d纵径生长速率达到高峰,为1.39mm;横径日平均增长量为1.11mm,其中75~82d横径生长速率达到高峰,为1.2mm;第3个生长高峰出现在谢花后103~110d,果实纵、横径的日平均增长量分别为0.81mm和0.82mm。与大棚栽培相比,露地栽培的果实纵、横径第2、第3生长高峰期的出现比大棚提早1个星期左右。横径发育前期比大棚快,后期则明显低于大棚。

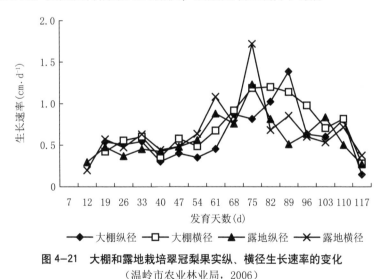

图4-21 大棚和露地栽培翠冠梨果实纵、横径生长速率的变化

(温岭市农业林业局,2006)

从果实生长速率(图4-22)可以看出,大棚栽培谢花后54d内为缓慢增长期,日平均增长量为0.36g,重量达到15.7g,只占总生长量的4.7%;谢花后54~68d为幼果迅速生长期,日平均增长量为1.63g;而后稍作停顿于谢花后75d进入果实膨大期,直至果实成熟前1周,日平均增长量为7.15g;谢花后

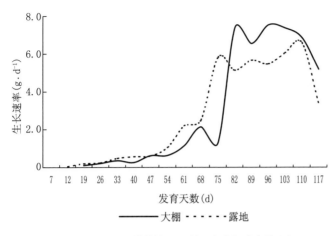

图 4-22　大棚和露地栽培翠冠梨果实生长速率的变化
（温岭市农业林业局，2006）

110~117d 为果实成熟期，生长速率下降。露地栽培与大棚栽培果实重量的变化规律基本一致，进入幼果迅速生长期和果实膨大期的时间均比大棚栽培的提早1周，果实膨大期的生长速率明显低于大棚栽培。

与露地栽培相比，大棚栽培的果实果径和重量的生长高峰期都推迟7d左右。果实发育是由构成果实的细胞进行分裂、增长和分化，从而使果实体积和质量不断增加的结果。同一品种果树果实的大小则主要取决于细胞的数量和大小。梨果实细胞分裂主要发生在果实发育前期。相对较低的气温，不仅能延长细胞分裂的时间，而且也能诱导更多细胞分裂素类物质的合成来促进细胞分裂。翠冠梨大棚栽培在果实发育前期的气温明显低于同发育阶段的露地气温，这有利于细胞分裂，从而抵消了大棚栽培因光照减弱带来对果实发育的不利影响。大棚栽培在梨果实发育前期提供相对较低的夜间气温来促进细胞分裂，进入膨大期后利用较高的气温来缩短发育期，从而实现早熟和大果的大棚栽培目标。

2. 果实可溶性固性物和可滴定酸含量的变化

无论大棚栽培还是露地栽培翠冠梨果实的可溶性固形物整体趋势一致，

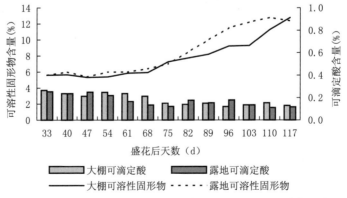

图 4-23　大棚和露地栽培翠冠梨果实可溶性固形物和可滴定酸含量的变化
（温岭市农业林业局，2006）

33～68d 处于稳定期，而后随着果实进入膨大期迅速增加（图 4-23）。露地果实进入膨大期后果实可溶性固性物增长速度明显高于大棚栽培，谢花后 110d 时达到 12.8%，比大棚栽培提高 1.5 个百分点。而大棚栽培成熟前 2 周可溶性固性物快速增长，谢花后 117d 达到 12.8%。露地栽培的果实可溶性固形物在谢花后 117d 时有下降的趋势，而大棚栽培则在此时达到最高值。这表示大棚栽培的果实生育期可能要略长于露地栽培。

　　无论大棚栽培还是露地栽培，翠冠梨果实前期可滴定酸的含量均较高，并随着果实的长大逐渐降低。可滴定酸含量的降低可能是一部分酸转化成糖，另一部分作为呼吸底物被消耗。大棚栽培谢花后 75d 后可滴定酸含量趋于稳定，露地栽培果实可滴定酸含量在谢花后 75d 后有一个明显的上升过程，并于 96d 后迅速下降直到果实成熟。

　　3. 果实硬度和维生素 C 含量的变化

　　无论大棚栽培还是露地栽培翠冠梨果实硬度整体呈下降趋势（图 4-24）。幼果期大棚栽培的果实硬度较大，谢花后 75d 果实硬度达到 10.4kg·cm^{-1}，比露地提高 46.1%。从谢花后 96d 起大棚和露地栽培的果实硬度趋于相近并平缓下降。谢花后 110d 大棚和露地栽培的果实硬度均在 5kg·cm^{-1} 以下。

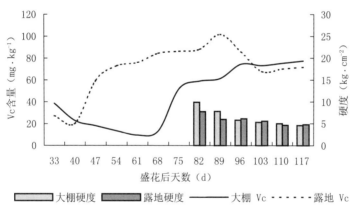

图 4-24　大棚和露地栽培翠冠梨果实硬度和维生素 C 含量的变化
（温岭市农业林业局，2006）

　　大棚栽培与露地栽培中前期维生素 C 含量的变化规律相似（图 4-24），都经历一个先降后升的过程，两者分别于谢花后 61d 和 40d 达到最低点，而后进入快速增加期。大棚栽培谢花后 75d 后进入稳定增长期，96d 后维生素 C 含量趋于稳定；露地栽培于谢花后 89d 达到最高值后出现一个明显的下降期，至 103d 含量基本稳定并保持到果实成熟。露地栽培维生素 C 下降期的出现可能与连续晴天高温，维生素 C 合成受高温抑制有关。

131

4. 果实可溶性总糖和淀粉含量的变化

盛花后 30 ~ 44d 果实淀粉含量持续上升，至盛花后 44d 达到最高，大棚和露地栽培的含量分别为 43.67mg·g⁻¹ 和 34.53mg·g⁻¹（图 4-25）。表明梨果实发育前期以积累淀粉为主。盛花后 44 ~ 100d 果实淀粉含量持续下降，至盛花后 100d 达到最低，含量分别为 7.97mg·g⁻¹ 和 4.87mg·g⁻¹，成熟期略有上升。翠冠梨成熟果实中淀粉不是主要的碳水化合物种类，只是在果实生长发育的前期作为一种暂时贮存物，以利于其他的代谢。除盛花后 30d 外，其他时间大棚栽培的果实淀粉含量都显著高于露地栽培。

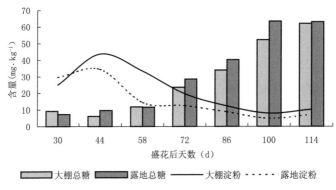

图4-25 大棚和露地栽培翠冠梨果实总糖和淀粉含量的变化
（温岭市农业林业局，2007）

在盛花后 58d 之前，无论大棚还是露地栽培果实总糖积累缓慢，此后开始快速积累（图 4-25）。大棚栽培于盛花后 114d（成熟期）达到最高，而露地栽培则于盛花后 100d 达到最高，并保持到成熟期。果实成熟时大棚和露地栽培的总糖含量分别达到 62.11mg·g⁻¹ 和 63.15mg·g⁻¹，两者无显著差异。

5. 果实纤维素含量的变化

盛花后 30 ~ 44d 果实纤维素含量呈上升状态，至盛花后 44d 达到最高，大棚和露地栽培的含量分别为 38.87mg·g⁻¹ 和 18.6mg·g⁻¹，大棚栽培是露地栽培的 2.09 倍（图 4-26）。而后大棚栽培果实纤维素含量迅速下降，至盛花后 55d 下降到 15.83mg·g⁻¹，只比露地栽培高 18.4%。随着果实的发育，纤维素含量逐渐下降，至成熟期到达最低点，含量分别为 4.37mg·g⁻¹ 和 3.83mg·g⁻¹。

果实质地是重要的品质指标之一，也是影响贮藏运输特性和抗病能力的重要方面。细胞壁使组织具有一定的形状和弹性，是引起果实质地发生变化的主要原因。纤维素是植物细胞壁的重要组成部分，与其他非结构性碳水化合物有着功能上的差异。前期含量的增加是果实细胞不断分裂的结果，后期随着果实的不断增大其含量逐渐减少，从而使果实硬度不断下降，至成熟期达到最低，使果实的口

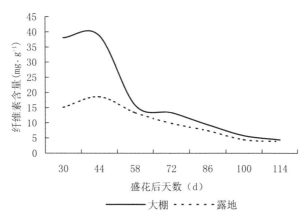

图 4-26　大棚和露地栽培翠冠梨果实纤维素含量的变化
（温岭市农业林业局，2007）

感达到最佳。

从翠冠梨大棚栽培的果实发育和品质形成规律看，谢花后 117d 前后（7 月初）果实生长速率明显减慢，可滴定酸和维生素 C 含量趋于稳定，可溶性糖含量和糖酸比达到顶点，此时果实肉质脆嫩、汁多味甜，是果实完全成熟、品质充分体现的时候。考虑到市场需求和翠冠梨货架期短等因素，浙江省台州地区翠冠梨大棚栽培可把 6 月下旬定为采收适期，比露地栽培提早 20～30d。

（七）果实矿质元素的吸收与积累

大棚栽培翠冠梨果实在发育期间对 N 的需求量最大，其次是 K 和 P（表 4-12）。除 K 和 Zn 2 种元素含量低于露地外，其他各矿质元素在整个果实发育期的平均含量均高于露地，其中，N 素差异显著。

表 4-12　大棚栽培对翠冠梨果实矿质元素含量的影响

（温岭市农业林业局，2007）

栽培方式	N (g·kg⁻¹)	P (mg·kg⁻¹)	K (mg·kg⁻¹)	Ca (mg·kg⁻¹)	Mg (mg·kg⁻¹)	Fe (mg·kg⁻¹)	Mn (mg·kg⁻¹)	Zn (mg·kg⁻¹)
大棚	1.68*	218.24	1 411.57	3.21	100.14	3.47	0.35	2.10
露地	1.32	185.93	1 614.17	2.74	81.61	2.86	0.30	2.39

1. 对果实 N、P、K 含量的影响

在整个果实发育期间，大棚和露地栽培的果实 N、P、K 含量整体上随果实发育呈下降趋势，其中，N 和 P 含量更为明显（图 4-27）。除盛花后 86d，大棚

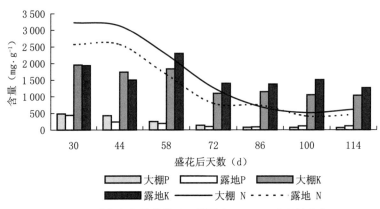

图4-27 大棚与露地栽培翠冠梨果实N、P、K含量的变化

（温岭市农业林业局，2007）

栽培果实N含量均超过露地栽培；盛花后114d时N含量比露地高出34.8%。P含量在前期（盛花后72d之前）均以大棚栽培高，后期以露地栽培高；盛花后114d时大棚栽培的果实P含量比露地低42.8%。K含量在前期（盛花后44d之前）也以大棚栽培高，后期露地栽培高；盛花后114d时大棚栽培的果实K含量比露地低18%。

2. 对果实Ca、Mg含量的影响

大棚和露地栽培的果实Ca、Mg含量整体上随果实发育呈下降趋势（图4-28）。Ca元素在幼果期含量较高，盛花72d后迅速下降，果实成熟期有所上升。大棚栽培的梨果实中Ca含量在盛花后72d前显著高于露地，72d后则显著低于露地。有研究认为，Ca元素在延缓果实衰老、改善果实贮藏性能和参与果实品

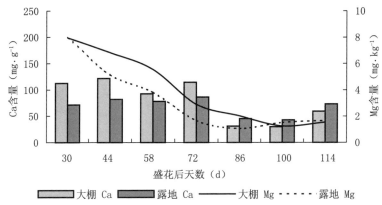

图4-28 大棚与露地栽培翠冠梨果实Ca、Mg含量的变化

（温岭市农业林业局，2007）

质调节等方面具有重要的作用，但在翠冠梨的大棚栽培中Ca元素含量的下降并没有在生产和品质上有不良的表现。Ca元素的吸收和运输主要依靠叶片的蒸腾作用，一般认为大棚覆膜后环境湿度提高可能会导致植株蒸腾作用的减弱，但对大棚内外蒸腾速率的测定表明，大棚内翠冠梨叶片并没有出现蒸腾速率下降的现象。其下降原因还有待于进一步的研究。

Mg含量在幼果期（盛花后30d）和果实成熟期（盛花后100～114d）大棚栽培略低于露地栽培，其余时间段均以大棚栽培高，盛花后72d和86d差距最大，大棚栽培比露地栽培增加75.2%和89.8%（图4-28）。

3. 对果实Mn、Fe、Cu、Zn含量的影响

果实中Mn、Fe、Cu、Zn等微量元素波动较大，整体上也随果实发育呈下降趋势。大棚栽培的Fe和Cu含量以盛花后72d最低，而后逐渐上升；除盛花后44d外，均以露地栽培的含量较高（图4-29）。

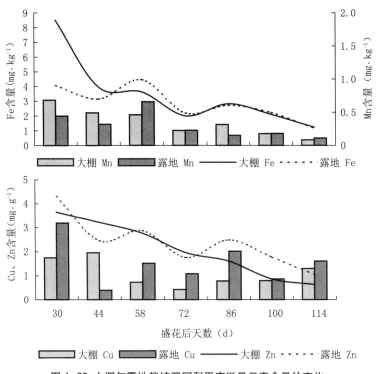

图4-29 大棚与露地栽培翠冠梨果实微量元素含量的变化

（温岭市农业林业局，2007）

由于大棚栽培果实和叶片中的大部分矿质元素含量均高于露地栽培，加上大棚栽培生育期长，枝梢生长量大，生长势旺，必然需要大量的营养，由此可以推断翠冠梨在大棚栽培中的需肥量要高于露地栽培。

三、大棚梨果实糖积累及相关酶活性的变化

果实品质在很大程度上取决于所含糖的种类和数量，果实中的糖来自叶片光合作用的同化产物。大部分果树光合作用的产物以蔗糖为主要形态，通过韧皮部运输到果实中代谢和积累。蔷薇科植物，如苹果、樱桃、枇杷、桃和梨等的光合产物是以山梨糖醇为主要代谢产物运输到果实中（Yamaki，2010；陈俊伟等，2004）。果实的甜度除与糖总量有关之外，还取决于各种糖分的组成（张上隆，2007）。

大棚栽培后，果树生长发育的光、温、水气等环境因子发生变化，对果实品质产生了影响。日本的相关研究表明与露地栽培相比，大棚栽培使梨果实蔗糖含量显著下降，从而使甜度下降，品质降低（Tokyo，2000）。2009~2010年，我们以翠冠梨为试材，研究大棚栽培对翠冠梨果实糖积累及相关酶活性的影响；并在大棚内铺设反光膜，研究其对大棚梨叶片光合作用、果实糖积累的影响及相关酶活性的影响，以期为大棚翠冠梨的优质生产提供科学依据。

（一）大棚栽培对翠冠梨果实糖积累及相关酶活性的影响

1. 大棚和露地翠冠梨果实可溶性糖含量及组分的变化

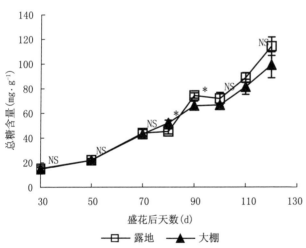

图4-30 大棚与露地栽培翠冠梨果实总糖含量的变化
（浙江大学，2009）

大棚和露地栽培翠冠梨果实在整个发育过程中可溶性糖的积累模式大致相同，总糖含量随着果实的生长发育呈上升趋势。在果实发育早期总糖增长比较平缓，从盛花后50d开始总糖含量迅速增加。盛花后100d左右至果实采收是整个生长过程中糖含量积累的高峰期（图4-30）。在果实生长发育早期，大棚和露地可溶性糖含量基本无差异，虽然从盛花后90d左右开始露地总糖含量一直略高于大棚，但包括成熟期在内的大部分时间两者的差异达不到统计学上的显著水平。

翠冠梨果实中的可溶性糖的组分主要是山梨糖醇、葡萄糖、蔗糖和果糖。随着果实生长发育4种糖的比例发生了明显变化，而且在2种不同栽培条件下表现

也有差异（图4-31）。在幼果期，大棚和露地含量最多的都是山梨糖醇，约占总糖的80％，其次为果糖，葡萄糖和蔗糖的含量很低，几乎检测不到。随着果实的膨大，4种糖的含量均呈现逐步上升的趋势。果实发育中期（盛花后70～110d）大棚梨果实山梨糖醇的含量显著高于露地；果实采收时，山梨糖醇分别占大棚和露地总糖含量的35.7％和33.2％，但两者差异并不显著。随着果实的生长发育，果糖的含量逐渐超过山梨糖醇成为含量最多的糖分，从盛花后90～110d大棚果实中果糖含量显著低于露地。成熟时大棚梨果实中果糖占总糖的比例由最初的8.3％上升到最终的44.7％，露地的梨果实由13.8％变为36.5％。翠冠梨果实中葡萄糖含量较少，采收时大棚和露地都仅占总糖的10％左右。果实发育前期，蔗糖是2种栽培条件下含量最少的糖分，但盛花后100d开始直线上升，至采收时大棚梨果实中含量为12.07mg · g^{-1}；而露地高达29.99mg · g^{-1}，为大棚的2.5倍，是2种栽培条件下差异最显著的糖分。

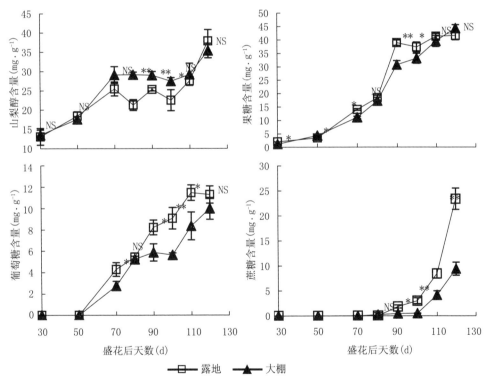

图4-31　大棚和露地栽培翠冠梨果实糖组分的变化

（浙江大学，2009）

2. 大棚和露地翠冠梨果实蔗糖代谢相关酶活性的变化

（1）转化酶（AI、NI）。转化酶包括酸性转化酶（AI）和中性转化酶（NI）两

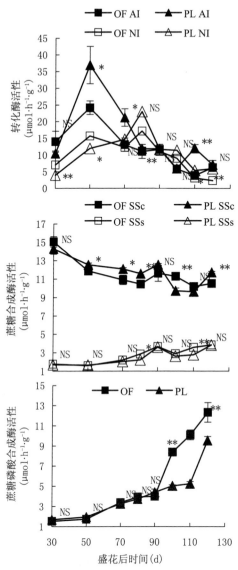

图4-32　大棚和露地栽培翠冠梨果实中与蔗糖代谢相关酶活性的变化
（浙江大学，2009）

类。总体来看，AI、NI活性变化趋势十分相似。无论大棚还是露地栽培，AI和NI活性都是在未成熟果实中较高，成熟果实中含量较低。AI均在盛花后50d左右达到最大值，大棚和露地分别为36.94μmol·h⁻¹·g⁻¹和24.16μmol·h⁻¹·g⁻¹；NI在盛花后80d左右最高，大棚和露地分别为23μmol·h⁻¹·g⁻¹和17.13μmol·h⁻¹·g⁻¹。在果实生长发育后期，AI、NI的活性逐步下降。采收前AI和NI活性相对较稳定，升高或降低的幅度较小（图4-32）。

（2）蔗糖合成酶（SS）。蔗糖合成酶包括分解方向（SSc）和合成方向（SSs）。SS分解方向活性在果实生长发育初期含量最高，大棚和露地分别为14.3μmol·h⁻¹·g⁻¹和15.1μmol·h⁻¹·g⁻¹，随后呈下降的趋势，后期维持在较低水平，盛花110d以后略有上升。

与SSc相反，SS合成方向活性在幼果中含量较低，随着果实的生长发育活性逐渐升高。盛花后90d，大棚和露地栽培的果实SS合成方向活性均达到最高，随后含量下降，盛花后110d左右SS合成方向活性又呈上升趋势。在翠冠梨果实生长发育过程的不同阶段，大棚SSs低于或与露地相同。在果实采收时，大棚和露地SSs均达到最高，分别为3.83μmol·h⁻¹·g⁻¹

和3.84μmol·h⁻¹·g⁻¹，但处理间差异不显著。

（3）蔗糖磷酸合成酶（SPS）。翠冠梨果实SPS活性随果实发育逐步上升。幼果阶段果实中SPS活性上升缓慢，大棚和露地之间差异不明显。盛花后90d，果实SPS活性快速增加，大棚翠冠梨果实SPS活性显著低于露地。果实成熟时，大棚和露地翠冠梨果实SPS活性均达到最高，分别为9.54μmol·h⁻¹·g⁻¹和

$12.33\mu mol\cdot h^{-1}\cdot g^{-1}$，大棚仅为露地的 77.4%。

3. 蔗糖含量与蔗糖代谢酶活性的相关性分析

无论露地还是大棚栽培，果实蔗糖含量与 AI、NI、SSc 均呈负相关，但大部分情况下关系不显著；而与 SSs、SPS 活性均呈正相关，尤其与 SPS 呈显著相关性，大棚和露地栽培果实中蔗糖与 SPS 的相关系数分别为 0.908 和 0.858（表4-13）。

表 4-13　大棚和露地翠冠梨蔗糖含量和蔗糖代谢相关酶的相关性

（浙江大学，2009）

代谢相关酶	蔗糖	
	露地	大棚
AI	−0.535	−0.375
NI	−0.739*	−0.467
SSc	−0.392	−0.279
SSs	0.663	0.690
SPS	0.858**	0.908**

注：表中数据为相关系数。*和**分别表示在 $P < 0.05$ 和 $P < 0.01$ 的差异显著性

4. 低光照是导致大棚梨蔗糖积累减少的主要因素

由于大棚栽培的光照、温度、湿度等环境因子都与露地存在显著差异，特别是大棚薄膜对不同波段的光的阻挡等原因，设施内光照强度明显下降。有研究表明，全日照 70% 以下的光照可以显著改变幸水梨果实的糖组分，显著降低蔗糖的比率，其含量下降幅度高达 19.8%。由于蔗糖的甜度较葡萄糖和山梨醇高，仅稍低于果糖，所以，蔗糖的下降可以使果实的甜度下降。刘小阳等（2007）的研究也发现，砀山酥梨成熟时果实中可溶性糖含量与光强呈显著正相关，适度的强光有利于砀山酥梨果实可溶性糖的积累。

目前，许多学者对梨、桃、葡萄等园艺作物的研究发现，蔗糖代谢相关酶与果实糖积累之间关系密切。本研究发现，翠冠梨果实成熟时，SPS 是 2 种栽培条件下差异最明显的酶。SPS 活性不仅与蔗糖的变化趋势一致，而且与蔗糖一样都是在果实成熟时大棚极显著低于露地。由此推断，SPS 可能是蔗糖积累过程中最为关键的一个酶，其活性的下降导致了大棚翠冠梨蔗糖含量的下降。Pattanayak 在马铃薯上研究发现 SPS 活性受光强的影响较大，一天中 14:00 光强最强时 SPS 活性最高，18:00 光强最弱时 SPS 活性最低。对不同品种小麦的研究结果表明，长期高光强能增强叶片总 SPS 活性。水稻叶片 SPS 活性也受光的诱导。据此，我们推断大棚栽培条件下的低光照（光照强度只有露地的 70% 左右），是

导致大棚梨果实 SPS 酶活性下降的主要因素，并因此导致蔗糖积累的减少。在生产上可以通过选用高透光性大棚薄膜、铺设反光膜、降低树冠郁闭度等技术措施来提高大棚梨果实含糖量特别是蔗糖含量，从而进一步提高果实品质。

（二）反光膜对大棚翠冠梨果实糖积累及相关酶活性的影响

在生产实践中，可以采用各种技术措施改善树体局部光照条件，提高大棚栽培果实的品质，应用反光膜便是最常见、最有效的方法之一。大棚内设铺设反光膜（RF）和不铺反光膜（CK）2 个区域，处理面积各为 450m²（4 行树），相互隔离。反光膜区于 2010 年 4 月 7 日（盛花后 30d），在温岭市国庆塘梨园的大棚内铺设山东省栖霞市金源果袋反光膜厂生产的超强增色反光膜（JY-0032）。

1. 铺膜对大棚翠冠梨果实单果质量的影响

果实发育前期，铺膜处理和 CK 之间果实质量差异不显著；花后 100～110d，虽然铺膜处理翠冠梨果实的单果质量大于 CK，但仍未达到显著水平；花后 120d 时，铺膜处理果实的单果质量 242g，显著高于 CK（224.2g）。

2. 反光膜对大棚翠冠梨净光合速率的影响

5 月 27 日（盛花后 80d），选择铺膜与 CK 树长势良好的新梢同侧上部和下部完全展开的成熟叶片各 8 张，于 7:00～17:00 每隔 2h 用 LI-6400 便携式光合测定仪测定净光合速率（Pn）的日变化。

从翠冠梨叶片净光合速率的日变化可见（图 4-33），铺膜处理和 CK 不同叶位的净光合速率均在 9:00 达到最大值，在 17:00 时降到全天最低值。翠冠梨树冠上部叶由于受光较多，叶片的 Pn 一直显著高于下部叶。铺设反光膜对树冠上部叶片的 Pn 的影响不大，而显著提高了下部叶片的 Pn。9:00 为全天 Pn 的最高

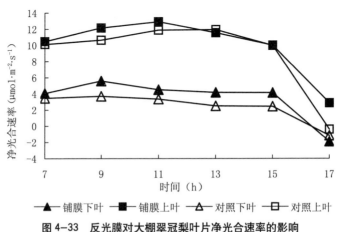

图 4-33　反光膜对大棚翠冠梨叶片净光合速率的影响
（浙江大学，2010）

点，铺膜处理的树冠下部叶比 CK 的提高了 50.4%。可见，在大棚内铺设银色反光膜，通过反光膜的反射作用，可显著增加树冠下部的光照强度，进而提高了叶片的光合作用。

3. 反光膜对大棚翠冠梨果实可溶性糖含量的影响

在果实发育过程中，铺膜翠冠梨果实山梨糖醇的含量略高于 CK，但差异不显著（图 4-34）。果实采收时（盛花后 120d），铺膜（RF）和 CK 翠冠梨果实中山梨糖醇含量分别占总糖的 37.0% 和 36.3%。果实内果糖含量在花后 110d 时显著高于山梨糖醇含量；花后 120d 时铺膜梨果实与 CK 果实内果糖含量分别为 45.04mg·g^{-1} 和 44.03mg·g^{-1}，铺膜处理与 CK 果实内果糖含量无显著差异。翠冠果实内葡萄糖的含量较低，花后 120d 时铺膜和 CK 果实内含量分别为 12.96mg·g^{-1} 和 11.11mg·g^{-1}，分别仅占总糖含量的 13.1% 和 11.9%，二者在葡萄糖含量上无显著差异。花后 80d 时，铺膜处理与 CK 果实内蔗糖含量均较低；

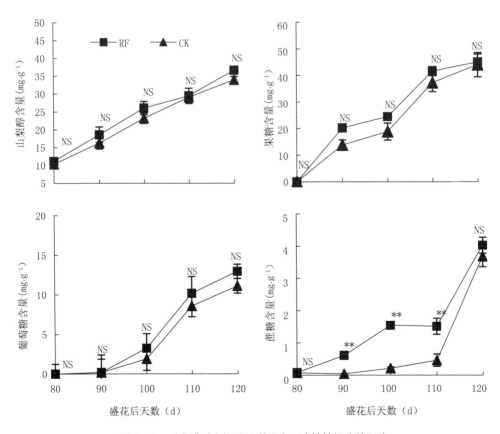

图 4-34　反光膜对大棚翠冠梨果实可溶性糖组分的影响
（浙江大学，2010）

花后110d时二者果实内蔗糖含量迅速积累；盛花后90~110d，铺膜翠冠梨果实内蔗糖含量显著高于CK。

随着果实的发育，翠冠果实中总糖含量呈上升趋势（图4-35）。铺膜处理和CK果实内总糖含量在盛花后80d时分别为11.24mg·g⁻¹和10.45mg·g⁻¹，盛花后120d分别98.64mg·g⁻¹和92.75mg·g⁻¹。从花后80d到果实成熟，铺膜处理的果实总糖含量一直高于CK，但在成熟期并无显著差异。

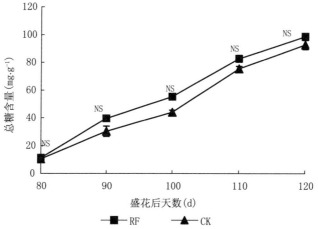

图4-35　反光膜对大棚翠冠梨果实可溶性总糖的影响
（浙江大学，2010）

与露地相比，大棚栽培光照强度的下降可以显著降低梨果实的含糖量，尤其是蔗糖的含量。相反，提高大棚内的光照强度可以明显促进梨果实糖积累。本研究证明，在大棚内铺设反光膜，可以促进梨果实糖积累，尤其是显著增加蔗糖含量。这一结果与前人在设施葡萄和油桃上的研究结果相似。铺设发光膜之所以增加果实可溶性糖，应该与铺膜后能有效改善大棚内的光照条件，尤其是树冠下部的光照条件，提高叶片的净光合速率，从而增加叶片向果实碳水化合物的供应。

4. 反光膜对大棚翠冠梨果实相关酶活性的影响

酸性转化酶（AI）、中性转化酶（NI）和蔗糖合成酶分解方向（SSc）3种酶主要参与蔗糖分解。铺膜处理与CK果实内NI活性在花后80d与花后120d时均较低；在100d时NI活性达到最大，分别为9.26μmol·h⁻¹·g⁻¹和9.52μmol·h⁻¹·g⁻¹；在生长期内，除了花后100d，铺膜处理果实NI酶活性均显著低于CK（图4-36）。铺膜处理与CK果实内AI活性在花后80d和120d时较低；在110d时AI活性达到最大，分别为7.40μmol·h⁻¹·g⁻¹和6.59μmol·h⁻¹·g⁻¹；花后80d时，铺膜处理果实内AI活性显著大于CK，从花后90~120d内，铺膜对AI的活性无显著影响。从花后80d到花后110d（花

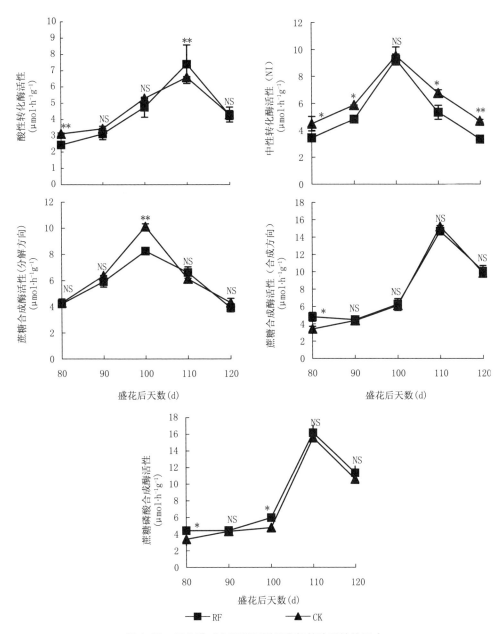

图 4-36　反光膜对大棚翠冠梨果实相关酶活性的影响
（浙江大学，2010）

后 110d 除外），铺膜处理果实内 SSc 酶活性略高于 CK，但无显著差异。

与前 3 种酶的活性相反，蔗糖磷酸合成酶（SPS）和蔗糖合成酶合成方向（SSs）是参与蔗糖合成的酶。SSs 与 SPS 酶活性的变化趋势类似，均为先升高后下降，且二者活性从盛花后 100d 到盛花后 110d 快速增加。铺膜处理对果实内 SSs 酶活性无显著影响。从花后 80d 到果实成熟，铺膜处理果实内 SPS 酶活性一直略高于 CK，且盛花后 80d 和盛花后 100d 两者的差异达到显著水平。

光强可以诱导 SPS 酶的活性，不同光强下可以通过蛋白磷酸化调节 SPS 酶的活性。长期光照和短期光照分别通过诱导 SPS 基因表达和蛋白可逆磷酸化调节 SPS 酶的活性（Huber S C，1990）。光照下 SPS 蛋白脱磷酸化，活性增加，促进蔗糖合成；黑暗时，SPS 蛋白磷酸化，活性降低（Mcmichael R W，1995）。增加光强和延长光照都能提高果实 SPS 酶活性，而减小光强（遮阳）却降低了 SPS 酶活性（Huber S C，1992）。本研究中大棚内铺设反光膜后提高了果实 SPS 酶活性，进而提高了果实蔗糖含量。

在实际生产中，我们也发现铺设反光膜会增加翠冠梨果皮锈斑的发生，同时也不利于施肥和夏季修剪等田间操作。2012 年，我们在富阳大青果园对棚架栽培的翠玉梨进行反光膜试验，除显著提高翠玉梨果皮 $a*$ 使果皮绿色变淡外，对果实单果重、硬度、可溶性固形物和可溶性糖含量均无显著影响。

四、大棚梨叶片黄化症的诊断与防治方法

由于围垦海涂的土壤含盐量和 pH 值高，梨树种植容易出现不同程度的黄化，特别是进行大棚栽培后，因薄膜覆盖隔绝了雨水的淋刷，加剧了盐分的积聚，出现了多种叶片黄化的症状，从而影响了大棚梨的产量和经济效益。2007 年，我们开展了大棚梨叶片黄化症的营养诊断工作，以期为生产上矫治大棚梨的叶片黄化症提供理论依据和防治方法。

（一）叶片黄化症的外观形态和光合色素的含量

大棚梨的叶片黄化症主要分为斑驳状黄化（样本 1，台州罗氏果业有限公司）、普通黄化（样本 2，台州罗氏果业有限公司）、窄叶状黄化（样本 3，浙江东浦农业开发有限公司）3 种，取样品种均为翠冠。

与正常叶片（样品 4 和样品 5）相比，黄化叶片较小，其中，又以样本 3 最为明显，叶长缩小 13.3%~21.1%，叶宽缩小 36.5%~38.5%；而叶片长宽比达到 2.18，比正常叶片提高 28.2%~36.3%（表 4–14）。黄化叶片的 SPAD 值也明显低于正常叶片，其中，也以样本 3 的叶片最小，只有正常叶片的 36%；其次是样本 2，SPAD 值比同园正常叶片样本 4 减少了 58.3%。黄化叶片的叶绿素和类胡萝卜素含量均明显下降，其中，以样本 2 下降最为明显，只有同园正常叶片的 30% 和 38.6%；样本 3 与样本 2 的叶绿素和类胡萝卜素含量无显著差异。叶绿素 a/b 以样本 3 最高，并显著高于样本 1。

表4-14 不同类型黄化叶片的外观形态和光合色素含量

（温岭市农业林业局，2007）

样本编号	叶长 (cm)	叶宽 (cm)	叶长／叶宽	SPAD 值	叶绿素 (g·kg^{-1})	叶绿素 a/b	类胡萝卜素 (g·kg^{-1})
1	11.7	7.18	1.63	40.47	1.53b	1.80b	0.32c
2	11.16	6.86	1.63	21.37	0.88c	1.95ab	0.27c
3	10.34	4.74	2.18	18.77	0.90c	2.06a	0.30c
4	13.10	7.71	1.70	51.27	2.93a	1.95ab	0.70b
5	11.92	7.47	1.60	53.00	3.17a	1.95ab	0.81a

注：样本4和样本5分别是台州罗氏果业有限公司和国庆塘梨园的正常树着生的叶片

（二）叶片和土壤矿质元素的分析

1. 叶片矿质元素分析

从叶片矿质元素分析结果（表4-15）可看出，样本1的Ca、Mg、Zn含量均显著低于正常叶片，而K的含量显著高于正常叶片；样本2的N、Ca含量均显著低于正常叶片，而K的含量也显著高于正常叶片；样本3的Ca、Mn、Zn含量均显著低于正常叶片，而P的含量显著高于正常叶片。2个正常叶片样本（样本4与样本5）相比，样本5的N、Ca、Mn、Zn含量均显著高于样本4，而K的含量则显著低于样本4。

表4-15 不同类型黄化叶片的矿质元素含量

（温岭市农业林业局，2007）

样本编号	N (g·kg^{-1})	P (g·kg^{-1})	K (g·kg^{-1})	Ca (g·kg^{-1})	Mg (g·kg^{-1})	Fe (mg·kg^{-1})	Mn (mg·kg^{-1})	Cu (mg·kg^{-1})	Zn (mg·kg^{-1})
1	23.8b	1.55b	18.1b	14.4c	2.80c	134.1a	33.3b	11.8a	20.3c
2	20.2c	1.72b	25.6a	11.1d	3.37bc	105.1a	21.1bc	15.4a	34.9bc
3	23.4b	2.43a	16.6bc	10.6d	4.70a	105.8a	12.5c	16.8a	25.2c
4	24.0b	1.67b	15.1b	18.0b	3.77abc	103.0a	35.2b	12.9a	41.8b
5	26.8a	1.72b	10.6d	21.6a	4.40ab	102.6a	89.2a	11.7a	69.9a

通过叶片中叶绿素含量与各矿质元素的相关性分析，发现叶绿素与N、Ca、Mn、Zn含量呈极显著正相关，相关系数以Ca（0.924）最高，其余依次为Mn（0.747）、Zn（0.706）、N（0.698），与K含量则呈极显著负相关（$r=-0.772$），与其他元素均无显著相关。类胡萝卜素含量与矿质元素含量的相关性与叶绿素一致。

2. 土壤矿质元素分析

样本 5 土壤中的有机质、N、K、Fe 含量最高，pH 值最低，其他矿质元素特别是黄化叶片中缺乏的 Ca、Mg、Zn 在管理良好的正常梨园中并没有较多的含量，反而 Ca、Mg 含量在所有取样土壤中是最低的（表 4-16）。可以认为海涂地梨树大棚栽培出现的黄化现象并非单纯的土壤矿质元素缺乏。

表4-16　土壤中的矿质元素含量

（温岭市农业林业局，2007）

样本编号	pH值	有机质(%)	N (g·kg^{-1})	P (g·kg^{-1})	K (g·kg^{-1})	Ca (g·kg^{-1})	Mg (g·kg^{-1})	Fe (mg·kg^{-1})	Mn (mg·kg^{-1})	Cu (mg·kg^{-1})	Zn (mg·kg^{-1})
1	7.85	2.06	0.112	0.220	0.795	2.317	0.480	40.0	6.6	3.5	7.9
2	7.79	2.31	0.166	0.330	0.835	2.528	0.430	40.4	11.6	3.7	11.6
3	8.17	1.70	0.123	0.110	0.403	2.198	0.505	23.0	8.1	2.7	2.9
4	7.87	1.68	0.103	0.105	0.650	2.897	0.520	32.6	5.7	3.8	3.6
5	6.62	3.23	0.273	0.216	1.075	1.513	0.485	66.5	5.6	0.8	4.7

（三）大棚梨叶片黄化症的防治方法

通过对不同黄化类型梨园及健康梨园翠冠梨叶片的营养诊断，初步认为海涂地大棚梨园的不同黄化症状是因为植物 N、Ca、Mg、Mn、Zn 等矿质元素缺乏所致，其中斑驳状黄化以缺 Ca、Zn 为主，普通黄化以缺 N、Ca 为主，窄叶状黄化以缺 Ca、Mn、Zn 为主。矿质元素的缺乏导致叶绿素合成受阻、失绿黄化。同时对比土壤的矿质元素含量，可以认为梨树叶片黄化症的出现并不是单纯的矿质元素缺乏造成的。试验取样园的土壤管理方法有明显的差异，"黄化"园习惯大量施用化学肥料和除草剂，海涂地 pH 值和含盐量高，大量化学肥料的施用和土表裸露加剧了根际盐分的积聚并造成根系的伤害，反而影响了矿质元素的吸收。窄叶状黄化的畸形叶片的出现很可能跟"草甘膦"等除草剂的大量应用造成药害所致。而梨树生长发育良好的国庆塘梨园在建园初期土壤 pH 值达到 8.4，经过多年的有机肥施用、生草和地面覆盖的配合，为土壤内微小生物的繁殖提供了良好的环境空间，从而营造出有机质含量高、土质疏松、保水保肥能力强的土壤结构，为梨树的生长发育提供了良好的基础；另一方面，通过增加叶片施肥的次数来减少化学肥料的土壤施用，减少了根际土壤盐分的积聚和补充了矿质元素，有效地防治了海涂地梨树黄化症的发生。因此，可以认为，良好的土壤管理技术是防止梨树各种黄化症状的根本措施。

五、大棚梨授粉技术的研究

梨树属于配子体型自交不亲和性植物，多数品种自花不实或结实率极低，并存在异花授粉不亲和现象。因此，在露地栽培时都按照一定比例搭配授粉树，如浙江省多采用清香或黄花作为翠冠梨的授粉品种。由于大棚栽培的梨树生长在一个相对封闭的环境内，加上花期棚外自然温度尚低，昆虫等授粉媒介活动少，自然传粉不能满足坐果与产量的需要，因此，人工授粉成为大棚梨生产中的一项必需的技术措施。而影响人工授粉效果的主要因素包括授粉品种、花粉活力、授粉时间、营养状况和环境因素。我们通过研究大棚栽培环境下不同授粉时间、不同授粉品种和不同授粉方式对梨坐果率和果实品质的影响，为合理制定大棚梨人工授粉技术提供科学依据。

（一）不同授粉时间对大棚梨坐果和果实品质的影响

试验于 2008 年在浙江省温岭市国庆塘梨园进行。大棚翠冠梨的整个花期从 3 月 12 日开始，一直持续到 3 月 25 日，历时 14d。3 月 14 日进入盛花初期，3 月 17 日达到最高峰，开花率为 88.4%，而后进入谢花期。单花序平均开花时间为 9d。花粉采用浙江省富阳花粉研究所提供的商品花粉，品种为鸭梨。在树体进入盛花初期（3 月 14 日）后分别进行单花不同花期和单日不同时间的授粉试验。3 月 31 日调查坐果率，7 月 2 日果实成熟期进行果实取样并检测，测定果实单果重、纵横径、种子数、种子重、硬度、可溶性固形物和可滴定酸含量等果实性状和品质指标。

1. 单花不同花期授粉对翠冠梨坐果率和果实品质的影响

单花不同花期授粉于盛花初期（3 月 14 日）选择大棚内生长健壮、树相一致的树体 5 株，每株树保留 100 朵当日开花的花朵，每个花序保留 1~2 朵，摘除其余花朵（包括已开放的花朵和花蕾）。分别于 3 月 14~19 日（即开花第 1d、第 2d、第 3d、第 4d、第 5d、第 6d）上午 10:00 随机选择 20 朵花朵进行人工授粉，并挂牌标注，5 次重复。

翠冠梨在大棚栽培条件下柱头接受花粉的时间较长，从开花第 1d 到第 6d 均可接受花粉完成受精过程，其坐果率呈现逐渐下降的趋势（表 4-17）。其中，前 3d 无显著差异，坐果率达到 88.0%~99.0%，而后迅速递减并差异显著，第 7d 时花柱基本上枯萎坏死，丧失受精能力。试验结果表明，在大棚栽培条件下，梨花开花当天就具有良好的可授性，且能持续 3d 左右，到第 4d 后可授性明显减弱，第 7d 失去可授性，这与齐莉等（2007）在露地栽培条件下东宁五号梨中的柱头可授性研究的结论是十分一致的。柱头为白色时，可授性强，随着可授性的减弱，柱头变成浅褐色，当柱头变成深褐色时失去可授性。

表4-17　单花不同花期授粉对翠冠梨坐果率和果实品质的影响

（温岭市农业林业局，2008）

授粉时间	坐果率(%)	种子数(粒)	百粒重(g)	单果重(g)	果形指数	硬度(kg·cm⁻²)	可溶性固形物(%)	可滴定酸(%)	固酸比
第1d	99.0a	6.94abc	7.39ab	278.8a	0.926a	5.53ab	11.63ab	0.108b	108.0ab
第2d	98.0a	6.75abc	7.28b	281.1a	0.917a	5.16bc	11.91a	0.108b	110.6a
第3d	88.0a	8.19a	7.39ab	262.0a	0.927a	4.76c	11.88a	0.125a	95.2bc
第4d	69.0b	7.75ab	8.00a	257.7a	0.921a	5.23abc	11.28b	0.123ab	92.5c
第5d	51.0c	6.63bc	7.59ab	206.4b	0.921a	5.81a	11.61ab	0.116ab	101.7abc
第6d	27.0d	5.78c	7.38ab	178.8c	0.923a	5.36abc	11.46ab	0.118ab	97.5bc

单花不同花期授粉对果实单果重有着明显的影响。其中，以第2d授粉单果重最大，但前4d差异均不显著，第5d开始迅速递减并差异显著；而对种子数的影响与单果重基本一致，以第3d授粉数量最多，第6d数量最少，且差异显著；果实可滴定酸含量以第1d和第2d最低，并显著低于第3~6d；对果形指数无显著影响；其他品质指标略有差异，但与不同花期无显著的相关性。从试验结果可以看出，果实种子数的变化趋势与单果重是保持一致的。种子是内源激素合成和积累的主要场所，较多的种子可以促进果实的发育，提高果实的大小。可以认为人工授粉通过对种子数的影响而影响果实单果重的。露地条件下梨的有效授粉时间都在5d，而本试验中开花后第5d授粉坐果率仍达到51%，基本上能满足大棚梨生产上的需要。结合对单果重的影响及授粉成本，认为开花后3d内为最佳授粉时间。

2. 单日不同时间授粉对翠冠梨坐果率和果实品质的影响

单日不同时间授粉于3月14~16日选择3株试验树，每株树保留100朵当日开花的花朵在每天8:00~17:00进行授粉，每隔1h为1次处理，即10个处理，每次处理时每株树随机选择10朵花朵进行人工授粉并挂牌标注，3次重复。

单日不同时间授粉对大棚翠冠梨的坐果率、种子数、种子百粒重和果形指数均无显著影响（表4-18）。单果重以8:00和15:00授粉最大，分别达到259.2g和256.6g，并显著高于12:00、13:00和17:00授粉果实。果实硬度以13:00授粉最高，17:00授粉最低。可溶性固形物含量以13:00授粉最高，达到11.41%；9:00授粉最低，只有9.99%。可滴定酸含量以14:00授粉最高，达到0.121%；8:00~9:00授粉最低，只有0.095%；固酸比则以8:00授粉最高，达到114.8；14:00授粉最低，只有92.4。果实品质各测定指标均与不同授粉时间无显著的相关性。

表 4-18 不同授粉时间对翠冠梨坐果率和果实品质的影响

(温岭市农业林业局，2008)

授粉时间	坐果率(%)	种子数(粒)	百粒重(g)	单果重(g)	果形指数	硬度($kg \cdot cm^{-2}$)	可溶性固形物(%)	可滴定酸(%)	固酸比
8:00	94.7a	6.63a	7.24a	259.5a	0.91a	5.13bcd	10.90ab	0.095c	114.8a
9:00	97.3a	6.63a	7.50a	252.0ab	0.94a	5.11bcd	9.99c	0.095c	107.5ab
10:00	99.3a	6.50a	7.26a	240.1ab	0.92a	5.59ab	11.11ab	0.103bc	108.2ab
11:00	93.3a	6.75a	7.54a	244.9ab	0.91a	5.84a	10.76b	0.114ab	95.2b
12:00	96.0a	6.56a	7.59a	232.3b	0.94a	5.03bcd	10.75b	0.110abc	97.7b
13:00	98.0a	7.63a	7.41a	230.0b	0.93a	5.43abc	11.41a	0.109abc	104.6ab
14:00	97.3a	6.75a	7.64a	242.5ab	0.93a	5.01cd	11.02ab	0.121a	92.4b
15:00	94.0a	6.50a	7.13a	256.6a	0.94a	5.48abc	10.80b	0.113ab	95.5b
16:00	97.3a	6.75a	7.96a	244.6ab	0.92a	5.22bcd	11.21ab	0.107abc	105.0ab
17:00	98.0a	6.81a	7.37a	232.0b	0.92a	4.83d	11.10ab	0.120a	92.8b

温度与空气湿度对梨的授粉受精均有影响，适宜的温湿度有利于花粉的萌芽和花粉管的生长。梨开花安全临界温度为 -1～ -2℃，完全开放的花开始受冻的温度为 -2.2℃（柴梦颖等，2005）；花粉萌芽的适宜温度为 24℃，5℃时即停止在花柱内的伸长。花期阴雨易使花粉粒吸水破裂，干旱和大风常使柱头干燥，不利于花粉萌发（杨健等，2007）。而大棚设施提供了相对稳定的微域环境，提高了温度和湿度，同时隔绝了雨水的冲刷，使花期的温湿度一直处于授粉受精所需的适宜范围内，从而使得单日不同时间授粉对坐果率和果实品质均没有显著影响或影响不大。因此，在适宜的温度条件下，从 8:00～17:00 均是大棚翠冠梨适宜的授粉时间。

(二) 不同授粉品种对大棚梨坐果和品质的影响

试验于 2011 年在浙江省温岭市国庆塘梨园进行。试验设 5 个处理，授粉品种分别为清香、黄花、翠冠、雪花和鸭梨。清香、黄花和翠冠 3 个品种的花粉采集大棚内的铃铛花，取花药用硫酸纸包后置硅胶中干燥散粉；雪花和鸭梨 2 个品种的花粉购自浙江省富阳花粉研究所。

选择大棚内生长健壮、树相一致的树体作为试验用树，单株重复 5 次。3 月 11 日（盛花初期）选择刚开花的花朵进行授粉，每个花序授粉 2 朵并编号挂标，疏除其余花朵或花蕾，每株树每个处理授粉 20 朵花。

3 月 28 日分别调查各处理的坐果率，并按常规方法进行疏果。7 月 4 日果实成熟期进行果实取样，每株树每个处理取样 5 个果实。取样后迅速运回实验室进行检测，测定果实单果重、纵径、横径、硬度、果心横径、可溶性固形物和可滴定酸含量，调查种子数和饱满种子数，计算果形指数、果心比和固酸比。

除翠冠自花授粉的坐果率显著低于其他品种外，各授粉品种间的坐果率均无显著差异（表 4-19）。不同授粉品种间的种子数无显著差异，饱满种子数以清香最高，并显著高于黄花和翠冠。果实单果重以雪花最高，达到 331.9g；以翠冠最低，只有前者的 54.6%。果形指数以翠冠最高，并显著高于其他品种。果实硬度以鸭梨最高，并显著高于清香。可溶性固形物含量以雪花最高，达到 11.25%，分别比黄花和翠冠高出 0.53 和 0.93 个百分点，并差异显著。各处理间的可滴定酸含量无显著差异。固酸比则以雪花最高，分别比黄花、鸭梨和翠冠高 23.3%、23.9% 和 24.3%，并差异显著。综合来讲，以雪花梨授粉效果最佳，其次是清香。

表 4-19 不同授粉品种对翠冠梨坐果和品质的影响

（温岭市农业林业局，2011）

授粉品种	坐果率(%)	种子数(粒)	饱满种子数(粒)	单果重(g)	果形指数	果心比	硬度(kg·cm^{-2})	可溶性固形物(%)	可滴定酸(%)	固酸比
清香	98.3a	10.85a	7.55a	241.1ab	0.90b	0.38a	5.51b	11.16a	0.042a	269.6ab
黄花	92.5a	10.65a	6.15b	225.0ab	0.91b	0.37a	5.58ab	10.72b	0.043a	255.5b
翠冠	64.2b	9.80a	3.75c	181.3b	0.97a	0.35a	5.60ab	10.32c	0.041a	253.4b
雪花	95.0a	10.70a	6.80ab	331.9a	0.91b	0.39a	5.72ab	11.25a	0.036a	315.1a
鸭梨	94.2a	10.40a	7.15ab	229.5ab	0.90b	0.38a	5.76a	10.92ab	0.043a	254.4b

梨树是自花授粉不结实（自交不亲和）果树，绝大多数品种自花授粉结实率低，无法满足生产要求。翠冠也是自交不亲和品种。本试验中，其自交坐果率达到 64.2%，这可能是不同品种的授粉试验在同一株树体上交叉进行，由于振动、风、昆虫等多种因素导致不同授粉品种交叉影响的结果。尽管如此，其坐果率、单果重、可溶性固形物含量和固酸比都是最低的。从其他授粉品种的试验结果看，在大棚栽培条件下翠冠梨的人工授粉品种以雪花梨最佳，表现为坐果率高、果型大、可溶性固形物含量和固酸比高等优点。加上雪花梨在北方种植面积较大，花粉取材方便，是商品花粉的主要品种。因此，认为雪花梨是翠冠梨大棚栽培优良的授粉品种。

（三）液体授粉对大棚翠冠梨坐果和品质的影响

试验于 2011 年在浙江省温岭市国庆塘梨园进行。试验设 4 个处理，分别是 100 倍花粉悬浮液液体授粉、250 倍花粉悬浮液液体授粉、500 倍花粉悬浮液液体授粉和干燥花粉人工点授，授粉品种为雪花梨。花粉悬浮液的配制参考日本的方法：将 1g 琼脂加入到 100ml 蒸馏水中，在微波炉中加热沸腾至透明状后稀释到 1L，加入 100g 蔗糖至溶解，再加入食用色素 0.1～0.2g，冷却到室温后，按不同倍数将所需的花粉移入，制成花粉悬浮液。液体授粉采用小型手持喷雾器喷柱头，人工点授按 1:1 的比例添加石松子染（红）色增量剂，后用专用羽毛棒进行点授。

不同授粉方式的果实坐果率差异显著，以人工点授的坐果率最高，达到 96%，并显著高于液体授粉（表 4-20）。液体授粉的坐果率随花粉浓度的减少而降低，以 100 倍花粉悬浮液液体授粉的坐果率最高，达到 69.2%，并显著高于 500 倍花粉悬浮液。各处理间的种子数无显著差异，但饱满种子数以人工点授最多，并显著高于 250 倍和 500 倍花粉悬浮液液体授粉。

表 4-20　不同授粉方式对翠冠梨坐果和品质的影响

（温岭市农业林业局，2011）

授粉方式	坐果率(%)	种子数（粒）	饱满种子数（粒）	单果重(g)	果形指数	果心比	硬度(kg·cm⁻²)	可溶性固形物(%)	可滴定酸(%)	固酸比
液体授粉 100 倍	69.2b	10.65a	6.65a	256.3a	0.92b	0.37a	5.49c	11.19a	0.044a	255.1a
液体授粉 250 倍	50.1bc	10.60a	4.55b	234.4b	0.94ab	0.40a	5.58bc	10.89a	0.045a	246.6a
液体授粉 500 倍	37.7c	10.90a	4.40b	194.4c	0.96a	0.36a	5.93ab	10.10b	0.043a	234.5a
人工点授	96.0a	10.65a	7.25a	261.7a	0.92b	0.37a	5.80a	11.04a	0.049a	226.5a

果实单果重以人工点授最高，并显著高于 250 倍和 500 倍花粉悬浮液液体授粉；不同浓度液体授粉的果实单果重也随花粉浓度的减少而显著降低。果形指数以 500 倍花粉悬浮液液体授粉最高，并显著高于 100 倍液体授粉和人工点授。果实硬度以人工点授最高，并显著高于 250 倍和 500 倍花粉悬浮液液体授粉；不同浓度液体授粉的果实硬度也随花粉浓度的减少而提高。可溶性固形物含量以 500 倍花粉悬浮液液体授粉最低，并显著低于其他处理。各处理间的果心比、可滴定酸含量和固酸比均无显著差异。

人工授粉是生产精品蜜梨的重要措施，能节约养分、促进坐果、精确定位、稳定结果，特别是促进种子和果实的发育。影响人工授粉效果的主要因素包括授粉品种、花粉活力、授粉时间、营养状况和环境因素。从不同授粉方式试验看，液体授粉的坐果率和单果重低于人工点授，这应该与花粉的数量密切相关。人工点授采用的花粉浓度比较高，达到 50% 左右，而且接触面比较小，基本上集中在柱头上；而液体授粉一方面花粉经过较大倍数的稀释，而且喷嘴喷出的花粉呈放射状，柱头上能黏附的花粉只占总喷射量的少部分，授粉后花柱上的花粉会显著少于人工点授，从而影响梨花朵的受精，造成饱满种子少，最终影响坐果率和单果重。从试验结果看，100 倍和 250 倍花粉悬浮液液体授粉的坐果率均能满足生产上的需要，除 250 倍花粉悬浮液液体授粉的果实单果重有显著下降外，其他品质指标均无显著差异。加上液体授粉可以节省授粉用工量，提高授粉速度，对面积较大的大棚梨园具有较大的应用价值。但同时由于液体授粉花粉浪费较大，会增加采购花粉的费用或增加采集花粉的用工量。由于本试验尚停留在小范围试验状态，未能准确计算出液体授粉和人工点授的用工量和所需花粉量，其经济性尚有待于进一步的试验。

六、大棚梨套袋技术的研究

果实套袋能有效降低农药残留，防止果面锈斑，减少病虫果率和裂果率，是目前生产安全、优质果品，提高商品价值的重要技术措施，被广泛应用于苹果、梨、葡萄、桃等果树生产中。梨大棚栽培因薄膜的覆盖改变了果实的生长环境，研究大棚栽培特定环境条件下套袋对梨果实品质的影响，对指导大棚梨果实优质栽培具有积极的意义。

（一）套袋对大棚梨果实品质及 K、Ca、Mg 含量的影响

试验于 2008 年在浙江省温岭市国庆塘梨园进行。试验设普通双层袋、小林双层袋（1-KK）、小林单层袋（NK-15）和不套袋 4 个处理，分别表示为处理Ⅰ～Ⅲ和 CK（见表 4-21）。均于 4 月 25 日进行套袋，各处理随机套 50 个以上果实，套袋前进行疏花疏果，保证供试植株树体各部位负载量基本一致。7 月 8日果实成熟期采收试验果实。

表 4-21　试验果袋类型

处理	果袋类型	袋长（cm）	袋宽（cm）	袋色	外层是否蜡纸	透光率（%）
Ⅰ	普通双层袋	19.5	16.0	外黄内黑	否	0
Ⅱ	小林双层袋（1-KK）	19.5	16.5	外黄内黄	是	18.17
Ⅲ	小林单层袋（NK-1）	15.0	12.3	白色	是	65.59

1. 套袋对大棚翠冠梨果实外观及果皮色素的影响

在大棚栽培条件下，翠冠梨果皮锈斑明显减少，其中，以 CK 锈斑发生最少，锈斑指数最低。而套袋果实的锈斑指数有明显的增加，处理Ⅰ、处理Ⅱ和处理Ⅲ分别比 CK 高出 15.2 个、3.6 个和 0.1 个百分点（表 4-22），其中，以处理

Ⅲ的果锈较少，与 CK 基本相同。果实套袋处理对果形指数无显著差异。

表 4-22 套袋对翠冠梨果实外观及果皮色素的影响

（温岭市农业林业局，2008）

处理	果形指数	锈斑指数(%)	果面色泽			叶绿素 (mg·kg^{-1})	类胡萝卜素 (mg·kg^{-1})
			L^*	a^*	b^*		
Ⅰ	0.96a	59.81	71.84a	−0.71a	27.58c	6.42c	9.53c
Ⅱ	0.94a	48.23	64.23b	−7.04bc	31.66a	41.69b	21.76b
Ⅲ	0.94a	44.74	62.38c	−7.89c	29.05b	60.89a	28.49a
CK	0.93a	44.62	61.00d	−6.92b	24.40d	63.47a	28.98a

注：锈斑指数的测定 果实采收后，对各处理随机抽取 50 个果实进行锈斑发生情况调查统计。果面锈斑分为 5 级：0 级：无锈斑；1 级：锈斑面积占整个果面的比率 < 10%；2 级：锈斑面积占整个果面的比率为 10% ~ 30%；3 级：锈斑面积占整个果面的比率为 31% ~ 50%；4 级：锈斑面积占整个果面的比率 > 50%

锈斑指数 =(0 × a + 1 × b + 2 × c + 3 × d + 4 × e) × 100/(4 × n)

a、b、c、d、e 分别为 0~4 级果的统计数，n 为样本总数

套袋处理显著提高了翠冠梨果皮 L^* 值，并随着果袋透光率的增加呈下降趋势，且各处理间差异显著，说明果袋的透光率与果皮光亮度密切相关。a^* 值全为负值，其中，以处理Ⅰ的 a^* 值绝对值最小，只有 CK 的 10.3%，同时也显著低于其他套袋处理，表示该处理绿色度最低，接近白色；处理Ⅲ的 a^* 值绝对值最大且比 CK 提高 14%，表示该处理后果面绿色度最大。套袋果实的 b^* 值都显著高于 CK，说明套袋处理后果面黄色度增加，其中，又以处理Ⅱ增加最多，达到 29.8%。

处理Ⅰ和处理Ⅱ两个套袋处理均显著降低了果皮色素的含量，其中叶绿素含量分别比 CK 减少 89.9% 和 34.3%，类胡萝卜素含量分别比 CK 减少 67.1% 和 24.9%；而处理Ⅲ的叶绿素和类胡萝卜素含量也略有下降，但差异不显著。这和实际观察到的外观变化是一致的，即处理Ⅰ果面呈黄白色，处理Ⅱ果面呈黄绿色，处理Ⅲ和 CK 果面均呈绿色。

小林 1-KK 双层袋具有优良的防雨透气性和一定的透光性，可以显著减少锈斑的形成，增加果面亮度，减小果点直径，改善果实外观色泽和品质。而本研究结果显示，在大棚栽培条件下套袋后翠冠梨果面锈斑增多，这应该与大棚栽培改变了果实发育环境有关。大棚栽培隔绝了外界不良气候因子尤其是雨水的直接冲刷，不套袋的果实锈斑发生少，果面光滑整洁。而套袋后由于袋内高湿的微域环境反而导致锈斑增多，使果实外观品质下降。在 3 种套袋处理中，小林单层袋（NK-15，即处理Ⅲ）的果实锈斑指数与不套袋果实（CK）差异极少，同时果实

套袋后其亮度值（$L*$）有所升高，其果实外观色泽和光泽度得到一定的改善。

2. 套袋对大棚翠冠梨果实大小和内在品质的影响

翠冠梨果实套袋处理后单果重有所下降，处理Ⅰ、处理Ⅱ和处理Ⅲ分别比CK减少 8.3%、7.9%、6.7%，其中，处理Ⅰ、处理Ⅱ与CK差异显著（表4-23）。各套袋处理对果实硬度无显著影响，但对果实的可溶性固形物含量影响明显，分别比CK降低 0.41 个、0.54 个和 0.74 个百分点。除处理Ⅰ的还原糖含量显著高于其他处理外，各处理间的总糖、还原糖、可滴定酸含量及糖酸比均无显著差异。

表 4-23　套袋对翠冠梨果实大小和内在品质的影响

（温岭市农业林业局，2008）

处理	单果重 (g)	硬度 (kg·cm^{-2})	TSS (%)	总糖 (%)	还原糖 (%)	可滴定酸 (%)	糖酸比
Ⅰ	246.0b	5.30a	11.63ab	7.39a	6.80a	0.127a	58.27a
Ⅱ	247.3b	5.09a	11.50b	6.99a	6.28b	0.117a	59.74a
Ⅲ	250.4ab	4.53a	11.30b	7.32a	6.25b	0.117a	62.85a
CK	268.4a	5.54a	12.04a	7.17a	6.51b	0.117a	61.25a

套袋栽培后，大棚翠冠梨单果重和可溶性固形物含量均有下降的趋势，这与露地栽培条件下的结果是相一致的。套袋后，由于果袋的遮光性导致果面光合色素尤其是叶绿素含量的下降。叶绿素的减少使果皮的光合能力降低，特别是套外黄内黑双层袋的果实（处理Ⅰ），其光合作用能力几乎丧失，向果肉输送的果皮光合产物几乎为零，而且果皮所需的光合产物全部由叶片供应，从而加剧了果实库之间对叶片同化产物的竞争，使分配到果肉的光合产物减少；同时，套袋后果面温度提高，呼吸强度高于未套袋果，使更多的糖分用作呼吸底物被消耗；另一方面，套袋果中 IAA 和 GA$_3$ 等内源激素的含量在整个果实发育期都低于无袋果，造成果实库力的下降，影响了对光合产物的吸收和积累，最终导致果实大小和可溶性固形物含量的下降。

3. 套袋对大棚翠冠梨果实 K、Ca、Mg 含量的影响

大棚栽培条件下，翠冠梨果实中 K 含量以果皮部分最高，达到 11 373mg·kg^{-1}，分别比果核和

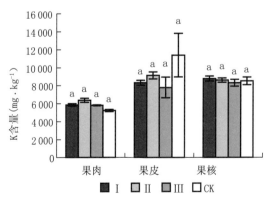

图 4-37　套袋对翠冠梨果实 K 含量的影响

（温岭市农业林业局，2008）

果肉部分高 33.6% 和 117.8%（图 4-37）。套袋处理（处理Ⅰ、处理Ⅱ、处理Ⅲ）降低了果皮部分的 K 含量，分别比 CK 降低 26.9%、19.7% 和 31.6%；同时提高了果肉部分的 K 含量，分别比 CK 提高了 12%、21.9% 和 11.1%；而果核部分的 K 含量各处理间差异不大。

果实中 Ca 含量以果核部分最高，达到 79.7mg·kg^{-1}，分别比果肉和果皮高 1 463% 和 33.6%（图 4-38）。处理Ⅱ的果核部分 Ca 含量比 CK 提高了 11.1%，处理Ⅰ和处理Ⅲ分别比 CK 降低了 26.9% 和 6%。套袋处理降低了果肉和果皮部位的 Ca 含量，果肉部分 Ca 含量分别比 CK 降低了 30.7%、34.7% 和 43.5%，果皮部分 Ca 含量分别比 CK 降低了 23%、50.9% 和 47.9%，其中处理Ⅱ和 CK 差异显著。

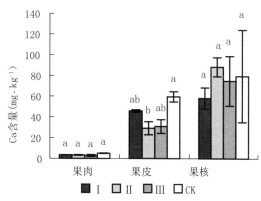

图 4-38 套袋对翠冠梨果实 Ca 含量的影响
（温岭市农业林业局，2008）

Mg 含量以果皮部分最低，果肉和果核相近。套袋处理增加了果皮和果核部分的 Mg 含量，但减少了果肉部分的含量，各处理间差异均不显著（图 4-39）。

本研究表明，在大棚栽培条件下果实套袋降低了果皮中 K、Ca 含量和果肉中 Ca、Mg 含量，尤以果皮中 Ca 含量的下降最为明显，这与露地条件下的研究结果是相一致的。适当的温度、光

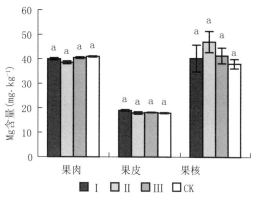

图 4-39 套袋对翠冠梨果实 Mg 含量的影响
（温岭市农业林业局，2008）

照是 Ca 吸收所必需的。套袋果实果袋内的温度较高，不利于 Ca 向果实的运输积累。果实套袋后，由于改变了果实所处的微域温、湿、光等条件，进而影响了套袋果实的蒸腾作用，而蒸腾作用对 Ca 运输的影响最大，从而影响了果实对 Ca 的吸收。而果实各部位间的差异可能与不同组织对 Ca 的吸收能力不同有关，也可能套袋影响了 Ca 由果心及果肉向果皮的运转，因此显著降低了果皮 Ca 的含量。而 Ca 含量与果实的耐贮性成正相关，对于套袋是否影响大棚翠冠梨果实的耐贮性和货架期有待做进一步的研究。

4. 大棚翠冠梨适宜果袋的选择

翠冠梨是优良的早熟砂梨品种，但在南方多雨高湿的露地环境下，果面极易产生锈斑，使果面呈暗淡的绿褐色，外观品质较差。在露地条件下，套袋是解决翠冠果面锈斑问题的重要栽培措施。普通双层果袋可以促进全锈果的产生，同时减少了果皮色素，从而使皮颜色变浅变亮，使整个果面呈明亮的黄褐色，提高了外观品质；小林 1-KK 双层果袋在减少翠冠果面锈斑的发生有着明显的效果。但在大棚栽培条件下，翠冠果实因隔绝了外界不良气候因子的影响，尤其是雨水的直接冲刷，果面光洁，锈斑发生少。果实套袋后，由于袋内高湿的微域环境反而导致锈斑发生增多，尤以普通双层果袋最为显著。

在大棚栽培条件下，翠冠梨果实套袋提高了果面亮度（L^*），降低了果皮色素含量，但促进了果皮锈斑的形成，除小林单层袋（NK-15）外，果实外观品质明显下降；套袋降低了果实单重量和可溶性固形物含量，但对果实硬度、果形指数等方面没有显著影响；套袋还显著降低了果皮 Ca 含量。综合各项指标，在大棚栽培条件下，翠冠梨应提倡无袋栽培，可以减少生产成本，提高果实品质；但从无公害或绿色生产的角度看，套袋栽培可以减少农药的污染，生产上也可根据实际需要，选用高透光率的小林单层袋（NK-15）进行套袋栽培。

（二）套袋对大棚中熟梨果实品质的影响

试验于 2008 年在浙江省温岭市国庆塘梨园进行。试验品种为翠冠、雪青、秋荣和圆黄。花期采用富阳花粉研究所提供的商品花粉（鸭梨）进行人工授粉，幼果期每个寄接花芽保留 2 个果实，并保持单株负载量基本一致。试验设普通双层果袋套袋（处理 I）、小林 1-KK 双层果袋套袋（处理 II）和不套袋（CK）3 个处理。于 4 月 25 日进行套袋，每处理随机套 50 个以上果实。7 月 24 日果实成熟期采收试验果实，每个品种每处理取样数为 20 个果实。对取样果实的果皮颜色、果点、果锈等外观指标进行描述鉴定，用 YQ-Z-48A 白度颜色测定仪测定果皮色泽（L^*、a^* 和 b^*），用比色法测定果皮叶绿素和类胡萝卜素含量。同时测定果实单果重、硬度、可溶性固形物和可滴定酸含量，以可溶性固形物含量 / 可滴定酸含量计算固酸比。

1. 套袋对大棚中熟梨果实外观品质的影响

在大棚环境下，雪青套不透光的普通双层袋后果面呈黄白色，果点不明显，果锈较多，且多发生在果实底部；套透光的小林 1-KK 双层袋后果面呈淡绿色，果锈发生少；不套袋的果面呈黄绿色，果点较明显，果锈发生更少。而褐皮梨秋荣和圆黄各个处理均无果锈；套普通双层袋后果面呈黄色，色泽光亮，果点不明显；套小林 1-KK 双层袋后果面呈浅（黄）褐色；不套袋的果面呈褐色，果点粗大明显。

各品种的 L^* 值均为处理 I ＞ 处理 II ＞CK，除雪青处理 II 果实 L^* 值与 CK

无显著差异外，其余各品种套袋处理果实 $L*$ 值均显著大于 CK，并且处理 Ⅰ 显著大于处理 Ⅱ（表 4-24）。可见果实套袋有利于果面光泽的形成，其中又以不透光的双层袋效果最佳。雪青果实的 $a*$ 值处理 Ⅱ > 处理 Ⅰ >CK，且处理 Ⅱ 与处理 Ⅰ 的差异显著。秋荣和圆黄果实的 $a*$ 值均以处理 Ⅰ 最高，且差异显著，加上高的 L 值，从而使果面黄润，光亮美观。

表 4-24 套袋对大棚梨果实外观和果皮色素的影响

（温岭市农业林业局，2008）

品种	处理	果皮颜色	果点	果锈	L^*	a^*	b^*	叶绿素（mg·kg^{-1}）	类胡萝卜素（mg·kg^{-1}）
雪青	Ⅰ	黄白色	不明显	较多	81.03a	−12.78a	31.79b	8.46b	29.90a
	Ⅱ	淡绿色	不明显	少	76.40b	−18.03b	38.92a	36.05a	21.00a
	CK	黄绿色	较明显	极少	75.11b	−16.59b	40.14a	33.84a	23.04a
秋荣	Ⅰ	黄色	不明显	无	70.94a	−8.26a	36.04ab	6.14c	7.99c
	Ⅱ	浅褐色	较明显	无	67.51b	−15.09b	37.71a	32.95b	20.56b
	CK	褐色	明显	无	65.44c	−18.15c	34.82b	58.19a	32.13a
圆黄	Ⅰ	黄色	不明显	无	72.42a	−10.63a	37.99a	7.23b	8.39b
	Ⅱ	黄褐色	不明显	无	68.75b	−16.52b	37.32a	33.87a	20.78a
	CK	褐色	较明显	无	65.88c	−18.10b	36.97a	37.90a	23.80a

各处理果皮色素含量的差异也与果皮颜色的变化一致。除雪青外，其他 2 个品种不同类型果袋处理对果皮色素含量的影响是一致的，均为 CK> 处理 Ⅱ > 处理 Ⅰ，并随着色素含量的降低，果皮颜色呈现由深变淡。其中，秋荣各处理间差异显著；圆黄处理 Ⅱ 和 CK 无显著差异。雪青的处理 Ⅱ 和 CK 果皮叶绿素含量显著大于处理 Ⅰ，类胡萝卜素含量三者无显著差异。

2. 套袋对大棚梨果实单果重和内在品质的影响

套袋对果实单果重影响较大（表 4-25）。翠冠、秋荣和圆黄 3 个品种套袋后的果实单果重均显著低于 CK，处理 Ⅰ 分别减少 8.3%、22.2% 和 17.8%，处理 Ⅱ 分别减少 7.8%、20.6% 和 23.8%。雪青套普通双层袋（处理 Ⅰ）的单果重比 CK 减少 19.2%，且差异显著。除雪青处理 Ⅱ 的单果重显著大于处理 Ⅰ 外，不同类型果袋套袋对单果重无显著影响。

秋荣未套袋果实硬度显著低于套袋果实；圆黄处理 Ⅰ 果实硬度显著大于处理 Ⅱ，未套袋果实可溶性固形物含量显著高于套袋果实；其他品质指标各品种处理间均无显著差异。

表 4-25 套袋对大棚梨果实单果重和内在品质的影响

（温岭市农业林业局，2008）

品种	处理	单果重 (g)	硬度 (kg·cm^{-2})	可溶性固形物 (%)	可滴定酸 (%)	固酸比
雪青	I	309.83b	5.56a	13.04a	0.13a	101.90a
	II	376.31a	5.80a	12.98a	0.13a	100.96a
	CK	383.29a	5.21a	13.41a	0.13a	100.02a
秋荣	I	219.68b	4.85a	12.50a	0.11a	111.21a
	II	224.19b	4.58a	12.99a	0.11a	123.12a
	CK	282.27a	3.82b	12.60a	0.12a	105.47a
圆黄	I	272.42b	5.79a	12.50b	0.19a	66.04a
	II	252.58b	4.76b	12.58b	0.19a	65.76a
	CK	331.57a	5.23ab	13.37a	0.18a	74.93a

3. 大棚中熟梨不同类型品种的适宜果袋选择

在大棚栽培条件下，3 个中熟梨品种果实套袋后果皮颜色发生明显变化，果面光亮，果点趋于不明显，单果重和可溶性固形物含量有下降趋势，可滴定酸含量和固酸比无显著变化，这与露地条件下的试验结果基本一致。秋荣和圆黄套袋后果面黄润，光亮美观，改善了果实外观品质，对内在品质影响不大，可以提高果实商品性。因此，可以在大棚栽培中继续推广套袋栽培，果袋种类则以普通双层果袋为佳。雪青在大棚中的套袋表现与翠冠类似，且雪青本身果面锈斑发生很少。因此，在大棚栽培条件下，雪青以无袋栽培较为理想，可以减少生产成本，提高果实品质。

七、大棚梨病虫害绿色防控技术的研究

（一）大棚梨园的主要病虫害发生特点

1. 不同时期大棚梨病虫害发生的消长规律

2011 年通过对温岭市国庆塘梨园大棚内病虫害的跟踪调查，我们发现大棚梨各种病虫害的发生呈现规律性的变化（表 4-26）。其中，黑斑病的发生高峰在 4 月 11 日，此后发生量逐渐降低，6 月 20 日以后又有所回升；炭疽病从 5 月初开始发生，在 5 月底发生量最大；轮纹病 7 月初才开始发生；灰斑病在 4 月底开始大量发生，此后显著下降；花腐病 4 月底落花后即有发生，发生量逐渐下降，说明花腐病会导致发病叶片的早期脱落。梨瘿蚊从 5 月初开始发生，呈现多次消长变化。在整个调查期间，梨二叉蚜（以下简称"蚜虫"）一直是主要发生的虫

害，呈现多世代、多发生高峰的交替现象，以6月初的发生量最高。蚜虫分泌大量蜜露，并引起烟煤病，导致叶片光合作用减弱，蚜虫成为大棚梨园的主要虫害。

表4-26　大棚梨园病虫害发生的季节变化（个或头／450张）

（浙江大学，2011）

时间（月－日）	黑斑病	炭疽病	轮纹病	灰斑病	花腐病	梨瘿蚊	蚜虫
4-11	12	0	0	0	0	0	106
4-25	7	0	0	50	18	0	70
5-09	2	8	0	0	16	7	148
5-23	0	8	0	0	13	5	254
6-06	0	6	0	0	12	0	797
6-20	2	2	0	1	7	2	471
7-04	3	2	4	1	1	0	488

2. 大棚与露地栽培的梨树病虫害发生情况的比较

在果实近成熟期（7月5日）分别对温岭市国庆塘梨园、温岭市仙客来果园、温岭市天盛生态农业有限公司梨园等3个管理水平不同的梨园进行病虫害调查，其中，温岭市国庆塘梨园管理水平最高，温岭市仙客来果园次之，温岭市天盛生态农业有限公司梨园最差。分别调查大棚和露地栽培条件下梨园的病虫害发生情况。每个处理调查5株树，每株树50张叶片，共250张叶片，分别统计病斑数目和虫口数量。

（1）国庆塘梨园。在国庆塘梨园的大棚中，蚜虫和叶螨是最主要的虫害，蚜虫发生的数量是露地的482倍，蚜虫导致叶片皱缩变脆，同时分泌大量蜜露，诱发烟煤病；大棚的叶螨发生量较高，达0.272头／张，而露地调查期间没有叶螨发生；梨木虱的发生量露地稍高于大棚。大棚内病害发生较少，总病斑数只有露地的51.9%，轮纹病、黑斑病、锈病及褐斑病等易引起叶片脱落的病害发生率均低于露地，没有锈病发生（表4-27）。

表4-27　国庆塘梨园大棚和露地栽培病虫害发生情况的比较

（浙江大学，2011）

栽培方式	虫害（头）					病害（个）						
	蚜虫	叶螨	梨瘿蚊	黑刺粉虱	梨木虱	轮纹病	黑斑病	锈病	褐斑病	灰斑病	炭疽病	花腐病
露地	1	0	0	1	15	15	4	3	2	3	0	0
大棚	482	68	9	0	4	9	1	0	1	1	1	1

注：表中数据为5株树（共250张叶片）调查合计值，下同

（2）仙客来梨园。仙客来梨园的树势比较衰弱，无论大棚还是露地的树体枝干上轮纹病的发生均非常严重。叶螨是大棚梨园发生最严重的虫害，发生量达到3.09头/叶，是露地的4倍；大棚内蚜虫的发生量是露地的12.5倍。而露地栽培的梨园梨木虱发生严重，拟小黄卷蛾、叶甲、叶蝉也有少量发生。病害方面，大棚内病害的发生率很低，只有少量的轮纹病、灰斑病和花腐病的发生，而露地栽培叶片轮纹病、黑斑病和锈斑发生均较多（表4-28）。

表4-28　仙客来梨园大棚和露地栽培病虫害发生情况的比较

（浙江大学，2011）

栽培方式	虫害（头）						病害（个）				
	梨木虱	叶螨	拟小黄卷蛾	叶甲	叶蝉	蚜虫	轮纹病	黑斑病	锈病	灰斑病	花腐病
露地	188	192	6	2	2	2	27	12	5	1	0
大棚	0	772	0	1	0	25	2	0	0	1	1

（3）天盛梨园。天盛梨园大棚内蚜虫和叶螨的发生量显著高于露地，蚜虫的发生量是露地315倍，叶螨的发生量是露地的5.7倍；梨木虱在露地发生量较高，而在大棚内未见发生（表4-29）。黑星病是天盛梨园的主要病害，尤以露地发生最为严重，平均每张叶片的病斑数达到2.98个，在果实上也大量发生。与其他两个梨园不同，天盛大棚梨园中的轮纹病、灰斑病、褐斑病、炭疽病等病害发生量均高于露地，包括黑星病的大量发生，这跟天盛梨园地势较低、棚体过长、棚内空气湿度过大有关，也跟其管理密切相关。

表4-29　天盛梨园大棚和露地栽培病虫害发生情况的比较

（浙江大学，2011）

栽培方式	虫害（头）					病害（个）				
	叶螨	蚜虫	叶蝉	梨木虱	剑纹夜蛾	黑星病	轮纹病	灰斑病	褐斑病	炭疽病
露地	32	4	2	39	1	746	4	0	0	0
大棚	183	315	0	0	0	100	24	8	9	1

相对于露地栽培，大棚设施为梨树的生长发育提供了避雨、弱光、高温、高湿的小气候环境，同时也为梨树害虫提供了良好的栖息与繁育条件，导致大棚梨园部分虫害加重。在3个管理水平各异的梨园中，大棚梨园的蚜虫和叶螨的发生量均显著高于露地，而梨木虱的发生量均明显下降；因此，蚜虫和叶螨是梨大棚栽培中最主要的虫害。

由于大棚栽培的避雨作用，露地栽培中容易发生的梨锈病、黑斑病、黑星病、褐斑病等叶部病害明显减轻，轮纹病成为梨大棚栽培的主要病害。另外值得注意的是，由于大棚内湿度较高，通风条件不如露地，谢花期花瓣脱落时往往会黏附在叶片上，造成幼叶处于高湿酸性环境中，极易引发花腐病，其症状与轮纹病相似。

（二）避雨栽培对大棚梨病虫害发生的影响

梨大棚栽培的周年一般可分为促成栽培期（1~4月）、避雨栽培期（5~7月）和露地栽培期（8~12月）3个阶段。也有部分大棚梨园由于棚体过长、树势衰弱、虫害发生严重等原因在避雨栽培期就卸除顶膜进行露地栽培。我们于2011年通过研究避雨栽培对大棚梨果实品质和病虫害发生的影响，以准确评估避雨栽培的利弊，为合理制定大棚梨栽培技术规程提供科学依据。

试验在浙江省温岭市国庆塘梨园进行，供试品种为翠冠。试验设促成+避雨栽培（以下简称避雨栽培）和促成栽培（对照）2个试验区，试验面积各为0.67hm^2。各试验区大棚均于1月7日开始盖膜保温进行促成栽培，避雨栽培区于5月9日卸下裙膜改为避雨栽培，并于果实采收完毕后卸下顶膜；对照区于5月9日同时卸下裙膜和顶膜改为露地栽培（CK）。全年化学防控9次，主要防治药剂为吡虫啉、毒死蜱、哒螨灵、大生等，其他管理方法均一致。

1. 避雨栽培对大棚梨主要病害的影响

大棚梨的主要叶片病害有花腐病、轮纹病、炭疽病、灰斑病、黑斑病和褐斑病等，主要叶片虫害有蚜虫、螨类、冠网蝽、梨木虱等，主要果实虫害是金龟子。由于幼叶发育期均隔绝了雨水的冲刷，2种栽培模式的前期（6月29日）病害发生率均很低，发病种类以花腐病为主（表4-30）。

表4-30　避雨栽培对大棚梨叶片病虫害发生的影响（个）

（温岭市农业林业局，2011）

调查时间 （月－日）	栽培方式	病斑总数	黑斑病	灰斑病	花腐病	褐斑病	轮纹病	炭疽病
6-29	避雨栽培	1.33b	0.06b	0.00a	0.83ab	0.00b	0.44a	0.00a
	CK	2.33b	0.00b	0.00a	1.58a	0.00b	0.50a	0.25a
9-13	避雨栽培	31.67b	7.67b	22.33a	0.00b	1.67a	0.00a	0.00a
	CK	927.00a	900.00a	27.00a	0.00b	0.00b	0.00a	0.00a

注：病斑总数为单株调查树体的合计数

相比之下，避雨栽培的病害发生更少，叶片总病斑数比CK减少42.9%，发生最多的花腐病的病斑总数比CK减少47.5%，但差异均不显著。果实采收2

个月后(9月13日),对照区的叶片病害显著增加,病斑总数比6月29日提高396.9倍;发病种类以黑斑病为主,占总病斑数的97.1%,平均单张叶片的病斑数高达12个,是避雨栽培的117.3倍。避雨栽培区以灰斑病发生最多,占总病斑数的70.5%,其次是黑斑病。

2. 避雨栽培对大棚梨主要虫害的影响

蚜虫是大棚梨前期发生的主要叶片虫害,避雨栽培的虫口总数比CK提高了862.1倍,并引发烟煤病(表4-31);避雨栽培的金龟子果实为害率为1.6%,比CK减少1/2。后期各虫害发生量均无显著差异。

表4-31 避雨栽培对大棚梨叶片病虫害发生的影响(头)

(温岭市农业林业局,2011)

调查时间 (月-日)	栽培方式	虫口总数	蚜虫	叶螨	冠网蝽	梨木虱
6-29	避雨栽培	58.33a	57.83a	0.00b	0.00a	0.50ab
	对照(CK)	1.92b	0.67b	0.00b	0.00a	1.25a
9-13	避雨栽培	4.67b	0.67b	4.00a	0.00a	0.00b
	对照(CK)	8.67b	0.00b	1.33ab	7.00a	0.33ab

注:虫口总数为单株调查树体的合计数

避雨栽培期是大棚梨保留顶膜、卸除裙膜的栽培时期,是大棚内树体从相对封闭空间向自然空间过渡的一个阶段。与促成栽培期增温保湿的环境不同,避雨栽培只隔绝了雨水的直接冲刷,四周敞开的大棚可以使热量和水汽与自然环境充分交流,大棚内温度和湿度与露地的差异较少。由于生态因子的变化,大棚栽培的梨树病虫害也发生较大的变化。从研究结果看,避雨栽培可以明显减轻大棚梨叶片主要病害的发生,尤其在后期,对防止黑斑病的发生有着十分突出的表现。黑斑病是梨树最主要的病害之一,发病严重时会引起早期落叶,导致减产,最终导致树势衰弱,缩短结果年限。其病菌借风雨传播,由表皮气孔或伤口侵染,在幼叶期开始侵染,整个生长季节都可以发病,梅雨季节是重要的蔓延发病时期。由于避雨栽培为梨树营造一个避雨避风的生态环境,抑制了黑斑病的蔓延。与避雨栽培相比,本试验的对照区从5月起即进入露地栽培,此时,叶片尚未发育完全,叶片较薄,病害防御体系较弱,又经历梅雨等最容易感病季节,导致黑斑病等病害侵染严重,并在叶片发育后期集中暴发。因此,避雨栽培对减少黑斑病侵染,防止早期落叶,增加树体营养积累均具有积极的意义。

另一方面,避雨栽培的避风避雨环境又为蚜虫等虫害的发生与繁殖提供了良好的环境。加上大棚内新梢发育快,为蚜虫提供丰富的食源和良好的庇护场所,导致蚜虫繁殖速度快，化学防控难度较大。更为严重的是，其分泌物导致梨树叶片烟煤病的发生，严重影响树体光合作用。烟煤病是我国梨树栽培的次要病害，发生极少。而蚜虫蜜露是烟煤病的重要营养来源和诱发因子，加上大棚内相对弱光、郁闭的环境又促进了烟煤病的发生，导致其成为大棚梨最主要、防控难度最大的病虫害之一。从本试验结果看，对照区可以通过雨水的冲刷来有效控制蚜虫及其诱发的烟煤病的发生。因此，从蚜虫和烟煤病的防控角度看，在5~7月把避雨栽培改为露地栽培是一种简单、高效且又绿色的防控措施。生产上可采用避雨与露地间隔实施的方法来控制虫害的蔓延，如实施2~3年避雨栽培后，实行1年的露地栽培。

（三）黄板和杀虫灯对大棚梨害虫的诱杀效果

黄板是利用害虫的强烈趋黄性，将害虫诱至黄板，从而粘杀害虫；而频振式杀虫灯则是利用害虫的趋光性、趋波性，引诱害虫扑灯，并通过高压电网杀死害虫。两者均具有易于操作、效果好、无污染、对人畜无毒等优点，在蔬菜、花卉等作物上应用广泛，而在梨树上应用较少。2011年2月21日至4月11日，我们在浙江省温岭市国庆塘梨园进行黄板和杀虫灯诱杀大棚梨害虫的初步试验。大棚于1月19日开始盖膜保温，2月15日用石硫合剂清园，3月11日进入盛花期，试验期间分别在花前（3月8日）、花后（3月24日）和幼果期（4月6日）进行化学防治，防治药剂包括吡虫啉、高效氯氰菊酯、乐斯本、灭扫利等。黄板由浙江省农业科学院植物保护与微生物研究所提供，规格为25cm×20cm；频振式杀虫灯（以下简称杀虫灯）采用台州市隆皓植保器械有限公司生产的GP-LH18B自动型频振式杀虫灯。

试验分别设处理区和对照区，大棚面积均为0.33hm^2，相互分离。2月21日在试验区中部选择4行树，按行向在各株间垂直悬挂1张黄板，共悬挂40张黄板，黄板离地高度1.4~1.6m；同时，在试验区设置4盏杀虫灯，均匀分布，光源离地高度100~140cm，自动光控。诱杀虫子取样从3月7日起，至4月11日结束，黄板和杀虫灯均每隔7d取样1次，共取样7次。黄板取样按照对角线式取样方法进行定点取样，每次取样数为8张黄板，取后悬挂新的黄板；同时，用取样袋收集各盏杀虫灯上诱杀的虫体，置−20℃冰箱内进行短时间速冻，以杀死存活虫体。分别统计黄板和杀虫灯上诱杀虫子的种类和数量，并计算益害比（益虫数量/梨树害虫数量）。

1. 黄板的诱杀效果

黄板在大棚梨园中能诱杀的虫子包括昆虫纲的双翅目（斑潜蝇、食蚜蝇、蛾蚋、蚊类）、同翅目（有翅蚜虫）、缨翅目（蓟马）、膜翅目（梨茎蜂、梨实蜂、寄生蜂）、鳞翅目（梨小食心虫）、鞘翅目（叶甲、瓢虫）和蛛形纲的蜘蛛目（蜘蛛）

等（表 4-32）。其中双翅目最多，占总虫量的 74.3%，其次为同翅目，占 22.9%。诱杀数量以前期最多，2 月 21 日至 3 月 7 日 2 周的诱杀量占整个试验期诱杀总量的 66.8%；由于 3 月 8 日进行生长期首次化学防治，3 月中旬的诱杀量急剧下降，而后逐渐回升。

表 4-32　黄板在大棚梨园诱杀的虫子种类与数量（头／张）

（浙江大学，2011）

调查时间（月-日）	梨树害虫					其他昆虫				益虫				小计
	有翅蚜虫	梨实蜂	梨小食心虫	梨茎蜂	叶甲	蚊类	蛾蚋	蓟马	斑潜蝇	食蚜蝇	寄生蜂	瓢虫	蜘蛛	
2-28	162.8	0.0	0.0	0.0	1.0	388.6	0.0	0.0	0.0	7.2	0.0	0.0	0.4	560.0
3-07	174.8	0.0	0.6	0.2	0.0	330.8	0.0	6.5	0.0	5.6	0.2	0.0	0.2	518.9
3-14	26.0	0.0	1.0	0.0	0.0	38.0	0.6	7.0	0.0	1.8	0.0	0.2	0.0	74.6
3-21	4.8	4.0	0.0	0.8	0.0	0.6	76.1	4.6	0.4	0.1	0.0	0.0	0.0	91.4
3-28	2.5	2.3	0.0	0.3	0.3	2.3	79.1	3.5	2.3	0.0	0.0	0.0	0.0	92.5
4-04	1.9	4.1	0.0	0.1	0.0	4.8	146.0	5.0	4.5	0.0	0.0	0.0	0.0	166.4
4-11	1.4	2.8	0.0	0.0	0.0	8.8	90.3	0.8	6.0	0.0	0.0	0.0	0.0	110.1
合计	374.2	13.2	1.6	1.4	1.3	773.9	392.0	27.4	13.2	14.7	0.2	0.2	0.6	613.9

注：表中数据为 8 张黄板平均值

诱杀的梨树害虫包括有翅蚜虫、梨小食心虫、梨茎蜂、叶甲、梨实蜂等，占诱杀总量的 24.3%。其中又以有翅蚜虫最多，占梨树害虫总数的 95.6%。2 月底至 3 月初为有翅蚜虫的盛发期，3 月中旬以后，有翅蚜虫的诱杀数量逐渐降低；梨实蜂 3 月下旬开始发生，并持续到试验结束；梨茎蜂 3 月上旬开始发生，3 月下旬发生较多；梨小食心虫则集中于 3 月上中旬。诱杀的益虫包括食蚜蝇、寄生蜂、瓢虫和蜘蛛，只占诱杀总量的 0.97%。益害比为 1∶24.9。除此之外，黄板还诱杀了大量对梨树无直接影响的昆虫，占诱杀总量的 74.8%。其中蚊类和蛾蚋是被诱杀昆虫中的主体，分别占到诱杀总量的 48% 和 24.3%，它们多为腐食性或粪食性，并不危害梨树，其产生跟大棚旁的畜牧场有关；蓟马和斑潜蝇一般也不对梨树造成危害，它们的产生应该跟周边的蔬菜地有关。

2. 杀虫灯的诱杀效果

杀虫灯在大棚梨园中诱杀的虫子种类较多，包括鳞翅目（黄褐天幕毛虫、桑褐翅尺蛾、人纹污灯蛾、黄星雪灯蛾、樟蚕蛾、黏虫及其他小型蛾类）、双翅目（食蚜蝇、摇蚊、苍蝇）、鞘翅目（金龟子、步甲）、直翅目（蝼蛄、蚂蚱）等（表

4-33）。其中以鳞翅目最多，占总虫量的 46.9%。与黄板相同，诱杀数量也以前期为多，2 月 21 日至 3 月 7 日 2 周的诱杀量占整个试验期诱杀总量的 43.7%。

表 4-33　杀虫灯在大棚梨园诱杀的昆虫种类与数量（头／张）

（浙江大学，2011）

调查时间（月-日）	鳞翅目							双翅目			鞘翅目		直翅目		小计
	黏虫	人纹污灯蛾	黄褐天幕毛虫	樟蚕蛾	桑褐翅尺蛾	黄星雪灯蛾	其他小型蛾类	食蚜蝇	摇蚊	苍蝇	金龟子	步甲	蝼蛄	蚂蚱	
2-28	5.7	0.0	0.0	1.3	0.0	0.0	0.0	2.7	2.0	0.3	0.0	2.7	4.7	1.3	20.7
3-07	5.0	0.0	1.0	1.0	0.0	0.0	6.3	1.7	3.0	0.0	0.0	0.3	0.0	0.0	18.3
3-14	1.7	0.3	0.0	1.0	0.7	0.3	2.3	0.0	2.7	0.0	0.0	0.0	0.7	0.0	9.7
3-21	4.7	1.0	0.0	0.0	0.0	0.0	0.0	0.0	0.0	0.0	0.0	0.0	6.7	0.0	13.1
3-28	0.7	3.3	0.0	0.0	0.0	0.0	0.0	0.7	4.7	0.0	0.0	0.0	0.0	0.0	9.4
4-04	1.3	8.7	0.0	0.0	0.0	0.0	0.0	0.0	0.0	0.0	0.3	0.0	3.3	0.0	13.9
4-11	2.3	0.3	0.0	0.0	0.0	0.0	0.0	0.0	0.0	0.0	0.0	0.0	1.3	0.0	4.2
合计	21.4	13.6	1.3	3.3	0.7	0.3	8.6	5.8	12.4	0.3	0.3	3.3	16.7	1.3	89.3

注：表中数据为 4 盏杀虫灯平均值

诱杀的昆虫种类以黏虫最多，占诱杀总量的 24%；其次是蝼蛄、人纹污灯蛾和摇蚊，分别占诱杀总量的 18.7%、15.2% 和 13.9%；其他昆虫诱杀量较少，其中桑褐翅尺蛾、黄星雪灯蛾、苍蝇、金龟子和蚂蚱都是单次出现。诱杀的梨树害虫主要有黄褐天幕毛虫和金龟子，只占诱杀总量的 1.8%；益虫主要为食蚜蝇，占诱杀总量的 6.5%。益害比为 3.6∶1。除此之外，杀虫灯还诱杀了大量梨树非主要害虫或无直接影响的昆虫，占诱杀总量的 91.7%。黏虫是农作物最主要的害虫之一，主要为害禾谷类农作物；人纹污灯蛾是农作物的重要食叶害虫，主要为害白菜、甘蓝、花椰菜、萝卜等十字花科及茄科、葫芦科、豆科等蔬菜。它的大量发生应该与周边作物和蔬菜的大量种植有关。蝼蛄是重要的地下害虫，对作物幼苗伤害极大，但由于成年梨树根系发达，其引起的伤害十分有限；相反，由于其潜行土中，间接起到疏松土壤的作用。摇蚊成虫基本不取食，更不会危害梨树。

3. 田间虫害发生情况

4 月 11 日，在试验区和对照区中部各选择生长健壮、树相一致的 6 株树体，每株树随机选择 15 个短果枝，调查短果枝上着生的果实及其周围 5 张叶片上的虫害发生种类与数量。从田间昆虫的调查情况看（表 4-34），幼果均未见虫害，试验区的叶片昆虫总量为 90 头，比对照区减少 27.4%；发生种类只有蚜虫、螨类和梨茎蜂3种，比对照区减少4种。主要梨树害虫均为蚜虫和螨类，其中蚜虫比对照区减少21%。

表4-34 大棚梨园田间叶片昆虫发生种类与数量

（浙江大学，2011）

处理	蚜虫	螨类	梨瘿蚊	梨实蜂	梨茎蜂	叶蝉	蛾蚴	小计
试验区	64	35	0	0	1	0	0	90
对照区	81	34	2	1	1	1	4	124

注：表中数据为6株调查树体的合计数

从试验结果看，黄板对蚜虫、梨小食心虫、梨茎蜂、叶甲、梨实蜂均有诱杀效果，尤其对第一代有翅蚜虫有良好的诱杀作用，对控制蚜虫的发生有明显的效果，且成本较低、应用简单，值得推广应用。而杀虫灯的诱杀种类以黏虫、蝼蛄、人纹污灯蛾等大型昆虫为主，对梨主要虫害的诱杀效果不明显，且需要拉电使用，可根据实际情况酌情应用。

从4月11日试验区田间虫害调查情况看，尽管由于黄板的诱杀降低了蚜虫的发生量，但蚜虫仍然是最主要的虫害，且开始诱发烟煤病，说明黄板的应用只能减少蚜虫的繁殖基数，而不能用来替代化学防治。加上黄板不能诱杀大棚梨另一个发生严重的虫害——螨类，因此，大棚梨的虫害防治仍然应该立足于化学防治。生产者可综合黄板诱杀害虫及田间害虫发生情况，及时进行针对性的喷药防治，有效控制害虫危害。大棚盖膜保温后，温度会迅速上升，梨树开始进入萌动期，在树体上或土中冬眠的害虫也开始活动。从萌芽期到开花前，大棚内视野开阔，无叶片遮挡，是黄板诱杀的最佳时机。因此，在梨树进入萌动期清园后，应及早挂上黄板诱杀害虫。

（四）粘虫板在大棚梨园的应用技术研究

1. 黄板在露地和大棚的诱虫谱的差异

4月25至7月4日，在大棚和露地梨园分别选择12株长势良好的树体，每株树体树冠上方垂直悬挂一张黄板，黄板顶端离地1.8米，每隔14d取下黄板并悬挂新的黄板，统计黄板上诱集昆虫的数量，并观察梨树上主要害虫的发生规律。观察结果发现，黄板可诱集到包括同翅目、双翅目、缨翅目、鞘翅目、膜翅目、鳞翅目及脉翅目、蜘蛛目等8个目在内的几十种昆虫（表4-35）。其中，诱集到的梨树上常见害虫主要有梨二叉蚜、梨小食心虫、叶甲、梨茎蜂、中国梨木虱等，大田害虫包括蛾蚴、毛蚴、蓟马、斑潜蝇、菜粉蝶等，诱集到的天敌种类有食蚜蝇、瓢虫以及姬蜂、茧蜂等寄生蜂类。黄板对蛾蚴、蚜虫、毛蚴、蓟马、叶甲、梨小食心虫等害虫的诱杀效果尤为显著。

表 4-35　黄色诱虫板在大棚内的诱虫谱

（浙江大学，2011）

目	科
同翅目 Homoptera	蚜科 Aphididae
	梨二叉蚜 *Schizaphis piricola* Matsumura
	木虱科 Psyllidae
	中国梨木虱 *Psylla chinensis* Yang et Li
	叶蝉科 Cicadellidae
双翅目 Diptera	潜蝇科 Agromyzide
	蛾蚋科 Sychodidae
	毛蚋科 Bibionidae
	摇蚊科 Chironomidae
	食蚜蝇科 Syrphidae
缨翅目 Thysanoptera	蓟马科 Thripidae
鞘翅目 Coleoptera	叶甲科 Chrysomelidae
	黄曲条跳甲 *Phyllotreta striolata*
	瓢虫科 Coccinellidae
膜翅目 Hymenoptera	茎蜂科 Cephidae
	梨茎蜂 *Janus piri* Okanota et Muramatsu
	姬蜂科 Ichneumonidae
	茧蜂科 Braconidae
鳞翅目 Lepidoptera	小卷叶蛾科 Olethreutidae
	梨小食心虫 *Grapholitha molesta* Busck
	卷蛾科 Tortricidae
	拟小黄卷蛾 *Adoxophyes cyrtosema*
	菜蛾科 Plutellidae
	小菜蛾 *Plutella xylostella*
	粉蝶科 Pieridae
	菜粉蝶 *Pieris rapae*
脉翅目 Neuroptera	草蛉科 Chrysopidae
蜘蛛目 Araneae	跳蛛科 Salticidae
	肖蛸科 Tetragnathidae

黄板对双翅目害虫的诱杀效果最好，显著高于其他目的害虫，其次为缨翅目和膜翅目。除了双翅目昆虫外，大棚内黄板对其他目昆虫的诱集量均高于露地。

2. 黄板和蓝板在大棚梨园内诱杀效果的比较

不同昆虫对颜色的趋性不同，生产实践中常使用不同颜色的粘虫板。5月9日，我们在大棚中部选择树势良好的树体，其中12株悬挂黄板，12株悬挂蓝板（均购自浙江省农科院植微所）；于5月23日取下所有粘虫板，统计不同害虫的发生量。从调查结果看（表4-36），黄板和蓝板的诱虫谱有较大差异，对于梨树上的主要害虫蚜虫、叶甲、梨茎蜂以及梨小食心虫等，黄板均有较好的诱杀效果，而蓝板仅对叶甲有良好的诱杀效果。黄板和蓝板对常见的大田害虫均有诱杀效果，黄板对菜粉蝶、蛾蚋的诱杀效果很好，而蓝板对蓟马、斑潜蝇的诱杀效果明显优于黄板。对于天敌昆虫，黄板对姬蜂、茧蜂等寄生蜂有很好的诱杀效果，而蓝板对寄生蜂以外的天敌如瓢虫、蜻蜓、食蚜蝇等诱杀效果较好。

表4-36 黄板和蓝板诱虫效果的比较（头／张）

（浙江大学，2011）

处理	梨树害虫				大田害虫							天敌				
	叶甲	蚜虫	梨茎蜂	梨小	菜粉蝶	苍蝇	蛾蚋	小蛾	斑潜蝇	蓟马	毛蚋	茧蜂	瓢虫	蜻蜓	姬蜂	食蚜蝇
黄板	0.3	0.3	1.0	0.2	1.0	7.0	365	1.3	0.8	2.5	7.2	2.5	0.3	0.0	5.3	1.0
蓝板	0.8	0.0	0.0	0.0	0.3	14.7	232	1.2	4.2	119	30.0	0.3	1.8	0.3	2.0	4.0

3. 黄板不同悬挂密度对大棚梨园害虫的诱杀效果

4月25日在大棚内选择6棵长势一致的树体，分别悬挂1块、2块、3块黄板；于5月9日取下所有黄板并统计不同悬挂密度对大棚梨害虫的诱杀量，并计算不同密度处理黄板诱集的害益比。从调查结果（表4-37）可以看出，每株树悬挂1张黄板的诱集量显著高于每株树2张以及3张黄板时单张黄板的诱集量。由不同处理的害益比可知，每株树3张以及2张处理的害益比明显高于1张黄板，对害虫的诱杀效果较好，并且对天敌的伤害较小。一般的说，若粘虫板大小固定，随着粘虫板密度的增大，总诱捕量也随之增加，但超过一定值后，虽然总诱捕量增加，但粘虫板的有效利用率就会减少，因此，确定粘虫板数量就要计算诱虫量与生产成本之间的最佳值。因此，我们认为，每株树悬挂1~2张黄板的性价比较高。

4. 黄板不同悬挂高度对大棚梨园害虫的诱杀效果

粘虫板的悬挂高度与昆虫的交配习惯、飞行高度，寻找寄主植物的习性，植物的发育特性及气象等因素有关。从试验结果看（表4-38），黄板离地高度150cm时对毛蚋、茧蜂、叶甲、梨实蜂的诱杀效果较好，而离地50cm时对有翅蚜、金龟子、梨茎蜂、摇蚊、食蚜蝇等的诱杀效果较明显。

表4-37　黄板不同悬挂密度诱虫效果的比较（头／张）

（浙江大学，2011）

处理	梨树害虫	大田害虫	天敌	害益比
每株树3张	8.4b	296.3b	1.8b	4.7a
每株树2张	9.5b	317.5b	3.0b	3.2a
每株树1张	12.4a	408.6a	10.4a	1.2b

表4-38　黄板不同悬挂高度诱虫效果的比较（头／张）

（浙江大学，2011）

离地高度(cm)	毛蚜	茧蜂	叶甲	有翅蚜	金龟子	梨实蜂	梨茎蜂	摇蚊	食蚜蝇	其他	总虫数
50	162.0	1.0	0.0	16.3	0.3	0.7	2.0	29.0	1.7	278.0	491.0
100	96.7	0.3	0.0	9.3	0.0	0.7	1.3	11.7	0.0	68.0	188.0
150	173.0	2.0	1.7	5.0	0.0	1.7	1.3	5.0	0.3	110.3	300.3

5. 不同时期黄板对梨树主要害虫的诱集情况

6月前，大棚内黄板上诱集到的蚜虫数量显著低于露地，此后露地和大棚蚜虫发生量均显著降低。大棚蚜虫发生的高峰期在5月9日。

大棚内黄板诱集梨小食心虫高峰期为5月23日，在整个生长期间，梨小食心虫发生量先缓慢减少又增加至高峰后再次急剧下降，后期又有所回升。在各个时期，大棚内的梨小食心虫发生量均显著高于露地。

在整个调查期间，大棚内梨茎蜂的发生量均显著高于露地。梨茎蜂的发生呈多世代多高峰，其中大棚的发生高峰期在5月9日，而露地为7月4日。在不同时期，大棚内梨茎蜂的发生量均显著高于露地。

除了5月9日大棚内梨木虱发生量较高外，其余时间梨木虱的发生量均显著低于露地。这可能是由于5月初大棚裙膜还未摘除，阴暗的环境为梨木虱的生长提供了良好的环境，后期大棚内潮湿的环境不利于梨木虱的发生，发生量急剧下降。

（五）黄板在梨园蚜虫测报中的应用效果评价

4月11日至7月4日期间，在大棚和露地梨园分别选择12株长势良好的树体，每隔14天调查大棚和露地梨树新梢上蚜虫的为害情况，每株树调查20个新梢，计算蚜虫为害率。同时统计调查树体上蚜虫天敌，如食蚜蝇、瓢虫、草蛉等的发生情况；并统计黄板上诱集的蚜虫数量。同时在大棚内悬挂温湿度记录仪，记录大棚内的温湿度变化情况。分析黄板诱杀蚜虫的数量与大棚内每个调查时期的平均温湿度和极端温湿度的相关性。

1. 露地和大棚新梢蚜虫为害动态

5月中旬前，露地梨新梢蚜虫为害率高于大棚梨，此后，大棚梨蚜虫为害率逐渐增高，显著高于露地，6月6日新梢蚜虫为害率高达63%，而后又显著下降。而露地新梢蚜虫为害率从调查开始（4月11日）的62%呈现逐渐下降的趋势，到5月23日时降低到4%，之后略有上升。到6月20日以后露地栽培的梨新梢上基本没有蚜虫为害（图4-40）。

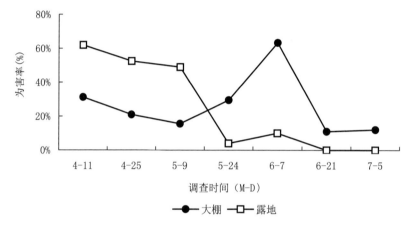

图4-40　大棚和露地梨新梢蚜虫为害率的季节变化
（浙江大学，2011）

2. 大棚栽培条件下黄板诱杀效果与环境因子的关系

从试验结果看（表4-39），平均每张黄板上蚜虫诱集量与黄板悬挂期间的平均温度（$r=-0.82$，$P=0.05$）及最低湿度（$r=-0.86$，$P=0.03$）呈负相关，同时与最高湿度呈极显著的负相关性（$r=-0.95$，$P=0.004$）。蚜虫喜阴怕光，多在避光的荫蔽处为害，最适气温为$17.5 \sim 24.7℃$，相对湿度为$50\% \sim 71\%$（郝宝锋等，2010）。整个调查期间大棚温度在$14.4 \sim 39.2℃$间波动，在此温度范围内随着大棚温度的升高，黄板诱集到蚜虫的数量呈现降低趋势，即黄板诱集量与平均温度负相关。大棚内最低及最高湿度分别为41.58%和99.97%，湿度过高或者过低均不利于蚜虫的发生。

表4-39　黄板上蚜虫平均诱集量与环境因子的相关性

（浙江大学，2011）

变量	平均值（标准误）	与蚜虫诱集量的相关性（$P > r$）
平均温度（℃）	23.28（1.62）	−0.82（0.05）

（续表）

变量	平均值（标准误）	与蚜虫诱集量的相关性（$P > r$）
最高温度（℃）	39.17（1.00）	−0.44（0.38）
最低温度（℃）	14.37（2.85）	−0.86（0.06）
平均湿度（%）	85.47（1.48）	−0.41（0.42）
最高湿度（%）	99.97（0.02）	−0.95（0.003 8）
最低湿度（%）	41.58（3.87）	−0.86（0.03）

3. 蚜虫及其天敌的消长动态

梨园内蚜虫的主要天敌种类有食蚜蝇、瓢虫、草蛉及少量蜘蛛，其中，以瓢虫的数量最多。5月9日之前，大棚和露地黄板上诱集的天敌数量较少，表现为蚜虫数量远多于天敌诱集量。此后随着蚜虫的发生，天敌的数量在5月23日达到最高峰后急剧下降，尤其是露地6月6日以后天敌数量一直保持在较低水平（图4-41）。表明天敌的数量与蚜虫有密切的关系。

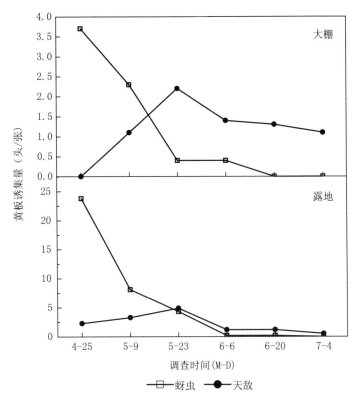

图4-41　黄板诱集大棚和露地梨蚜虫及其天敌的季节变化
（浙江大学，2011）

4. 黄板上诱虫量与新梢蚜虫为害率的线性关系

大棚内黄板上蚜虫诱集量与新梢蚜虫发生率之间的相关系数为 0.821
（P=0.045），以黄板上蚜虫诱集量为自变量，大棚内新梢蚜虫发生率为因变量，
两者之间的线性回归方程为 y=6.204x+11.995。

露地黄板上蚜虫诱集量与新梢蚜虫发生率之间也有明显的相关性，用新梢蚜
虫发生率对黄板上蚜虫诱集量进行拟合，得到回归方程 y=2.269x+5.489，相关
系数为 0.845（P=0.034）。两种栽培条件下，均可以用来预测露地新梢蚜虫为害率。

无论大棚还是露地，黄板诱集量的个别值预测值的 95% 置信区间范围较大，
不可信。而平均值预测值的 95% 置信区间范围较小，黄板的诱集量可以用来预
测田间新梢蚜虫的发生量。

在本研究中，大棚和露地梨新梢蚜虫发生量和黄板诱集量之间的相关系数分
别为 0.821（P=0.045）及 0.845（P=0.034），呈现了很好的线性关系。尽管如此，
由于黄板诱集以有翅蚜为主，而危害新梢的蚜虫既有有翅蚜又有相当数量的无翅
蚜，将黄板诱集量直接作为蚜虫田间发生消长的一种预测预报手段还有需要解决
的问题。因此，可以用黄板上蚜虫诱集量结合田间无翅蚜发生高峰来预测田间蚜
虫的发生情况，为蚜虫测报和及时有效的防治提供依据。

第五章　梨寄接栽培技术研究

一、寄接梨技术的引进与演化过程

（一）中国台湾寄接梨栽培技术

梨树是一种冬季需要适量低温打破芽体休眠才能正常栽培的落叶果树，台湾中部地区是主要的梨产区，海拔 1 500m 以上的山区，低温期长，有足够的低温满足高品质温带梨开花结果之需求，因此，新世纪、新兴、丰水及幸水梨等品种尚能经济栽培。至于 800m 以下的地区，只能栽种品质较差的横山梨。

1976 年，台中县东势镇张榕生先生在偶然的情形下，发现以新世纪梨花芽寄接在低海拔的横山梨上，可生产出品质较佳的梨果。由于台中区农业改良场园艺试验人员的参与，克服了种种的技术困难，并且由于农民的积极改进，终于奠定台湾的寄接梨栽培技术。台湾寄接梨的传统技术一般包括以下几道程序。

1. 寄接母树的培育

一般常用的寄接母树是低温需求量低的横山梨。水平棚架整枝，主枝数目以 3 个为宜，在 3 主枝上选用亚主枝，侧枝自亚主枝上萌生，保持光照及通风良好的排列，再由亚主枝及侧枝上产生短果枝及可供寄接的长果枝。短果枝是在培养早熟且能进行光合作用的叶片。长果枝的粗细，以嫁接部位直径 1cm 以下为宜。

在秋季干旱期前开沟或挖穴施用有机肥料，寄接前施速效性的化学肥料。嫁接前充分灌水，并持续维持土壤水分。

2. 接穗选择及准备

寄接品种以嫁接成活率高、坐果率高、田间管理容易、抗病性强、果实品质优良、产量稳定者为佳，目前，主要的寄接品种有幸水、丰水、新兴和新世纪等；为方便销售和人工调配，可选择 2 种或 2 种以上不同成熟期的品种同时寄接。接穗枝条必须发育良好，直径在 0.4～0.8cm，花芽饱满，不带病虫害。接穗采收后置于 5℃冷藏库中 30d 以上，以满足其低温需求。

3. 寄接时间

最适宜寄接时间为 1 月上旬至 2 月上旬，此期间寄接成活率高、坐果良好，果实发育迅速；若为提早成熟期而提前到 12 月上中旬寄接，则常会出现成活率低，开花、坐果不良及冻害等风险。

4. 寄接方法

寄接砧剪留长度 18~20cm，以切接刀削切接口；接穗削切要平直，每接穗为一花芽。切接完成，用具有黏性的胶布固定，套上长 12~14cm、宽 5~6cm 的透明塑料袋，外加遮光用报纸，再以塑料铁丝固定，则完成寄接。

近年来也有于接穗切削完成后，先以溶蜡封住顶部切口，再以黏性胶布固定于横山梨砧台，并将砧木上及接穗上的切口以胶布密封即可，不必再套塑料袋；或直接以石蜡膜将接穗与砧台直接固定，并将切口密封即可，接穗不必再经溶蜡处理切口。

5. 人工授粉

嫁接后约经 25~35d 即可开花，在开花前将塑料袋移除，以利授粉。人工授粉可采用不同品种花粉，以授粉器或毛笔将花粉授在寄接梨开花花朵的柱头上。授粉工作在开花 3 日内，柱头尚未褐化前进行，可使坐果良好，减少重新寄接的成本。

6. 寄接后管理

开花时若接穗同时萌发多根新梢时，将生长势强者剪除，仅留 1 枝生长势较弱的新梢，并于其生长至 3~4 叶时摘心，以抑制其生长，留此新梢可促进果实品质提升，也可减少果实发生生理障碍。果实于生理落果后进行疏果，将畸形果、病虫害果、最大果及最小果疏除，每穗留果数约 3~4 个。疏果量的多少，应视寄接梨着果量而定。若寄接梨着果量多时，一般不留横山梨果实，以利寄接梨果实膨大。疏果后在果实约乒乓球大小时，果点转粗后即可进行套袋，在套袋前先进行病虫害防治。

7. 采收

寄接梨的采收适期，应依品种特性及市场需求而定，通常在果色转淡、果肉变软或种子由黄色转成褐色时，即为采收适期。若在 1 月上旬寄接早熟品种，如幸水，则可在 6 月上旬采收；晚熟品种如新兴则在 7 月上、中旬才能采收。采收方法，将整穗连同砧台剪下后，进行果实分级、包装、出售，或冷藏待售。

（二）梨寄接技术的演化与作用

浙江省温岭市地处东南沿海，夏季易受台风影响。台风过境时，除直接造成落果减产外，落叶的树体或枝梢会重新萌发新叶，并造成二次花大量开放，导致第二年减产。21 世纪初，当地果农引进台湾寄接梨技术作为解决二次花大量开放引起第二年减产的技术措施，并逐渐成为沿海多台风地区梨树抗风栽培体系的一项重要技术措施，对解决南方地区其他原因造成早熟梨二次花开放的问题也具有显著的效果。生产上多采用寄接相同品种来弥补产量的损失，如在翠冠梨上寄接翠冠（图5-1）。

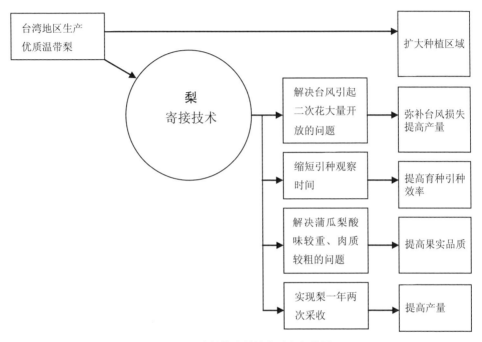

图5-1　寄接技术的演化过程和作用

除增加产量外，寄接栽培还提高了果实的品质，显著增加了单果重（15.5%）和糖酸比（23.8%），减少了可滴定酸含量和种子数，而对果形指数、硬度和可溶性固形物含量（TSS）影响不大（表5-1）。

表5-1　寄接栽培对翠冠梨果实品质的影响

（温岭市农业林业局，2009）

栽培模式	单果重（g）	果形指数	硬度（kg·cm^{-2}）	TSS（%）	可滴定酸（%）	糖酸比	种子数
寄接栽培	300.2*	0.96	5.43	12.62	0.08	153.2*	4.0
CK	259.9	0.92	5.63	12.65	0.10*	123.7	5.7*

注：*表述5%水平上显著差异

2005年后，我们陆续从各地引进新品种进行大棚梨适宜品种试验，也采用了寄接花芽的方法，大大缩短了新品种观察时间，做到当年引进、当年开花结果，再重复一年即能准确判断，比常规方法（高接换种）起码提早了1~2年，而且不影响寄接母树的正常生产（见第二章）。

2008年，我们在收集保存地方梨种质资源时，发现通过寄接手段能解决地方品种酸味重、肉质粗的问题，明显提高了果实品质；同时，发现在早熟品种上寄接晚熟品种可以实现一年两次采收。

2009年，我们充分验证了寄接技术对蒲瓜梨果实品质的影响及增产、增效效果。从早熟翠冠梨和晚熟蒲瓜梨在同一株树体上的发育规律可以看出，其果实膨大期是明显错开的，避免了对树体光合产物的竞争，充分利用了早熟翠冠梨成熟后树体浪费在膛内徒长枝上的营养，从而达到增产、增效的作用（详见本章第四节）。2009年8月28日，由中国园艺学会梨分会理事长、河北农业大学张玉星教授等专家组成的评审组经过现场考察和资料审阅，认为该项技术创新性强，技术先进，成效显著，实现了树体营养和光热资源的充分利用，达到了一年两次采收的目标，从而形成了一项梨树栽培新技术"梨寄接两熟型高效栽培技术"。

二、不同嫁接时间对寄接梨产量和果实品质的影响

2005—2007年，我们通过研究不同嫁接时间对寄接梨成活率、成花率、产量和品质的影响，以期为寄接梨的应用和适宜嫁接时间的确定提供理论依据。

试验在浙江省温岭市国庆塘梨园进行。在大棚内外各设10个处理，于11月1日起每隔10d嫁接1次，每1次嫁接为1处理。每处理分别在大棚内外选择5株树相相近的树体进行花芽嫁接，每株嫁接20个花芽，顶花芽和腋花芽各占1/2，每1株为1重复。接穗就地取材，品种为翠冠。嫁接方法采用传统的切接法，把花芽嫁接在内膛长枝上，长枝留桩10~20cm。专人嫁接，一砧一芽，露芽保湿，用塑料薄膜包扎。幼果期每个接穗保留2~3个果实，其余疏除。花期调查其成活率及成花率，成熟期采收嫁接花芽上着生和树体原有花芽结出的果实，调查每处理结果个数、单果重和产量。各处理随机选择20个果实测定其可溶性固形物和硬度。

（一）嫁接时间对寄接梨成活率、成花率及花芽质量的影响

从试验结果（表5-2）可以看出，梨花芽嫁接的成活率极高，一般情况下都在95%以上。花芽嫁接时间对嫁接成活率无显著影响。但对成花率影响十分显著，以1月下旬到2月初嫁接的成花率最高。11月初腋花芽嫁接的成花率最低，这主要是因为这个时期气温尚高，最高温度多在20℃以上，梨树尚未进入休眠期，腋花芽嫁接成活后随即开花所致。花芽的花朵数随着嫁接时间的推迟有增加的趋势，而且1月21日以前嫁接花芽有较大比例的不正常现象，具体表现在萌

芽迟、萌发后幼叶短小、叶色淡、花朵小、花梗短等现象。这表示1月下旬以前梨花芽尚未完成花芽分化，离体嫁接后影响后续的花芽分化进程，从而导致花芽败育或花芽质量下降。露地的成花率和花朵数均显著高于大棚，这可能是大棚内嫁接的花芽在盖膜后没有足够的时间和低温积累来完成剩余的花芽分化进程，导致部分花芽败育。

表 5-2　不同时期嫁接对大棚寄接梨成活率和成花率的影响

（温岭市农业林业局，2006～2007）

嫁接时间（月-日）	大棚						露地					
	成活率(%)		成花率(%)		花朵数（朵）		成活率(%)		成花率(%)		花朵数（朵）	
	顶花芽	腋花芽	顶花芽	腋花芽	顶花芽	腋花芽	顶花芽	腋花芽	顶花芽	腋花芽	顶花芽	腋花芽
11-01	98a	98ab	48b	13d	4.8bcd	1.9d	100a	100a	86abc	13d	6.9bc	3.4d
11-11	98a	98ab	73ab	54bc	3.2d	2.3cd	99ab	99ab	83abc	33c	6.2abc	4.9bc
11-21	98a	100a	63ab	53c	3.6cd	2.4cd	100a	100a	78bc	52bc	6.4abc	5.7ab
12-01	99a	97ab	53b	51c	6.8ab	2.5cd	98ab	100a	97a	56bc	7.2abc	3.9cd
12-11	98a	100a	61ab	63abc	6.7ab	3.1c	93b	100a	43c	75b	8.6a	6.2ab
12-21	100a	100a	65ab	70ab	6.5abc	3.0c	100a	100a	71bc	75b	7.9abc	5.7ab
01-01	100a	94b	76ab	74a	5.2bcd	3.2c	100a	100a	95ab	61bc	7.5abc	5.3bc
01-11	100a	96b	81a	62abc	7.8a	5.2b	100a	100a	89abc	89ab	5.5c	5.6ab
01-21	100a	100a	83a	65abc	6.8a	6.3ab	100a	100a	95ab	95a	8.6ab	6.4ab
02-01	100a	98ab	81a	72a	6.7ab	6.7a	100a	91b	97a	90ab	8.2ab	7.1a
平均	99.3	98.3	68.3	57.6	5.8	3.7	99	99.1	83.5	63.8	7.3	5.4

注：表中数据为 2 年试验的平均值

　　果树花芽分化质量的好坏受多种因素影响。因为花芽分化是一个形态建成的过程，在花芽分化期各种花器官迅速的分化形成，对营养物质的供应，激素调节和外界环境条件的变化反应都很敏感。试验中接穗的切离和嫁接影响营养物质的供应，不同嫁接时间和大棚内外的应用导致不同外界环境条件的变化，都导致了花芽分化的不同进程，从而造成不同成花率和产量的高低。

（二）不同时期嫁接对大棚寄接梨产量和果实品质的影响

　　不同时间嫁接对寄接梨的产量有显著的影响（表5-3）。一般前期嫁接产量较低，并随着嫁接时间的推移产量有明显增加的趋势，嫁接时间进入1月后产量趋于稳定。这与成花率的变化相吻合。果实单果重、可溶性固形物含量

（TSS）和硬度跟嫁接时间没有相关性，随试验树本身的树体情况和留果情况呈现无规则的变化。

表5-3　不同时期嫁接对大棚寄接梨产量和果实品质的影响

（温岭市农业林业局，2007）

嫁接时间（月-日）	结果个数（个）	产量（kg）	单果重（g）	TSS（%）	硬度（kg·cm⁻²）
11-01	11	2.67	242.5	11.9a	5.78ab
11-11	33	6.65	201.4	11.8a	5.13cd
11-21	48	9.68	201.7	12.0a	5.51ab
12-01	43	10.40	241.9	11.8a	4.77d
12-11	37	8.44	228.1	11.3b	5.98a
12-21	91	18.99	208.7	11.4b	5.60ab
01-01	84	20.03	238.5	10.6c	5.44bc
01-11	153	29.27	191.3	12.0a	5.07bc
01-21	96	21.75	226.6	11.9a	4.31d
02-01	89	20.81	233.9	12.0a	6.06ab

（三）寄接对梨果实性状的影响

把寄接生产的果实与试验树上正常着生的果实（CK）进行性状对比（表5-4）。可以看出，寄接生产的果实比试验树上正常着生的果实增大22.3%，这可能是由于寄接梨嫁接点往往是骨干枝上着生的长（强）枝，营养供应充分的缘故；另一方面由于嫁接时对接穗的花芽进行过选择，整体花芽质量较好也是寄接梨果实较大的一个重要原因。寄接对可溶性固形物含量的影响不大，但果实硬度有了明显的提高，这对果实品质的保存和货架期的延长有一定的好处。

表5-4　寄接梨果实性状与原株果实的比较

（温岭市农业林业局，2006）

处理	单果重（g）	TSS（%）	硬度（kg·cm⁻²）
寄接梨	272.1*	10.7	5.5*
CK	222.5	11	5.2

注：*表示在0.05水平下有显著差异

通过寄接生产的方式可以解决梨二次花大量开放导致第二年减产的问题，同时也可以根据市场需求生长不同品种的果品。但寄接生产的成本也较高，每生产

1kg 寄接梨需增加生产成本 0.8～1 元。因此，寄接生产应结合高效生产模式如大棚栽培才能取得较高的经济效益。不同嫁接时间对寄接梨的成活率影响不大，对成花率和产量影响较大，大棚栽培在盖膜前后即 1 月下旬到 2 月上旬嫁接最理想。

三、不同砧穗组合对寄接梨光合特性和果实品质的影响

翠冠和清香是浙江省栽培最普遍的砂梨品种，露地栽培多互为授粉树。大棚栽培不能满足自然授粉要求，因而采用人工授粉来提高坐果率。清香授粉树功能不再存在，加上清香在大棚栽培中长势较弱、成熟期较晚，影响大棚栽培的经济效益。因此，以适宜品种取代清香是露地栽培改为大棚栽培后的一项重要工作。2007 年，我们以翠冠和清香为试材，通过嫁接其他优质砂梨品种，探讨不同砧穗组合特别是不同寄接砧品种对大棚梨果实品质和叶片光合作用的影响，为大棚梨生产中产量和效益的提高提供科学依据。

试验在浙江省温岭市国庆塘梨园进行。试验设 12 个处理，分别用翠冠和清香作为寄接母树嫁接秋荣、圆黄、雪青、翠冠、爱甘水和幸水 6 个品种，每一个穗砧组合为一个处理。每个处理选择 5 株生长健壮、树相一致的树体作寄接砧，每株树嫁接 20 个腋花芽，即每处理嫁接 100 个花芽。嫁接于 2007 年 1 月 25～26 日进行，选择接穗品种饱满腋花芽嫁接在寄接母树的内膛长枝上，长枝留桩 10～20cm，一砧一芽，露芽保湿。花期采用富阳花粉研究所提供的商品花粉（品种为鸭梨）进行人工授粉，幼果期每个花芽保留 2～3 个果实，每株保留总留果量 150 个，其余疏除。

利用美国 LI-COR 公司生产的 LI-6400 便携式光合测定仪于 6 月 18 日 10:00～12:00 测定各处理的净光合速率（Pn）、气孔导度（Gs）、胞间 CO_2 浓度（Ci）和蒸腾速率（Tr）。同时根据所测定的数据计算水分利用效率（WUE= Pn/Tr）。测定时光合有效辐射（PAR）设定为 1 000 $\mu mol \cdot m^{-2} \cdot s^{-1}$，样本室 CO_2 浓度为大棚设施内 CO_2 浓度，气温为大棚内自然气温。每个处理选择长 30cm 左右、生长健壮的果台枝，取其中部功能叶进行测定，6 次重复，取平均值。测定后摘取叶片带回实验室用叶绿素仪测定 SPAD 值，用比色法测定叶绿素和类胡萝卜素，6 次重复。按各品种不同成熟期采收果实，同一品种不同寄接砧同时采收，分别测定全部果实的单果重。随机选择各处理 20 个果实测定其可溶性固形物含量和硬度。

（一）不同砧穗组合对寄接梨果实品质的影响

不同砧穗组合对寄接梨果实品质有显著的影响，品种表现也有差异（表 5-5）。除爱甘水外，其他 5 个品种以翠冠作寄接砧嫁接的单果重都大于以清香

作寄接砧的。其中，秋荣、圆黄、翠冠和幸水4个品种单果重分别增加109%、64%、14%和86%。秋荣、翠冠和爱甘水的果实可溶性固形物含量也明显高于以清香作寄接砧的，其他几个品种差异不大。不同寄接砧对果实硬度均无显著影响。总体而言，以翠冠作寄接砧嫁接其他品种的寄接梨果型较大，糖度较高，品质较好。

表5-5　不同砧穗组合寄接梨果实品质比较

（温岭市农业林业局，2007）

处理	采收时间	单果重（g）	硬度（kg·cm^{-2}）	可溶性固形物（%）
秋荣／翠冠	7月10日	307.1	5.70	11.91
秋荣／清香	7月10日	147.1	6.18	10.65
圆黄／翠冠	7月10日	378.9	6.83	12.02
圆黄／清香	7月10日	230.9	6.66	12.21
雪青／翠冠	7月10日	276.2	6.61	10.73
雪青／清香	7月10日	252.1	6.10	11.32
翠冠／翠冠	6月27日	210.7	5.68	12.78
翠冠／清香	6月27日	184.8	5.05	10.60
爱甘水／翠冠	6月17日	183.8	5.56	11.84
爱甘水／清香	6月17日	198.3	5.12	10.96
幸水／翠冠	7月10日	235.8	5.05	11.93
幸水／清香	7月10日	127.0	5.68	11.82

从试验结果和生产实践看，用翠冠进行寄接处理砧，试验的6个品种成熟早、品质好、产量稳，都可以作为接穗品种。并且可以根据市场与生产条件有针对性地选择其中的品种进行寄接。而以清香为砧的果实偏小，不是很理想。

为进一步评价和明确不同砧穗组合对寄接梨果实品质的综合影响，我们以测定的3个品质指标和成熟期作为评价因子，加权数均设为0.25，对各个砧穗组合进行合意度评价，可以得出以翠冠作寄接砧的综合合意度从高到低依次为：翠冠（0.64）、爱甘水（0.63）、幸水（0.51）、秋荣（0.49）、圆黄（0.41）、雪青（0.19）；以清香作寄接砧的综合合意度从高到低依次为：爱甘水（0.60）、翠冠（0.45）、圆黄（0.31）、雪青（0.31）、幸水（0.30）、秋荣（0.11）。从结果看，清香寄接爱甘水相对较好，翠冠寄接翠冠、爱甘水、幸水较好。

果树砧穗组合对植物生长结果、矿质元素的吸收和利用，以及光合特性、抗逆性等生理生化过程均有一定的影响。由接穗、寄接砧（母树）和基砧构成的寄接梨树体含有 3 种不同的遗传体系，其中寄接砧的作用类似于中间砧，其所处的特殊空间位置使其对接穗和砧木的生理活动产生显著的影响，表现出明显的双重效应。前人对梨中间砧的研究多集中在矮化中间砧的选育与致矮机理等方面，其对接穗品种的影响是通过控制营养和激素的输导环节来实现的。与中间砧不同，寄接砧在整个植株中占的比例更大，它不光承担着树体营养的输导作用，同时也承担着树体绝大部分的光合作用，以及部分生产的任务。因此，寄接砧本身的品种特性、生长势、适应性等都会对接穗品种的生长和果实品质产生显著的影响。从本试验结果看，以清香作寄接砧嫁接其他品种的总体光合能力和品质表现不如翠冠，这主要由于清香自身在大棚栽培的适应性和生长势较差引起的。

（二）不同砧穗组合对寄接梨叶片叶绿体色素含量的影响

以翠冠作寄接砧的各个处理的 SPAD 值、叶绿素 a/b 和类胡萝卜素的含量均高于清香（表5-6）。其中，圆黄、雪青和幸水 3 个品种的类胡萝卜素的含量差异很大，以翠冠作寄接砧比以清香作寄接砧分别高 63.7%、24.6%、75.6%。除爱甘水外，其他 5 个品种以翠冠作寄接砧的叶绿素 a 含量均高于以清香作寄接砧，其中圆黄、雪青和幸水 3 个品种差异较大，分别高 46.7%、19.8% 和 87.6%。另外，圆黄、雪青和幸水的叶绿素 b 含量也显著高于以清香作寄接砧。相比之下，不同寄接砧对各品种的叶绿素 a 含量的影响大于叶绿素 b。

表5-6 不同砧穗组合寄接梨叶片叶绿体色素含量比较

（温岭市农业林业局，2007）

处理	SPAD 值	叶绿素 a $(mg \cdot kg^{-1})$	叶绿素 b $(mg \cdot kg^{-1})$	叶绿素 $(mg \cdot kg^{-1})$	叶绿素 a/b	类胡萝卜素 $(mg \cdot kg^{-1})$
秋荣／翠冠	46.3	1 599.8ef	895.0d	2 494.8c	1.79c	579.7ef
秋荣／清香	45.5	1 553.9f	897.3d	2 451.2c	1.73cd	548.8fg
圆黄／翠冠	48.2	1 722.7ef	900.7d	2 623.4c	1.92ab	611.9def
圆黄／清香	41.8	1 174.5g	709.4e	1 883.9d	1.65d	373.8h
雪青／翠冠	51.2	2 131.0ab	1 094.7ab	3 225.8ab	1.95a	844.5a
雪青／清香	49.0	1 779.1de	915.1d	2 694.1c	1.95a	677.9cd
翠冠／翠冠	51.5	2 081.0bc	1052.8bc	3 133.8b	1.98a	810.6ab
翠冠／清香	49.1	1 939.7cd	1 064.5bc	3 004.2b	1.83bc	745.7bc
爱甘水／翠冠	48.6	1 709.3ef	895.0d	2 604.3c	1.92ab	659.4d
爱甘水／清香	46.3	1 730.4ef	951.3cd	2 681.6c	1.82bc	635.4de
幸水／翠冠	49.0	2 285.4a	1 187.6a	3 473.0a	1.93ab	843.1a
幸水／清香	38.5	1 218.3g	680.5e	1 898.8d	1.79c	480.2g

叶绿素仪根据叶片叶绿素对有色光的吸收特性，通过测量一定波长的发射光强和透过叶片后的光强进行叶绿素含量的测定，它能够反映叶片绿色度以及氮素水平高低。本研究分析结果表明 SPAD 值与叶绿素 a、叶绿素 b、叶绿素以及类胡萝卜素含量均呈线性相关，相关指数（R2）分别为 0.795、0.723、0.779 和 0.778。以翠冠作寄接砧的各个处理的 SPAD 值均高于清香，说明以翠冠作寄接砧的叶片绿色深度高，这与肉眼观察的结果是一致的。

（三）不同砧穗组合对寄接梨叶片光合特性的影响

光合作用是果实产量和品质形成的重要物质基础，有研究认为光合速率与果树产量和品质的关系还涉及光合产物的运输和分配等因素的影响。

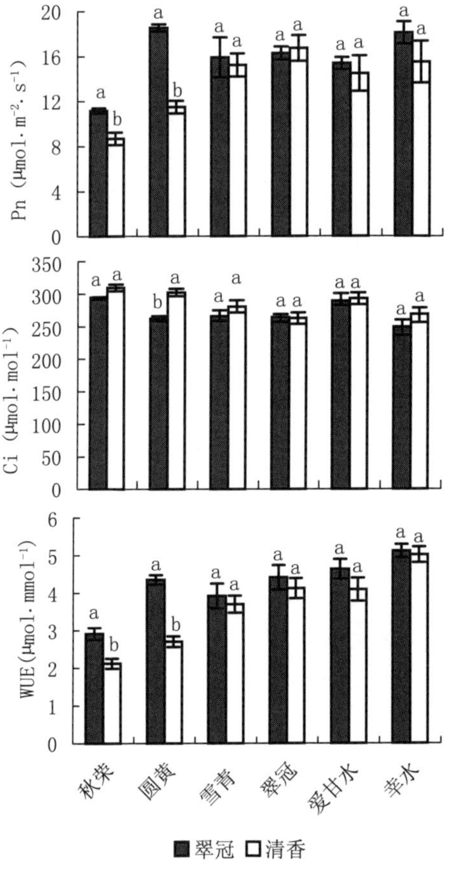

除翠冠外，以翠冠作寄接砧的各个处理的净光合速率（Pn）均高于以清香作寄接砧（图 5-2）。其中，圆黄和秋荣差异显著，表现出较强的光合能力。光合速率的提高有利于植物的生长和干物质的积累，从而影响果实发育与品质的变化。这与不同梨寄接砧的果实大小和可溶性固形物含量的结果是一致的。

胞间 CO_2 浓度（Ci）除翠冠外，其他品种都是以清香作寄接砧的较高，以翠冠作寄接砧的各个处理的水分利用效率均高于以清香作寄接砧。水分利用效率（WUE）是指植物每消耗一单位水分所产生的干物质质量，它实质上反映了植物耗水与干物质之间的关系。大棚栽培因隔绝了外界雨水的补充，土壤含水量较低。说明翠冠比清香更能适应大棚内相对干旱的环境。

总体上讲，以翠冠作寄接砧的总体光合性能优于以清香作寄接砧，这跟寄接砧本身的光合能力和适应性密切相关。清香本身在大棚栽培中适应性较

图 5-2 不同组合对寄接梨叶片光合特征的影响
（温岭市农业林业局，2007）

差，叶片发黄，生长势弱，这就导致了作寄接砧时寄接品种表现出叶片光合能力弱、果型小、品质差的特点。本试验中同一品种嫁接在不同寄接砧上时，其光合

速率的高低与果实单果重、可溶性固形物含量和叶片色素的含量还是表现出良好的一致性。即光合速率高的品种一般表现为果实大、糖度高、叶色浓绿的特点。

从试验结果看，以清香作寄接砧进行寄接的梨树总体光合能力和品质表现不如翠冠，但寄接爱甘水和翠冠的果实品质和生产性能比清香本身要好，在大棚促成生产中可以根据市场需要选择其中品种进行更新或寄接生产，以提高栽培效益。翠冠是适宜南方大棚栽培的优良品种，除寄接同品种花芽以解决台风影响造成二次花大量开放、第二年减产的问题外，以其为寄接砧试验大部分品种果实品质、适应性均好，因此可以寄接其他品质优良、不同熟期的品种，以丰富市场品种和延长供应期。

四、梨寄接两熟型高效栽培试验

在浙江梨树产区，由于早熟梨一般在 7 月成熟采收，到 12 月完全落叶，中间有 4~5 个月树体尚在生长期，大量光合产物被内膛徒长枝所消耗。为利用南方丰富的光温资源，发挥早熟梨的生产潜力，我们于 2008—2009 年在温岭市国庆塘梨园进行梨寄接两熟型高效栽培试验，通过在同一株梨树上寄接不同成熟期的品种，达到了一年两次采收的目标，延长了果品供应期，增产、增效十分明显。

（一）产量与效益

2008 年在露地栽培条件下，主栽品种翠冠梨于 7 月下旬成熟，平均单果重 278.1g，可溶性固形物含量 11.9%，可滴定酸含量 0.11%；寄接品种蒲瓜梨于 9 月中旬成熟，平均单果重 541.8g，可溶性固形物含量 12.6%，可滴定酸含量 0.22%。

2009 年在大棚栽培条件下，主栽品种翠冠梨 5 月下旬开始进入果实膨大期，6 月中旬进入采收期，7 月上旬采收结束，平均单果重 222.2g，可溶性固形物含量 12.6%，可滴定酸含量 0.11%。寄接品种蒲瓜梨 7 月中旬开始进入果实膨大期，8 月底进入采收期，9 月上旬采收结束，平均单果重 756.5g，可溶性固形物含量 12.2%，可滴定酸含量 0.22%。寄接两熟型栽培平均每 667m^2 产量 1 946.7kg，产值 16 336 元，收益 11 784 元，实现增产 64.3%，增加产值 72.4%，增加收益 111.2%（表 5-7）。

表 5-7 梨寄接两熟型栽培的产量与效益（667m^2）

（温岭市农业林业局，2009）

品种	成熟期	单果重（g）	株产（kg）	产量（kg）	产值（元）	成本（元）	利润（元）
翠冠	7月上旬	222.2	23.0	1 184.5	9 476	3 897	5 579
蒲瓜	9月上旬	756.5	14.8	762.2	6 860	655	6 205
合计			37.8	1 946.7	16 336	4 552	11 784

（二）两季果实的发育规律

在大棚栽培条件下，寄接母树翠冠梨 3 月 6 日进入初花期，3 月 9 日进入盛花期，3 月 12 日进入谢花期，5 月下旬开始进入果实膨大期，6 月中旬进入采收期，7 月上旬采收结束。寄接品种蒲瓜梨 3 月 1 日进入初花期，3 月 5 日进入盛花期，3 月 9 日进入谢花期，7 月中旬开始进入果实膨大期，8 月底进入采收期，9 月上旬采收结束。

从早熟翠冠梨和晚熟蒲瓜梨在同一株树体上的发育规律可以看出（图 5-3），其果实膨大期是明显错开的，避免了对树体光合产物的竞争，充分利用了早熟梨成熟后树体浪费在膛内徒长枝上的营养，从而达到增产、增效的作用。在同一株树实现两次采收在个别地方也有试验，如黄花梨上高接翠冠梨，实行树冠上下层分品种管理。但由于两个品种成熟期相差不大，一般采完翠冠梨就可以采黄花梨，也就是说两个品种的果实膨大期有很大的重叠，造成对同化物质的竞争，因此，对整体产量的提高作用不大。而且高接后两个品种

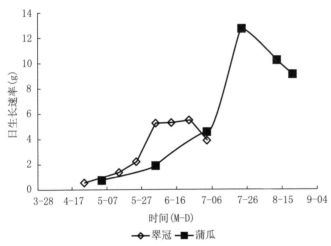

图 5-3 大棚栽培条件下寄接梨的果实发育动态
（温岭市农业林业局，2009）

的生长势和所处环境条件不一致，树冠容易混乱，不便于管理。这与通过寄接方法实现两熟型高效栽培的模式有着显著的区别，效果也有很大的差异。寄接技术还有一个优点，它可以根据市场需要迅速生产最热销的品种。

与露地栽培相比，大棚栽培的梨树生育期更长，树体营养积累更充沛，且大棚栽培使一季果（翠冠）提早成熟 25~30 d，显著增加单位面积收益，对实施寄接栽培产量和效益的提高更有利。

（三）寄接栽培对蒲瓜梨果实品质的影响

寄接栽培对蒲瓜梨果实品质产生了较大的影响（表 5-8）。与常规栽培相比，寄接栽培单果重增加 19.5%，可溶性固形物含量（TSS）提高 1.38 个百分点，可滴定酸含量减少 0.05 个百分点，固酸比增加 37.9%，维生素 C 含量增加 330%，石细胞减少 0.5 个百分点。对果形指数无影响，对果实硬度也没显著影响。毫无

疑问，寄接栽培极大地改善了蒲瓜梨的果实品质，尤其是对蒲瓜梨这种固酸比比较低的品种而言，糖的增加、酸的减少带来固酸比的提高对品质的改善具有极大的意义，使其既保留了其风味浓郁的特点，又增加了现代品种肉质细腻松脆的优点。石细胞的显著降低也解决了其肉质较粗硬的缺陷，其内在品质已符合现代优良品种的要求，极大地扩展了消费群体。

表5-8　寄接栽培对蒲瓜梨果实品质的影响

（温岭市农业林业局，2008）

栽培方式	果形指数	单果重（g）	硬度（kg·cm^{-2}）	TSS（%）	可滴定酸（%）	固酸比	维生素C（mg·kg^{-1}）	石细胞（%）
寄接栽培	1.05	541.2	5.87	12.62	0.224	56.31	23.90	0.71
常规栽培	1.05	452.9	5.78	11.24	0.275	40.84	5.52	1.21

对寄接品种而言，寄接砧的作用类似于中间砧，而寄接砧在整个植株中占的比例更大，它不仅承担着树体营养的输导作用，同时也承担着树体绝大多数的光合作用，以及本身的生产任务。因此，寄接砧本身的品种特性、生长势、适应性等都会对接穗品种的生长和果实品质产生显著的影响。正是这种影响，才使得蒲瓜梨等地方品种寄接后能继承现代品种高糖低酸、肉质松脆的部分优点，再加上试验果园肥水管理比对照果园好的缘故，才使得蒲瓜梨的果实品质能得到很大的提高，使其在保留特有风味的基础上，更接近于现代品种的口味，扩大了消费群体。

五、蒲瓜梨的配套栽培技术研究

（一）蒲瓜梨的适宜采收期

2009年，我们在浙江省温岭市国庆塘梨园进行蒲瓜梨果实成熟期的积温及品质变化规律的研究，以确定其适宜的采收期和采收指标。试验设大棚与露地两个处理。大棚蒲瓜梨于3月1日进入初花期，3月5日进入盛花期，3月9日进入谢花期。露地蒲瓜梨于3月18日进入初花期，3月20日进入盛花期，3月24日进入谢花期。8月12日起开始取样，至9月16日止，每5～10d取样1次，每次取6个果实，测定果实单果重、硬度、可溶性固形物和可滴定酸含量，以可溶性固形物/可滴定酸计算固酸比，并品尝记载口感，观察种子颜色。

1. 不同采收期对果实品质指标的影响

整个取样期大棚蒲瓜梨果实基本上稳定在650～800g，露地蒲瓜梨果实也基本稳定在700～900g（表5-9）。露地果实平均单果重达到802.2g，比大棚栽培提高10.7%。果实硬度大棚和露地栽培均稳定在4.8～7kg·cm^{-2}，大棚与露地间差异不大；可溶性固形物含量大棚从 8 月 27 日起均稳定在 12% 以上，9 月 16 日达到最大值，平均含量为 12%，比露地栽培提高 0.6 个百分点；露地栽培以 8 月 17 日最高。可滴定酸含量基本稳定在 0.2%~0.3%，露地栽培比大棚栽培高。固酸比大棚栽培前期逐渐走高，在 9 月 6 日达到最高值（66.6），而后稍有下降；露地栽培则呈不断增长的趋势，以 9 月 16 日达到最高值。

表5-9　不同采收期对果实品质指标的影响

（温岭市农业林业局，2009）

取样时间（月-日）	单果重（g）		硬度（kg·cm^{-2}）		可溶性固形物（%）		可滴定酸（%）		固酸比	
	大棚	露地	大棚	露地	大棚	露地	大棚	露地	大棚	露地
8-12	674.6	721.2	5.35	6.03	10.8	9.9	0.237	0.295	45.50	33.69
8-17	756.5	—	5.48	—	12.2	—	0.274	—	44.60	—
8-22	746.5	815.0	5.11	4.84	11.9	11.7	0.274	0.293	43.48	39.94
8-27	780.5	800.4	5.25	5.33	12.1	12.6	0.214	0.304	56.49	41.63
9-01	702.1	831.3	5.67	5.48	12.2	12.1	0.218	0.298	56.01	40.50
9-06	657.8	831.1	6.15	6.33	12.3	12.4	0.185	0.262	66.62	47.40
9-11	682.3	763.9	6.95	6.47	12.1	10.8	0.214	0.262	56.61	41.38
9-16	796.1	881.3	4.96	5.24	12.6	11.5	0.196	0.202	64.35	56.75

2. 不同采收期对种子色泽和果实风味的影响

大棚栽培的蒲瓜梨种子色泽在 9 月 6 日前一直是黄白色，9 月 11 日起才逐渐转褐；露地栽培整个取样期种子均为黄白色（表5-10）。

表5-10　不同采收期蒲瓜梨的果实发育期及其风味的变化

（温岭市农业林业局，2009）

取样时间（月-日）	大棚栽培			露地栽培		
	果实发育期(d)	有效积温(℃)	风味	果实发育期(d)	有效积温(℃)	风味
8-12	155	2 041	汁多，味淡，有异味	140	1 796	味淡，有明显涩味
8-17	160	2 134	汁多，肉质粗，酸甜适口	—	—	—
8-22	165	2 231	汁多，肉质粗，口味一般，原有风味不浓，淡甜	150	1 959	水分多，肉质粗，风味浓，酸
8-27	170	2 330	果品有酸有甜，肉质略脆、粗，汁多，口味一般	155	2 075	有明显的酸味，水分不足，肉质略脆、粗、有点硬

（续表）

取样时间	大棚栽培			露地栽培		
（月－日）	果实发育期(d)	有效积温(℃)	风味	果实发育期(d)	有效积温(℃)	风味
9－01	175	2 418	酸甜适口，肉质脆，不粗不细，汁多	160	2 162	有明显的酸味，肉质脆、粗，汁多
9－06	180	2 510	水分一般，肉质变细腻，原有风味变淡	165	2 254	汁多，大部分酸味较浓、部分有甜味，肉质粗、脆，风味一般
9－11	185	2 594	水分一般，肉质有些软，品质明显下降	170	2 338	肉质较细，化渣性差，汁多，风味淡，口感差
9－16	190	2 675	果实发绵，肉质软，水分一般，无味	175	2 421	汁液丰富，风味浓郁，个别尚有青草味

　　大棚栽培蒲瓜梨果实从 8 月 17 日起就呈现汁多、酸甜适口的风味，并随着采收期的推迟，肉质由粗变细，9 月 1 日时风味最佳，有效积温达到 2 418℃，而后水分减少、肉质变软、风味变淡，口感渐差，至 9 月 16 日肉质发绵。露地栽培从 8 月 22 日起表现出汁多味淡，有明显酸味，一直到 9 月 16 日，才达到较佳的口感，酸甜适口，风味浓郁，有效积温达到 2 421℃。

　　3. 寄接蒲瓜梨适宜采收期的评判指标

　　从试验结果看，蒲瓜梨的种子转色明显滞后于品质形成，当果实风味达到最佳时，种子仍是黄白色，因此不能作为最佳采收期的检测指标。从 8 月中旬起，无论大棚栽培还是露地栽培蒲瓜梨果实的单果重、硬度、可溶性固形物和可滴定酸含量都趋于稳定，因此也难以单独作为最佳采收期的判断指标。相对来说，固酸比的指标与风味评价更为接近。从风味的评价来看，蒲瓜梨大棚栽培在 9 月 1 日达到品质最佳，露地栽培在 9 月 16 日达到品质最佳，两者的果实发育期均为 175d，有效积温在 2 420℃ 左右。考虑到蒲瓜梨主供中秋至春节市场，生产上可适当提前采收，以利贮藏。除果实发育期和积温外，以下指标可作为蒲瓜梨适宜采收期的综合判断指标（表 5－11）。

表 5－11　寄接蒲瓜梨适宜采收期品质参考指标

（温岭市农业林业局，2009）

指标	大棚栽培	露地栽培
果实硬度	< 6 kg·cm^{-2}	< 6kg·cm^{-2}
可溶性固形物	≥ 12%	≥ 11%
可滴定酸	< 0.25%	< 0.3%
固酸比	≥ 50	≥ 40

(二)蒲瓜梨适宜果袋的筛选

蒲瓜梨属于晚熟品种，果实成熟期易受虫害危害，必须进行套袋栽培。传统的果袋多采用6～8张箬竹叶片缝制而成的箬叶袋，故又称箬包梨。因取材困难，工艺烦琐，20世纪80年代后逐渐被商品纸袋所取代。外黄内黑的双层袋是目前南方砂梨应用最多的果袋，除能有效防止病虫害外，还可以改善果实外观品质。小林袋是近几年从日本引进的新型果袋，具有更优良的防雨透气性和一定的透光性，对防止翠冠梨锈斑的发生具有明显的效果。我们于2008年采用这3种分属于不同年代的果袋，研究其对蒲瓜梨果实外观和内在品质的影响，筛选出适宜蒲瓜梨的果袋类型，为进一步提高蒲瓜梨果实品质和种植效益提供技术手段和科学依据。

试验在浙江省温岭市国庆塘梨园进行。供试果袋为箬叶袋、普通双层袋和小林双层袋（1-KK）3种。均于5月6日进行套袋，每种果袋随机套50个以上果实。9月12日果实成熟期采收试验果实，对采收果实的果皮颜色、果点、果锈等外观指标进行描述鉴定。每种果袋随机取发育正常的果实15个，测定果实单果重、硬度、可溶性固形物，用YQ-Z-48A白度颜色测定仪测定果皮色泽（L^*、a^*和b^*）。比色法测定果皮叶绿素和类胡萝卜素含量，碱式滴定法测定可滴定酸含量，称重法测定石细胞含量。

1. 套袋对蒲瓜梨果实外观和果皮色素的影响

蒲瓜梨套箬叶袋后果面粗糙呈黄褐色，密布锈斑，果色均匀，果点不明显。密封不好的果袋所套果实漏光处有青斑，蚂蚁等小动物大量栖息，果皮有虫咬疤痕。套普通双层袋果面浅褐色有锈斑，较光滑，果点较明显。套小林双层袋果面光滑底色呈绿色，不均匀覆盖褐色锈斑，果点粗大明显。

从试验结果（表5-12）可以看出，果面亮度（L^*）以普通双层袋最高，箬叶袋最低且差异显著；红绿色度（a^*）箬叶袋＞普通双层袋＞小林双层袋，且均差异显著；黄蓝色度（b^*）以普通双层袋最高，小林双层袋最低且差异显著。果皮叶绿素和类胡萝卜素含量均以套透光性最好的小林双层袋的果实最高，不透光的普通双层袋最低。

表5-12 不同果袋对蒲瓜梨果实外观和果皮色素的影响

（温岭市农业林业局，2008）

处理	L^*	a^*	b^*	叶绿素（mg·kg^{-1}）	类胡萝卜素（mg·kg^{-1}）
箬叶袋	52.76b	0.02a	32.39ab	12.65b	8.37b
普通双层袋	56.48a	−4.71b	32.69a	7.19c	6.30c
小林双层袋	54.29b	−15.77c	30.93b	30.77a	15.44a

2. 套袋对蒲瓜梨果实内在品质的影响

不同类型果袋对蒲瓜梨的内在品质有较大的影响（表5-13）。其中，单果重以箬叶袋最高，比普通双层袋增大15.7%且差异显著；果实硬度以普通双层袋最低，比箬叶袋减少13.3%；可溶性固形物含量以普通双层袋最高，比箬叶袋增加了10.2%；可滴定酸含量以普通双层袋最低，比箬叶袋减少26.1%；维生素C含量以小林双层袋最高，比箬叶袋增加25.2%；石细胞含量以普通双层袋最低，比小林双层袋减少26.0%。

表5-13　不同果袋对蒲瓜梨内在品质的影响和合意度

（温岭市农业林业局，2008）

处理	单果重 (g)	硬度 $(kg \cdot cm^{-2})$	可溶性固形物(%)	可滴定酸 (%)	维生素C $(mg \cdot kg^{-1})$	石细胞 (%)	合意度
箬叶袋	626.2a	6.77a	11.45b	0.303a	20.96c	0.93ab	0.22
普通双层袋	541.2b	5.87b	12.62a	0.224c	23.90b	0.71b	0.76
小林双层袋	608.0ab	6.39ab	12.53a	0.256b	26.25a	0.96a	0.59

参照赵思东等的方法对3种类型果袋进行内在品质的合意度评价，取单果重、硬度、可溶性固形物、可滴定酸、维生素C和石细胞等6个指标作为内在品质评价因子，加权数分别设为0.2、0.2、0.2、0.1、0.1和0.2。经单因素合意度评价，果实硬度、可溶性固形物含量、可滴定酸含量和石细胞含量均以普通双层袋最高，按照设定的加权数计算各果袋处理果实内在品质的复合合意度，其结果是普通双层袋最高，其次是小林双层袋，箬叶袋最低。

3. 外黄内黑的双层袋是蒲瓜梨最适宜的果袋

从试验结果看，蒲瓜梨套袋以外黄内黑的普通双层袋效果最佳。套袋果实糖度高、酸度小，尤其是减少了石细胞含量和降低了果实硬度，对克服该品种石细胞偏多、果实偏硬的品质缺陷起到了极好的作用；同时套袋后果面呈暖色调，符合当地消费者对蒲瓜梨的果色偏好。箬叶袋套袋后果型较大，果面美观，但品质较差，且对果袋制作和套袋工艺要求较高，加上原材料取材和成本较高的问题，在生产上没有应用价值。小林双层袋套袋后果面偏绿，锈斑和果点明显，在内在品质上也没有突出表现，可认为其不适宜于蒲瓜梨的套袋需要。

（三）蒲瓜梨优良授粉品种的筛选

蒲瓜梨为浙江省传统地方品种，具有果型大、风味浓郁等优点。由于传统栽培多采用大头梨作为授粉品种，由于该品种品质较差，栽培效益较低。另外，沿海地区为减少台风影响，采用寄接的方法在大棚栽培中生产，需要通过人工授粉来提高坐果率。因此，我们于2010年在大棚中进行蒲瓜梨不同授粉品种授粉试验，探讨了该品种的花粉直感现象，以期筛选出优良的授粉品种，并希望通过花粉直感效应弥补该品种果形欠佳、酸涩味过重、肉质偏硬的缺陷。

试验于在浙江省温岭市国庆塘梨园进行。试验共设8个处理。共采用6个品种，其中翠冠、清香、黄花3个品种花粉于2009年采自国庆塘梨园，在蕾期采集授粉品种即将开放的花蕾，剥出花药，置硅胶内干燥散粉后冷冻贮藏；雪花、黄冠、鸭梨3个品种花粉从富阳花粉研究所购入，也为2009年冷冻花粉。另设两个混合花粉处理，即黄冠＋鸭梨、6个品种混合花粉。

选取大棚内8行植株，每行进行1个处理。处理前选择即将开放、花质优良均一的寄接蒲瓜梨花序，每花序保留2朵，疏除其余边花并套袋。3月11～12日进行授粉，每处理采用点授的方法授粉100朵花，授粉后重新套袋防止重复授粉，授粉结束后去袋并挂牌标志。3月25调查坐果率。

8月25日采收各处理果实，每处理取15个正常果实带回实验室进行品质测定。测定果实纵径、横径、单果重、硬度、果心横径、可溶性固形物和可滴定酸含量，调查种子数（包括饱满种子和瘪种数），计算果形指数、果心比（果心横径／果实横径）和固酸比。

1. 不同授粉品种对蒲瓜梨坐果率和种子数的影响

在大棚栽培条件下，不同授粉品种授粉以清香和黄冠＋鸭梨的坐果率最高，达到100%，而以鸭梨和翠冠最低（表5-14）。种子数和饱满种子数均以雪花梨最多，但各品种间差异不显著。而瘪种数以混合花粉最多，并显著高于黄花梨。

表5-14 不同授粉品种对蒲瓜梨坐果率和种子数的影响

（温岭市农业林业局，2010）

授粉品种	坐果率(%)	种子数（粒）	饱满种子数（粒）	瘪种数（粒）
翠冠	86	8.5a	6.5a	1.9ab
清香	100	8.8a	7.3a	1.5ab
黄花	94	8.4a	7.5a	0.9b
雪花	96	8.9a	7.7a	1.3ab
黄冠	91	8.9a	6.8a	1.8ab
鸭梨	78	7.7a	6.5a	1.2ab
黄冠＋鸭梨	100	8.5a	7.0a	1.6ab
混合花粉	90	8.1a	5.8a	2.3a

2. 不同授粉品种对蒲瓜梨果实大小和形状的影响

不同授粉品种授粉对蒲瓜梨果实的单果重影响较大，以黄冠、雪花和鸭梨果实较大，并显著高于翠冠、清香、黄花、鸭梨＋黄冠、混合花粉（表5-15）。果实的大小主要取决于果肉细胞的数目和细胞的体积。果肉细胞的分裂和增大又与果实种子的数量与质量有关。综合表5-14与表5-15的数据并进行统计分析，可以得出，各处理的种子数与单果重是显著正相关的，而饱满种子数与单果重则是极显著正相关。除翠冠授粉果形指数较低外，其余各处理均无显著性差异。

表5-15　不同授粉品种对蒲瓜梨果实品质的影响

（温岭市农业林业局，2010）

授粉品种	单果重 (g)	果形指数	硬度 (kg·cm⁻²)	TSS (%)	果心比	可滴定酸 (%)	固酸比
翠冠	478.4c	1.00b	4.14d	11.66c	0.27d	0.19cd	61.23ab
清香	516.6bc	1.02ab	5.31c	12.46ab	0.27cd	0.20c	61.27ab
黄花	523.6bc	1.03ab	5.15c	11.47c	0.29ab	0.20c	57.85abc
雪花	586.5ab	1.02ab	5.99b	12.68a	0.26d	0.22bc	58.65bc
黄冠	617.8a	1.05a	5.96b	11.98abc	0.30a	0.27a	45.08d
鸭梨	568.2ab	1.04ab	6.44a	12.01abc	0.27bcd	0.24b	50.69cd
鸭梨＋黄冠	525.9bc	1.05a	6.07b	11.79bc	0.29abc	0.20c	57.68bc
混合花粉	469.2c	1.02ab	3.82d	11.41c	0.28bcd	0.17d	67.67a

3. 不同授粉品种对蒲瓜梨果实品质的影响

不同授粉品种授粉对蒲瓜梨果实的品质也产生显著的差异（表5-15）。其中果实硬度以鸭梨最高，并显著高于翠冠、清香、雪花、鸭梨＋黄冠、混合花粉；可溶性固形物含量（TSS）以雪花最高，并显著高于翠冠、黄花、鸭梨＋黄冠；果心比以黄冠最大，并显著高于翠冠、清香、雪花、鸭梨和混合花粉；可滴定酸含量以黄冠最高，并显著高于其他处理；固酸比以混合花粉最高，并显著高于雪花、黄冠、鸭梨、鸭梨＋黄冠。从各品种的差异可以看出，不同授粉品种表现出明显的花粉直感效应。如翠冠授粉的蒲瓜梨单果重、果形指数、硬度、可滴定酸含量均小，固酸比高，与其翠冠本身的特征相符。

4. 不同处理的合意度评价

考虑到果形指数差异不大，而且市场对蒲瓜梨的外观形态要求不高，这里只取单果重、硬度、可溶性固形物含量（TSS）、果心比、可滴定酸含量和固酸比6个指标作为评价因子，加权数分别设为0.3、0.1、0.2、0.1、0.1和0.2。综合合意度从高到低依次为雪花、清香、鸭梨、黄冠、翠冠、混合花粉、鸭梨＋黄冠、黄花（表5-16）。

表5-16　不同授粉品种的合理－满意度

（温岭市农业林业局，2010）

授粉品种	单果重	硬度	TSS	果心比	可滴定酸	固酸比	综合合意度
翠冠	0.08	0.88	0.20	0.96	0.78	0.71	0.47
清香	0.40	0.43	0.82	0.79	0.64	0.72	0.62
黄花	0.46	0.49	0.05	0.23	0.69	0.57	0.40
雪花	1.00	0.17	1.00	1.00	0.51	0.60	0.79
黄冠	1.27	0.18	0.45	0.00	0.00	0.00	0.49
鸭梨	0.84	0.00	0.48	0.73	0.30	0.25	0.50
鸭梨＋黄冠	0.48	0.14	0.30	0.39	0.63	0.56	0.43
混合花粉	0.00	1.00	0.00	0.64	1.00	1.00	0.46

5. 雪花和清香是蒲瓜梨最佳的授粉品种

　　从试验结果看，在大棚栽培条件下蒲瓜梨的人工授粉品种以雪花梨最佳，表现为坐果率高、果型大、可溶性固形物含量高、果心小等优点。加上雪花梨种植面积较大，花粉取材方便，是商品花粉的主要品种，因此，认为雪花梨是蒲瓜梨大棚栽培优良的授粉品种。而在露地栽培搭配授粉树时，除考虑花粉直感效应外，还要考虑花期的问题。从生产实践看，清香与蒲瓜梨花期相符，本身又是南方砂梨的优良品种，因此可以替代大头梨作为蒲瓜梨的授粉品种。

第六章　梨树高效优质栽培技术体系

一、沿海多台风地区梨业的发展思路与技术体系

（一）台风对沿海地区梨树生产的影响

东南沿海地区地处陆海交替、气候多变地带，海陆之间巨大的热力差异，形成了显著的季风气候，自然灾害频繁，尤以台风影响最为显著。台风是发生在热带海洋洋面上的猛烈风暴，其登陆时带来的强风暴雨往往对沿海的农业造成极大的破坏。以浙江省为例，从 1949—2004 年，浙江沿海地区受台风影响造成较大损失的有 86 次，平均一年 1.5 次，其中，有 37 次登陆，登陆时近中心风力在 12 级以上的有 22 次。2004—2005 年，台风在东南沿海一带活动频繁且都呈现出强度大、持续时间长、影响范围广的特征，如 2004 年的"云娜"、"艾利"、2005 年的"麦莎"、"海棠"，均对东南沿海的梨树生产造成严重的损失。台风已成为沿海地区梨业发展最大的制约因素。

1. 风害

台风带来的暴风往往具有风力强、范围广的特征，如 2004—2005 年在浙江

台风造成的落果减产　　　　　　　　　　　　　　台风造成的叶片破损

省台州市登陆的两次台风"云娜"和"麦莎"登陆时的最大风速均达到每秒 45m。其对梨树生产带来最直接的损失就是造成大范围的落果。7、8 月梨果正处于成熟期，果实重量大，果柄较长，果实在强风的作用下极易脱落。"云娜"和"麦莎"对登陆地区均造成 85% 以上的落果。2005 年台风"海棠"在福建连江登陆，浙江温岭只受其外围影响，但因风圈大、影响范围广，同样造成浙江温岭沿海梨园 30% 以上的落果。

台风还会吹倒树体，折段枝梢。梨树根系较发达，固地性较强，成年梨树倒伏现象较少。但对幼年梨树的影响较大，特别以 2~4 年生且生长旺盛的梨幼树和初结果树倒伏率最高。枝梢折断在幼年旺树生长季拉枝的情况下发生较多。品种间也存在较大的差异，生长健旺、枝条直立性强的品种易折断。以上海市农科院林木果树研究所选育的早

生新水最易折断，其次是浙江省农科院园艺研究所选育的翠冠，其他品种如清香、西子绿、长寿等枝条在生长期较柔软，不易折断。特大台风如"云娜"还会造成梨树枝条皮层剥落。

强风对梨树叶片的破坏性也极大，以梨树上部直立性长梢的叶片影响最大。除直接吹落的叶片外，残留的叶片往往残缺不全，台风过后叶缘发黑枯焦。部分严重的叶片会在台风过后陆续脱落。

2. 涝害

台风带来强风的同时也会带来强降雨，又往往正逢天文大潮起潮期，极易造成涝害。如 2004 年"云娜"台风登陆期间，浙江台州、温州、宁波和绍兴等地出现了暴雨和特大暴雨，从 11 日 8:00 到 13 日 5:00，累计降雨量超过 100mm 的站点有 152 个。其中最大的一个站点降雨达到 733.5mm，为浙江省历史实测最大值。造成大量沿海梨园受淹，受淹时间从 24h 到 72h 不等。受淹 24h 对梨树生长的影响较少；受淹 48h 会使树体根系严重受损，地上部在重新萌芽后会出现新芽枯萎的现象；受淹 72h 以上会导致树体死亡。

涝害过后，受淹果实会迅速病变腐烂，同时会带来树体上残留果实品质的下降，具体表现在果实可溶性固性物含量的降低。涝害还会造成梨园土壤板结，土壤透气性下降，影响受伤根系的恢复。

3. 对后期及第二年生长结果的影响

台风除直接造成当年减产或绝收、树体受损甚至死亡外，还对梨树后期乃至第二年的生长结果造成明显的影响。台风过后，树体大量的伤口在接下来的高温高湿的条件下极易发生枝干腐烂病，以翠冠为甚。黑星病、黑斑病、轮纹病也有加重的趋势。台风带来的暴雨会洗刷树体上的害虫，降低基数，以螨类最为明显。

台风过后，落叶的树体或枝梢会重新萌发新叶，已完成花芽分化的芽体半个月后进入盛花期。2004年"云娜"台风造成浙江温岭沿海梨园80%的叶片脱落，导致大面积的二次花开放，使2005年产量下降60%以上。台风造成对第二年产量损失在品种间存在极大的差异，表现在成熟期越早的品种影响越大，而对中晚熟的品种如清香、黄冠、黄花影响甚少。梨树二次花开放后在浙江南部温暖地区还会重新形成花芽，但花芽质量普遍较差，第二年表现花朵数量少，花期晚，结出的果实较小且畸形果比例增多。

台风造成的二次花开放

（二）灾后生产补救措施

1. 排水降涝　中耕松土

沿海梨园一般地势较低，台风前应做好沟渠的清理工作以便及时进行田间排水。若台风登陆时恰逢天文大潮期，往往地下水位升高，河水暴涨，自然排水需要时日较多，所以有条件的梨园最好进行机械排水，尽量减少受淹时间，减轻根系受损程度。对实行清耕的梨园应在排尽积水3～5d后中耕松土，增加土壤透气性。

2. 扶正树干　清理断枝

对倾斜或倒伏的幼年树应在台风过后1～3d内及时扶正固定。对倾斜或倒伏的成年树切勿强行扶正，否则会加重根系的破坏，导致全株死亡。应自然纠正主干角度，回缩伏地或临地的主枝，并在日后利用徒长枝重新培养新的主枝。对折枝引起的断口应用剪刀或锯子及时进行伤口修复，使断口光滑整齐，对主枝伤口还应涂抹杀菌剂，防止病菌感染。

3. 喷药杀菌　根外追肥

台风过后及时喷杀菌剂，防止病菌感染造成再落叶及减少枝干腐烂病的发生。喷药时要注意全株喷淋，细致而全面。涝害后因梨树根系受损不宜进行土壤施肥，应结合喷药进行根外追肥，保证树体营养元素的补充。根外追肥每10d一次，直至10月结束，前2次以N素为主，以后以K素为主。对恢复树势，促进花芽分化有着显著的效果。

4. 适当重剪　补接花芽

在强台风造成梨树受损严重的情况下，应及时回缩树体，减少枝叶蒸发，保证梨树的存活率。在冬季修剪时也应以短截为主，培养树势。对树体损伤不大但二次花开放严重的树体可在当年冬季补接部分花芽，以增加第二年的产量。

（三）发展思路与技术体系

东南沿海地区的梨业发展面临台风危害、资源匮乏、相对效益低下等诸多问题，带有一定的局部性、粗放性和不可持续性，产业结构、经营规模、生态生产条件和比较效益均有待于进一步提高。而"多台风、低效益"是东南沿海地区梨业发展缺乏后劲的主要原因。因此，沿海地区梨产业发展应树立创新意识，以"抗台防风、增效增收"为首要目标，转变发展方式，构建沿海多台风地区梨树抗风栽培技术体系（图6-1），走经济高效、科技支撑、集约节约、环境友好、产业经营一体化的新型发展之路。

1. 营造沿海防护林带，加强产业基础设施建设

沿海防护林带是一个包括防风固沙林、水土保持林、水源涵养林、农田防护林和其他防护林等五类防护林组成的综合防护林体系。该体系不仅具有防风固沙、保持水土、涵养水源的功能，而且具有抵御海啸和风暴潮危害、护卫滨海土地、美化人居环境的作用，对于维护沿海地区生态安全、人民生命财产安全、工农业生产安全具有重要意义。同时也是沿海地区农业可持续发展的需要。印度洋海啸发生后，国家高度重视沿海防护林体系建设，2007年12月，国务院批复了《全国沿海防护林体系建设工程规划（2006-2015年）》。该规划的实施将有效提高沿海地区农业的抗灾救灾能力。

沿海地区梨园的客体以海涂地为主。海涂地建园虽然具有地势平坦、土层深厚、操作方便和富含磷钾等优点，容易建成规模较大的梨园和生产出品质优良的果品，但也具有地下水位高、土壤黏重、含盐量较高等制约梨树生长的缺陷。因此，要重视生产基地配套基础设施的建设，园地规划应以降低土壤含盐量和降低风速为主要目标，统筹安排田块、林带、沟渠和道路等基础设施。水利规划采取开深沟降低地下水位，加速排盐洗碱；田块的形状和大小服从排灌系统设施，以南北畦向为宜；防护林带设主林带和副林带，树种可采用木麻黄、桉树、女贞等；田间道路与林带结合配置。同时针对沿海台风频发的实际情况，进一步加强气象服务工作，提高对自然灾害预报和预警水平。

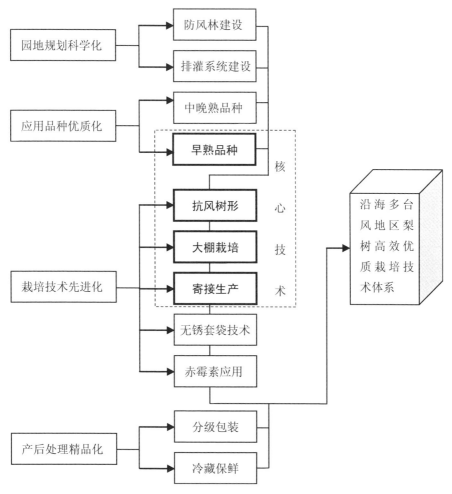

图 6-1　沿海多台风地区梨树高效优质栽培技术体系

2. 构建梨品种繁育体系，促进优良早熟品种推广

浙江省具有明显的品种优势，浙江省农科院园艺研究所选育出的早熟梨新品种翠冠因其成熟早、品质优、容易种植等优点已成为中国南方地区栽培面积最大的早熟梨品种，新选育的翠玉和初夏绿等品种均具有优良的早熟性状。上海农科院林木果树研究所选育的早生新水也具有优异的早熟和品质性状。考虑到东南沿海地区 7~9 月是台风频发期，所以在品种选择上要以品质优良的早熟品种为主体。

浙江省在国内早熟品种资源上虽然有一定的优势，但与国际先进水平相比，还有许多潜力可以挖掘。加强早熟优良品种的引选工作，利用已有的早熟品种资源，运用现代育种技术，自主培育更早更优的早熟品种作为东南沿海地区梨树的主栽品种。同时，完善良种繁育体系，建立早熟品种资源圃、良种繁育基地和苗木扩繁基地，加强无病毒苗木的繁育，促进性状优良早熟新品种的推广。

3. 完善梨抗风栽培体系，加快普及设施栽培技术

浙江沿海梨产业在长期应对台风的过程中，逐渐形成了一套沿海多台风地区的梨树抗风栽培技术体系，通过"采用早熟品种、应用抗风树形、进行大棚栽培、结合寄接生产"等一系列技术措施把主栽品种的成熟期提早到6月中下旬，基本上避开了台风对果实的影响。同时采用寄接花芽的技术解决了台风造成二次花开放引起第二年减产的问题。完善和推广梨树抗风栽培技术体系是东南沿海地区梨产业可持续发展最关键的工作。

在该技术体系中，最核心的内容就是进行设施栽培。加快设施栽培技术的研究和普及有利于提高沿海地区抗灾能力和提升产业档次。在杭嘉甬地区推广以"棚架栽培"为主的设施栽培技术，通过棚架栽培减少风害落果，同时提高果实品质和优质果的比例，增加产量和效益。在台风登陆频繁的温台地区则推广以"大棚栽培"为主的设施栽培技术，通过促成栽培把成熟期提早到7月上旬之前，从时间上避免了台风造成的落果减产现象，同时填补了市场空白，使梨树栽培效益得到大幅的提升。

梨棚架栽培 　　　　　　　　　　　　　　　　梨大棚栽培

4. 优化梨产业生产要素，推进产业经营一体化

通过土地、资金、技术和劳动力等生产要素的优化配置，加快产业化经营。在土地方面要促进土地流通，积极发展土地股份制经营，引导和鼓励农民土地承包经营权流转，逐渐扩大土地经营规模；在资金方面要依托东南沿海工贸发达、财力相对雄厚的优势，加大财政对产业的投入，积极引导工商资本的投入，增加产业发展活力；在技术方面要积极开展区域性科技创新，围绕当地梨业发展中的瓶颈问题进行技术攻关，提高科技成果转化能力，加强对龙头企业、专业合作社、家庭农场及种植大户的技术培训，培养一批懂技术、会经营、善管理的现代职业梨农。

江南沿海地区地方财政雄厚，民间资本充裕，消费水平较高，为梨产业与二三产业的互动发展和一体化经营提供良好条件。一方面，从局限单一种植向生态观光等领域扩展，从局限抓生产转向重视发展产品的营销，充分利用沿海地区市场经济先发优势，实施品牌战略，拓宽国内外市场。另一方面，当地政府应积极扶优扶强，培育和壮大农业龙头企业和农民专业合作社，健全服务体系，实施政策性农业保险，努力降低产业经营风险，为产业的健康稳定发展保驾护航。

（四）核心技术

1. 应用早熟品种

合适的品种是沿海地区梨树抗风栽培的基础，较早的成熟期和优良的品质是选择品种的两项重要指标。经过对目前南方主要砂梨品种的引种筛选和调查研究，以浙江省农科院园艺研究所选育的翠冠、翠玉和上海市农科院林木果树研究所选育的早生新水最为理想。这些品种在东南沿海地区露地栽培一般7月上中旬开始成熟，7月下旬采收结束。而大棚栽培更能将成熟期提早到6月中下旬，基本上避开了台风高发期。且都具有树势强健、品质优良的优点。翠冠早产丰产性能好，

应用早熟品种

栽培容易，但果皮锈斑较多，外观品质较差；翠玉外观漂亮，较耐贮藏，但树势相对较弱，秋冬季花芽容易松动，且容易裂果，对栽培管理要求较高；而早生新水果型略小，对栽培管理也有较高的要求。可根据各地的市场需要和自身的栽培管理水平选择栽种，也可互为授粉树。

2. 采用抗风树形

棚架树形是日本、韩国等台风多发地区普遍采用的抗风栽培树形。其栽培实践证明，棚架树形不仅能有效地防止风害，而且树体结构合理，有利于优质梨的丰产、稳产，但投资成本较高，进入丰产期较晚。

低干矮冠开心形抗风树形是在实践中新创的一种树形，通过夏季拉枝、摘心等手段压低结果层面、减少枝类分级级次，具有骨干枝近水平着生，树势平衡稳健，果实着生部位低且集中、抗风能力强、光照充足、果大质优，商品率高、简单省工等特点。与棚架树形相比，该树形无需搭建棚架，具有投资成本低的优

采用抗风树形

势；同时，树冠成形快，一般第3年树形构建完成，开始初投产，第4年进入丰产期，比棚架梨提早2~3年；而且树冠低，抗风能力强，且操作简单，修剪技术难度小，更容易为广大果农接受。

3. 进行大棚栽培

进行大棚栽培

梨大棚设施栽培可以提早果实成熟期20~30d，从而避开了台风对果实的影响，同时填补了市场空白，改善了翠冠梨的外观品质，提高了经济效益，是东南沿海地区高效优质栽培技术体系的技术关键。主栽品种可选择翠冠、翠玉和早生新水等。大棚设施可选用具有经济实用的水泥竹木混合式连栋大棚。栽培技术上注意热害的防范和人工授粉的应用；病虫害防治上要以蚜虫、螨类等虫害为防控重点，以化学防控为主，结合黄板等绿色防控技术进行综合防控。

4. 结合寄接生产

寄接生产是从台湾"寄接梨"生产转化而来的新技术，在遭受强台风后造成大量二次花开放从而影响第二年产量时可以弥补产量，同时可以在早熟梨树上寄接晚熟品种以实现一年两次采收，增加梨树栽培的产量和效益。寄接优良品种包括翠冠、翠玉、圆黄、香、蒲瓜、王秋等，生产可根据实际情况进行选择应用。

结合寄接生产

嫁接时间以 1 月初至 2 月初最为理想，嫁接方法采用传统的切接法，选择芽体饱满、无萌动迹象的花芽嫁接在内膛长枝上，长枝留桩 8～20cm，剪口粗度 1cm 左右，一砧一芽，露芽保湿。每花芽根据产量的要求和树体原有花芽的数量保留 2～4 个果实。寄接前后充分灌水，生产期适当增加肥料用量。

二、东南沿海地区适栽优良品种系列

从 2000 年起，我们先后从国内外引进砂梨品种 50 余个，采用种植或寄接＋高接的方法，对其适应性、丰产性、成熟期和果实品质进行综合评价，分别筛选出适宜东南沿海栽培的优良早熟品种 3 个（翠冠、翠玉、早生新水）、中熟品种 1 个（圆黄）和晚熟品种 2 个（王秋、香）及地方特色品种 1 个（蒲瓜），建立了以早熟品种为主体、中晚熟品种合理搭配的沿海地区适栽优良品种系列。同时，筛选出适宜不同栽培模式的系列品种：露地栽培适宜品种 5 个（翠冠、翠玉、早生新水、圆黄、蒲瓜）、大棚栽培适宜品种 4 个（翠冠、翠玉、早生新水、圆黄）和寄接两熟型栽培适宜品种 3 个（香、蒲瓜、王秋）。

（一）早熟品种

1. 翠冠

浙江省农业科学院园艺研究所由幸水 ×（杭青 × 新世纪）杂交选育而成，1999 年通过浙江省农作物品种审定委员会审定并命名，是目前南方地区主栽早熟梨品种。树势强健，树姿较直立，萌芽率和发枝力强，以长果枝、短果枝结果为主，且易形成腋花芽，具良好的丰产性能。适应性较强，山地、平地、海涂地

早熟品种：翠冠

均可种植。既耐高温多湿，又耐干旱并抗裂果。

在浙江杭州萌芽期3月中旬，展叶期3月下旬至4月上旬，花期3月底至4月中旬，果实成熟期7月下旬至8月上旬。果实近圆形，平均单果重230g，最大果重450g，果形指数0.96；果皮光滑，底色绿色，多锈斑。果肉白色，肉质细嫩，味甜，汁多，可溶性固形物含量12%左右，品质上等。在浙江温岭大棚栽培3月上中旬开花，7月上旬果实成熟。大棚栽培平均单果重255g，果皮光滑呈绿色，少有露地栽培的褐色锈斑，肉质更加细腻松脆，汁液更多，品质更佳。

翠冠树势强健，结果早，品质优，丰产稳产，是一个优良的早熟砂梨品种，适宜于东南沿海地区露地和大棚栽培，也适宜作二次花开放后弥补产量的寄接栽培。缺点是露地栽培果皮多锈斑，外观品质差，货架期短，不耐贮藏。

2. 翠玉

浙江省农业科学院园艺研究所用西子绿为母本，翠冠为父本杂交选育而成。2011年通过浙江省非主要农作物品种审定委员会的品种审定并命名。树势健壮，树姿半开张，花芽极易形成，长果枝结果性能良好，坐果率高。

在浙江杭州3月中下旬开花，果实7月上中旬成熟，比翠冠早7~10d。果实圆形，平均单果重300g；果皮浅绿色，果面光洁具蜡质，基本无果锈，果点极小，外观品质显著优于翠冠；果肉白色，肉质细嫩，石细胞少，汁液多，口感脆甜，可溶性固形物含量11%左右，比翠冠低1个百分点。在浙江温岭大棚栽培3月上中旬开花，6月底至7月初果实成熟。大棚栽培平均单

早熟品种：翠玉

果重400g，最大果重620g，果形指数0.90，可溶性固形物含量11.2%。

与翠冠相比，翠玉具有果型大、成熟期早、外观品质优、耐贮性较强等优

点，综合性状优良，适宜东南沿海地区露地和大棚栽培。缺点是果实可溶性固形物含量较低，内在品质和丰产性不如翠冠，且容易裂果。

3. 早生新水

上海市农业科学院林木果树研究所育成，2004 年通过上海市农作物品种审定委员会审定并命名。树势强，树姿直立，极性强，成枝力弱，不易形成腋花芽，果台枝连续结果能力差。抗病性强。

早熟品种：早生新水

在上海 3 月上中旬萌芽，3 月下旬至 4 月上旬开花，果实 7 月中下旬成熟。果实扁圆形，果皮浅黄褐色，平均单果重 200g。果肉脆嫩，几乎无石细胞，汁多味甜，可溶性固形物含量为 12%～14%，最高可达 15% 以上，品质极优。在上海松江大棚栽培 3 月中旬开花，7 月中旬果实成熟，比露地成熟期提早 10d 左右。大棚栽培平均单果重 250g，可溶性固形物含量 12.8%。

早生新水成熟早，树势强，品质特优，适宜于东南沿海北部地区露地和大棚栽培。缺点是果型较小，对栽培管理技术要求较高。

（二）中熟品种

圆黄

韩国园艺研究所用早生赤 × 晚三吉杂交育成，1994 年命名，是目前韩国正在推广的主栽梨品种中品质最优的品种之一。近几年已成为日本、韩国及东南亚果品市场上的主销梨果精品。树势较强，树姿半开张，萌芽率高，抽枝力强。短果枝和腋花芽容易形成，以短果枝结果为主，果台枝连续结果性较好。着果率高，结果早，丰产性好。

在浙东沿海地区 3 月上旬萌芽，3 月中下旬开花，8 月上中旬果实成熟。果实扁圆形，平均单果重 350g 左右，最大单果重 500g 以上。果皮黄褐色，套袋后呈金黄色。果面平整光洁，无果锈，果点小，外观非常漂亮。果肉白色，肉质细嫩、紧密，果心中大，几乎无石细胞，汁多味甜，有香味，可溶性固形物含量 12%～13%。在浙江温岭大棚栽培 7 月中旬果实成熟，平均单果重 446g。肉质细嫩，味甜汁多，可溶性固形物含量 12.8%，品质上等。不易发生采前落果，迟

中熟品种：圆黄

采果实不会发绵，且贮藏性能较好，常温下果实可贮藏1周左右，冷藏则可达3~4个月。

圆黄果形圆正匀称，果面光洁美观，品质优良，弥补了黄花果形不够圆正和翠冠皮色较难看的弱点。且丰产稳产性好，是目前最优良的中熟品种。适宜于东南沿海地区露地和大棚栽培。缺点是对肥水要求较高；成熟期稍晚，容易受台风影响，露地栽培最好采用棚架栽培。

（三）晚熟品种

1. 王秋

日本（独）农业技术研究机构果树研究所用（慈梨 × 二十世纪）× 新雪于1983年杂交选育而成，具有中国梨和二十世纪梨的"血统"，于2000年命名登录。树势强壮，短果枝着生多，腋花芽较少。丰产性好。自花结实率低，与丰水、金二十世纪杂交亲和性好，而与幸水不亲和。早期落果极轻，但采前有轻微落果现象发生。对黑斑病抗性较强。

晚熟品种：王秋

开花期与丰水和幸水相当，果实成熟期介于新高和晚三吉之间，在日本鸟取地区10月下旬成熟。果形介于椭圆形和倒卵形之间，整齐度好，单果重350g左右；果皮黄褐色，果肉白色，肉质柔软细密，味甜多汁，可溶性固形物含量约为12%，有中国梨的香气，风味上等。在浙江温岭大棚寄接栽培8月上中旬成熟，平均单果重360g，可溶性固形物含量15%左右，风味浓郁，品质上等。

王秋的果形和口感均与蒲瓜相近且品质明显提高，可作为蒲瓜梨的替代品种，是一个有果形个性，风味浓郁的晚熟梨品种。适宜于东南沿海地区大棚寄接栽培。缺点是冷库贮藏后品质明显下降。

2. 香（かおり）

日本品种，昭和 30 年（1955 年）日本茨城县农业试验场以新兴为母本，幸水为父本杂交选育而成，在日本被称为"梦幻之梨"。主要特点是果大、糖度高、汁多；但栽培难度大，单产低。

在浙江温岭大棚寄接栽培表现出优良的丰产性。果实 8 月上中旬成熟。果实圆形，果型特大，平均单果重

968g，最大果重 2 136.3g，肉质细腻，汁多味甘甜，可溶性固形物含量 15%，品质上等。

香不光果型硕大、品质优良，而且也耐贮藏，是一个很有希望的晚熟梨品种。适宜于东南沿海地区大棚寄接栽培。缺点是果实易感黑星病。

（四）地方特色品种

蒲瓜

蒲瓜梨是从浙江省温岭市梨地方种质资源中选育出的优良晚熟梨品种，原名箬包梨、青屿梨。树势较强，干性强，以短果枝结果为主，果台连续结果能力强。抗寒、抗旱、抗盐碱性强。

在浙江温岭 3 月上旬萌芽，3 月中下旬开花，9 月中下旬果实成熟。果实倒卵形，平均单果重 467g，果皮黄绿色，套双层袋后呈黄褐色。梗洼、萼洼有大块锈斑，果面常有小锈斑，果点大，果心小，果肉白色，肉质稍粗、松脆，汁极多，味甜

地方特色品种：蒲瓜

酸适口，略有香味。果实可溶性固形物含量12.6%，可滴定酸含量0.275%。果实极耐贮藏。

蒲瓜梨具有抗逆性强，树势强健、丰产稳产、果型大、果心小、风味浓郁、耐贮藏的优点，是一个优良的晚熟地方特色品种，适宜在浙江各地推广应用。由于成熟期晚，果实抗风性差，更适宜在内地山区避风地发展。沿海地区可采用棚架或寄接的方式种植。缺点是外观较差，肉质稍粗，果实成熟期怕风害。

三、沿海涂地梨树矮化优质栽培技术

沿海地区海涂地资源丰富，具有地势平坦、土层深厚、操作方便等优点，容易建成规模较大的梨园。但因其土壤黏重、地下水位高、土壤含盐量和pH值高，栽种的梨树往往生长缓慢，叶片会出现不同程度的缺素黄化，甚至死亡等现象，加上沿海地区台风影响大，严重制约了梨业的发展。为解决上述问题，我们从2000年开始着手海涂地栽培梨树的相关技术研究，总结出一套适宜于东南沿海的海涂地梨树矮化优质栽培技术。

（一）建园与定植

海涂地栽培梨树应优先选择种植作物多年、含盐量和地下水位较低的地块，前期种西瓜或蔬菜的地块一般土壤较疏松且养分充足，有利于梨树早期的生长发育。每667m^{2}施入土杂肥3 000kg，全园翻耕，按计划行距宽度作畦，每隔2畦开一条深沟，深度要求30cm以上，主排水沟深度要求50cm以上。采用计划密植，株行距以(1.5～2)m×4m为宜，每667m^{2}栽种83～111株。一般4年后可进入丰产期，6～8年时逐步改造成3～4m×4m的株行距，改善园区的通风透光条件，提高果品质量。

深沟高畦

定植时选用干径粗、须根发达的梨苗，嫁接口以上40～50cm处定干，用ABT生根粉或GGR绿色植物生长调节剂浸根后定植，栽后充分浇水，在树盘四周覆盖白色或黑色地膜以保湿保温和抑制杂草发生。定植工作应在春节前完成。在梨苗大田定植的同时，应集中假植5%左右的预备苗。用于第2

年替补死亡及生长不良的梨幼树，保持梨园的整齐度。

（二）土壤管理

梨园在冬季落叶期间可以间作蚕豆等经济作物，提高土地利用率，增加土壤肥力和经济效益。间作鲜食蚕豆于每年10月播种，第二年5月收获鲜荚后割除秸秆进行树盘覆盖或填埋。因蚕豆自身根系的固氮能力及采收后大量茎叶还田覆盖，可明显提高土壤有机质，其较高的植株高度在早春时节还可以阻挡干风的侵袭，改善梨园生态环境。蚕豆收割后实施生草制，7月果实成熟前和9月份后全园割草进行树盘覆盖，对帮助梨树安全度夏、防止土壤返盐及提高土壤有机质含量有着良好的作用。

冬季间作蚕豆

夏季生草和覆盖

（三）肥水管理

海涂地土壤含盐量较高，片面进行土壤化肥追施会提高土壤的含盐量，限制梨树根系的正常生长发育，是造成海涂地幼树生长缓慢、容易出现缺素症的主要原因。除增施有机肥改良土壤外，幼树期应尽量减少土壤化肥追施次数，采用叶面喷肥的方式提高肥料利用率、补充梨幼树生长发育所需的营养元素。一般萌芽期至一次梢停梢期每7～10d喷肥一次，以后每15d喷肥一次。前期以N素为主，如尿素、绿芬威2号等；后期以K素为主，如磷酸二氢

梨树黄化症

钾、绿芬威 3 号等；梨树萌芽期喷施 0.3% 的硫酸锌，对防治海涂梨园常见的黄化症状有良好的效果。幼树基肥可在每年 5 月施用，此时正值梨幼树生长发育所需营养从树体储藏养分向树叶同化养分的转换期，根系活动活跃，肥效明显而经济。肥料种类可采用腐熟的畜禽粪便与复合化肥结合，配合间作绿肥的树盘覆盖或压绿进行。

投产后，梨树根系发育已健全，除每年增施有机肥外，应增加土壤化肥施用量，以满足果实生长发育所需的营养元素。10 月施基肥，以有机肥为主，每株施有机肥 30 ~ 50kg，配合复合肥施用。追肥分 3 ~ 4 次施入，第 1 次为花前肥，萌芽前 10 ~ 15d 施用，每株施氮肥 200 ~ 250g；5 月第 2 次施肥，每株施复合肥 300 ~ 500g；6 月底 7 月初第 3 次施肥，以促进果实膨大和提高品质，以钾肥为主，配施磷、氮肥，每株施钾肥 100 ~ 200g；第 4 次为采后肥，主要作用是恢复树势，促进花芽发育，防止早期落叶，每株施复合肥 100g 左右。叶面喷肥侧重补充微量元素以提高坐果率及提高果实品质，减少缺素症的发生。

梨树生长过程中需要大量水分，春季或梅雨季节雨水较多时，要及时对梨园进行排水，避免园内积水。在果实膨大期遇到长期干旱或盛夏高温季节，要对梨园进行灌水，以保证果实发育对水分的需求。

（四）花果管理

套袋栽培

疏花在花序分离到初花期时进行，按每 15 ~ 20cm 保留一个花序的标准疏除多余花序，主、侧枝延长头打夯的花序均予疏除，减少养分损失。疏果以谢花后 15 ~ 25d 为宜，按 20 ~ 30 片叶片或枝条上 15 ~ 20cm 的距离保留 1 个果的标准进行疏果，疏除小果、畸形果和病虫果，每花序保留一个果形端正、着生方位好的幼果。每 667m^2 产量保持在 1 500 ~ 2 000kg，根据品种特性、果实大小及种植密度决定单株留果数量，生长势强的树体或品种可适当多留。

果实套袋能改善外观品质，减少农药残留，是生产绿色、无公害果品的有效途径；同时，能预防病、虫、鸟类的危害，防止果实因风害被枝叶擦伤，提高商品价值。疏果结束后根据品种特性进行套袋，翠冠宜采用小林 1-KK 双层果袋，可以明显改善翠冠梨外观品质，减少锈斑的发生；翠玉宜采用小林 NK-15 单层蜡质透光性果袋；褐皮梨则采用普通外黄内黑不透光的双层果袋。套袋前喷一次杀虫、杀菌剂，待药液晾干后即可套袋。

（五）整形修剪

树体结构宜采用低干矮化开心形抗风树形，该树形具有树冠低矮、骨干枝近水平着生、果实着生部位低且集中、抗风能力强、光照充足、简便省工等特点。树高 2~2.2m，冠径 3.8~4.2m，主干高度 40~50cm，主枝数 2~4 个，每个主枝配置 1~2 个侧枝，形成 6~8 个生长中庸、粗细、长短相近的骨干枝。骨干枝基角 30°~45°，中部呈水平状伸展，长度 1.2~1.4m，离地高度 0.8~1.2m，顶端向上斜生，基角 45° 左右。每个骨干枝配置 1 个大型枝组、3~4 个中型枝组和 20~25 个小型枝组。全树留枝量为 650~800 条，长枝、中枝、短枝的数量比例为 1∶1∶2.5。

1. 第一年树体管理

在第一次长梢大多达到 60cm 以上并接近停梢时作统一的摘心处理，并拉成弓形，转换顶端优势，促发主干上的中短梢形成新的长梢。待新的长梢接近停梢时作相同处理。落叶前 1~2 个月解开所有被拉枝条，让枝条角度自然回升。至年底可培养出多个生长健壮，长度在 80~100cm、基角 30°~45°、腰角 90°、梢角 45° 的长梢。冬季修剪时选留 2~4 个长梢做骨干枝，剪除二次梢部分做骨干枝培养，剪口芽留上芽，其余枝条除着生部位太低的需疏除外都作辅养枝培养。

2. 第二年树体管理

待长梢接近停梢时同第一年作相同处理，经 2~3 次拉枝后年底可形成 8~15 个近水平伸展、生长发育基本一致、空间分布均匀的长梢。冬季修剪时选留 6~8 个近水平伸展、生长发育基本一致的长梢，延长头留上芽剪除二次梢部分，按均匀的空间分布进行牵引固定。同时，疏除交叉、重叠生长的长梢，其余部分可保留结果并培养成大型的结果枝组。

3. 初结果树树体管理

第三年，待骨干枝延长枝停梢后拉枝呈 45°，冬季修剪时留外侧芽剪去延长枝顶端部分，至此，树形的骨干枝部分已构建完成。未完成的可在第 4 年继续补充培养。冬季修剪时对骨干枝上的长枝保留 15~20cm 左右作短截处理，短截处萌发的新梢在超过 20cm 时作摘心处理，萌发的二次梢长度超过 20cm 时重复摘心，冬季修剪时保留第二、第三芽位萌发的中、短枝作留桩修剪形成较固定的结果枝组。枝组间距为 15~20cm。第 4~5 年，接近封行时对骨干枝的延长枝保留 20cm 连续重短截，封行后适度回缩。

4. 成年树树体管理

进入丰产期后，加强对内膛强枝的连续摘心或短截，同时疏除过密发育枝，控制内膛枝的发育，以改善光照条件和促进营养积累及果实发育。对衰弱的骨干枝或大型结果枝组织选留附近合适长梢拉枝处理后重新培养，保持矮干、低冠、通风透光良好的结果群体。计划密植的梨园及时间伐临时株。

(六) 病虫害防治

海涂地梨树栽培的主要病虫害有梨锈病、黑星病、黑斑病、轮纹病、梨二叉蚜、斜纹夜蛾、梨木虱、梨瘿蚊、梨网蝽和梨茎蜂等。套袋是防治果实病虫害最有效简便的方法。套袋前喷杀虫杀菌混合药液 1~2 次，重点喷果和叶面，杀死果面上的菌虫。其他时间结合叶面喷肥进行，每 10~15d 一次。杀菌剂可采用大生 M-45、甲基托布津、杜邦福星等，杀虫剂可采用吡虫啉、高效氯氰菊酯、阿维菌素等。另外应做好冬季清园工作，以降低树体上越冬病虫基数。

梨锈病　　　　　　　　　　　（　　　实）　　　　　梨黑星病（叶片）

梨黑斑病　　　　梨轮纹病（枝干）　　　　　　　梨轮纹病（叶片）

梨二叉蚜　　　　　斜纹夜蛾　　　　　　梨木虱

梨茎蜂危害新梢　　梨瘿蚊危害叶片　　　　　梨剑纹夜蛾

梨圆蚧　　　　　　　　　　　　　　　　　长白蚧

四、梨大棚高效优质栽培技术

梨大棚栽培可以使梨成熟期提早 20～30d，不仅避开了台风的影响，而且填补了市场的空白，突出了"早"的优势，解决了"风"的问题，经济效益得到明显的提升；同时，大棚避雨的环境还解决了翠冠果皮锈斑的问题，改善外观品质，并使果肉变得更加细腻多汁，提高了果实品质，从而实现效益和品质的最大化。我们从 2005 年开始在温岭市国庆塘梨园开展各项梨大棚栽培技术试验，总结出一套适宜于东南沿海地区的梨大棚高效优质栽培技术。

（一）大棚建设

大棚采用顶高 3.8～4m，肩高 2.0～2.2m，单栋宽 7.5～8m（2 行 1 栋），长 30～50m 的水泥立柱毛竹拱杆混合式连栋大棚。以水泥柱作立杆，以竹片作拱

水泥竹木混合式连栋大棚

杆，以铁丝作连接，以聚氯乙烯无滴膜作覆盖材料，薄膜用压膜线固定。大棚两侧埋置地锚，紧固横拉的铁丝。该大棚具有取材方便、造价较低、棚内空间大、作业方便、对风荷载的承载能力强等优点。一般在梨苗定植后 2~3 年搭建并使用。建造流程如下。

1. 埋地锚

根据园块大小及种植行距确定地锚、水泥立柱埋设位置，并做好标签。在大棚四周埋入地锚。水泥块地锚埋入深度为 1m 左右，上面泥土压实。松木地锚用大锤斜向敲入土中，直至完全没入土中。

2. 埋设立柱

立柱埋入深度为 40cm，要求统一高出地面水平线 2.0～2.2m。外围第 2 根立柱是直接连接地锚的立柱，是大棚结构的主要支撑点，埋设时在底部垫一块 30cm×30cm 的水泥垫板，以防止钢索紧固时下沉。

3. 拉主钢丝

立柱顶部用 16 号 ×7 股的钢索连接、固定，外围第 2 根立柱用钢丝同地锚连接，并用花篮螺丝拉紧、固定，外围立柱和第 2 根立柱在顶端用毛竹柱筒支撑并固定。

4．搭平棚网架

在立柱顶部用主钢索拉起平棚网架，主钢索东西向间隔50cm左右，南北向间隔40cm左右。为了加固棚架，一般每间隔一条钢索（约6.6m）用毛竹作横担进行东西向固定。

5．搭建拱棚

用毛竹片进行头部两两对接作为大棚拱杆。拱杆之间间距1m左右。拱杆弯成半圆形用支撑连接固定，棚顶距离平棚1.8m。每根拱杆用3根拱杆支撑在平棚钢索上，拱杆支撑一般以毛竹或杉木条为材料。拱杆和直撑、斜撑，支撑和钢索之间都用16号铁丝固定。拱杆支撑之间在棚顶下30cm处用16号铁丝进行南北向连接，并拉紧固定到地锚；大棚南北两头的4根拱杆下的拱杆支撑用毛竹柱进行南北向连接固定，使拱棚与平棚网架形成牢固的整体结构。

（二）大棚管理

梨大棚栽培的周年一般可分为促成栽培期（1～4月）、避雨栽培期（5～7月）和露地栽培期（8～12月）3个阶段。光温环境的控制是大棚梨栽培主要的技术措施，也是果实熟期调控的技术关键。其中，花期的光温环境调控尤为重要，直接影响大棚梨的存活和产量。

1月是大棚梨适宜盖膜时间。根据生产实践，促成期间可把30℃和20℃分别作为掀裙膜通风降温和放裙膜保温的标准点，棚体过长（40m以上）的掀膜降温的标准点应减少到25℃，并需增开天窗以利通风降温。掀裙膜应注意先从逆风面开始，防止棚内热空气集聚造成局部树体热害，掀裙膜的幅度随气温的增加而增加；当棚内气温低于20℃时应及时放下裙膜保温。梨树在花期时，由于缺乏叶幕遮盖，向阳骨干枝在温度和光照的双重胁迫下，极易出现枝干日灼，导致大范围的热害。因此，在花期时遇晴热天气，要提前做好大棚的通风降温工作，最高温度不能超过30℃。夜间气温低于0℃应采用烟熏法防止冻害。

花期热害　　　　　　　　　　花期冻害

当露地平均温度稳定超过20℃后去除裙膜，只保留顶膜作避雨栽培。果实采收完毕后卸掉顶膜实施露地栽培。

（三）花果管理

1. 人工授粉

人工授粉

大棚栽培因外界气温较低导致昆虫活动少，造成了梨花自然授粉结实率较低，必须要进行人工授粉才能保证结果率。选购或采集亲和力强、发芽率高的优质花粉，按重量1：1掺入石松子增量剂和染（红）色剂以提高花粉的利用率和授粉的有效率，在梨初花期至盛花期进行人工授粉。梨花开放

3d 内是人工授粉最佳时机，每花序授粉 1～2 朵花，用专用羽毛棒或电动授粉枪将花粉直接沾在或喷在雌蕊柱头上即可。

若遇开花集中或人工紧张时也可采用液体授粉。花粉悬浮液的配制方法：将15g 琼脂加入到 1.5L 水中，加热沸腾至透明状后稀释到 15L，加入 1.5kg 蔗糖至溶解，冷却到室温后，加入 60g 花粉搅拌均匀，制成 250 倍花粉悬浮液，用背负式喷雾器进行喷雾授粉，注意花粉悬浮液需随配随用。

2. 摇落花瓣

大棚内空气湿度大、风力弱，谢花时花瓣容易黏附幼叶和幼果，极易造成幼果畸形和幼叶腐烂（花腐病）。除在晴好天气加强通风促进自然脱落外，遇连续阴雨天气应人工摇晃枝干使花瓣脱落，对已经黏附在幼果和叶片上的花瓣要及时清除。

3. 疏果套袋

除疏除部分过密花序外，考虑到大棚栽培结果率较低，要坚持"轻疏花重疏果"的原则。疏果在确认坐果后即可开始，一般分两次进行。第一次疏掉所有花序的多余果，都留单果。第二次紧接着第一次疏果进行，疏掉梢头小果、畸形果、位置不佳果、病虫果等，每隔 15～20cm 留 1 个果形端正、下垂边果。

翠冠梨大棚栽培因隔绝雨水直接冲刷，果面光洁，锈斑发生少，果实套袋后锈斑有明显的增加，品质也有下降的趋势，所以，大棚栽培中提倡无袋栽培。对需要套袋的绿皮梨果实应选用高透光性单层蜡质

花瓣黏附造成的花腐病

大棚翠冠梨无袋栽培

翠冠梨荣套袋果实（右）

果袋（如：小林 NK-15）；褐皮梨则采用普通外黄内黑不透光的双层果袋套袋，可以使果面黄润，光亮美观。

（四）土肥管理

梨大棚栽培因为在促成期和避雨期间顶膜覆盖隔绝了雨水的淋刷，加剧了土壤中盐分的积聚，容易出现多种叶片黄化症状，良好的土壤管理技术是防止梨树出现黄化症状的根本措施。

在促成栽培期间，花前清理杂草并进行地膜覆盖，以减少空气湿度，有利于人工授粉和减少花腐病的发生；避雨栽培期间可实行生草制，果实发育后期全园割草作地面覆盖，以方便果实采收；果实采收后在露地栽培期间，应继续实行生草制，以降低土表温度和防止土壤返盐；10 月全园割草作地面覆盖。大棚栽培期间，严格控制草甘膦等除草剂的使用，每年使用次数不超过 1 次。

大棚栽培条件下，应增加基肥和有机肥的用量，改变冬施基肥的传统习惯，在采果后尽早施入，对恢复树势，提高树体营养贮备，改良土壤，减少土壤盐分积累都有显著作用。追肥应根据梨树营养需求规律，遵循"薄肥勤施"的原则以滴灌的形式及时补充，防止大量化学肥料的施用加剧根际盐分的积聚并造成根系的伤害，反而影响了矿质元素的吸收。叶面喷肥肥料利用率高，是大棚栽培中必不可少的施肥手段，可结合喷药进行。一般萌芽期至一次梢停梢期每 7～10d 喷肥 1 次，以后每 15d 喷肥 1 次。前期以 N 素为主，后期以 K 素为主，多补充 Ca、Mn、Zn 等微量元素，减少叶片黄化现象。

在盖膜前和卸膜后要分别充分灌水一次，除萌芽期可以维持较高空气湿度外，花期和果实发育期要注意排水降湿，降低空气湿度，减少花腐病和果实锈斑的发生。在盛夏高温季节则采用地面覆盖、灌水等来保证梨树对水分的需求。

盖膜前后灌水　　　　　　　　　湿度过高导致"蜜梨"果皮锈斑发生

低干矮化的结果群体

（五）整形修剪

梨树大棚栽培应采用低干矮化开心形树形。幼苗种植定干 40～50cm，在第 1 次长梢接近停梢时摘心并拉成弓形，通过顶端优势的转移促使原中短枝形成长枝及促发背上长枝，待第 2 批长枝接近停梢时作相同处理。落叶前 1 个月解开所有被拉枝条，让主、侧枝自然回升。第 2 年冬季修剪时保留 6～8 个长梢剪除二次梢部分做骨干枝培养，疏除交叉、重叠生长的长梢，其余部分可保留结果并培养成大型的结果枝组。

第 3 年建棚盖膜时树形已基本形成，除未达到整形要求的按前 2 年的方法作拉枝处理培养骨干枝外，其余长梢在接近停梢时摘心，周边空间大的长梢进行拉枝培养大型结果枝组，空间小的长梢留桩 20cm 左右进行短截，保留的枝桩在剪口芽重新发育成长梢外，在第 2 和第 3 芽位会发育成中、短果枝，冬季修剪时保留果枝剪除或短截二次长梢部分，从而形成健壮的结果枝群。

大棚栽培新梢生长量大，徒长枝和长果枝的比例显著增加，短果枝显著减少，且长果枝大多因枝条过长多呈水平或下垂状。因此，进入盛果期后在生长季节及时对内膛强枝进行连续摘心或剪梢，控制枝叶旺长；对衰退的大型结果枝组选留附近合适长梢适度短截重新培养，对中小型结果枝组的结果枝进行轮流的短截更新，使结果枝组保持健壮的生长势和良好的营养供应能力。对过密的树体要及时间伐，保持通风透光的结果群体。

（六）病虫害防治

受大棚小气候环境的影响，梨树的主要病害如梨锈病、黑星病、黑斑病等在大棚栽培中明显减轻，而蚜虫、螨类等害虫有加重发生的现象。盖膜后萌芽前全园喷一次波美3~5波美度石硫合剂进行清园；挂黄板和性引诱剂诱杀第一代害虫，降低虫口基数。谢花后每隔7~10d喷10%吡虫啉可湿性粉剂1 000倍液防治蚜虫，连续喷2~3次；谢花1个月后喷1~2次40%福星乳油8 000倍液加0.6%海正灭虫灵乳油2 000倍混合液防治梨黑星病、梨木虱和螨类等；采收后至落叶前喷1~2次50%多菌灵可湿性粉剂600倍液加20%哒嗪酮乳油1 000倍液。因棚内温度高，喷药时应避开中午高温时间，或适当降低浓度以防发生药害。

蚜虫诱发的烟煤病　　　　　　　　　　　　　　　叶螨危害

五、梨寄接两熟型高效栽培技术

21世纪初，浙江温岭梨农引进台湾寄接梨技术作为解决二次花大量开放引起第二年减产的技术措施，并逐渐成为沿海多台风地区梨树抗风栽培体系的一项重要技术措施。2008年起，我们发现在早熟翠冠梨上寄接晚熟蒲瓜梨可以充分利用光热资源和树体营养，实现一年两次采收，经不断完善后形成了梨寄接两熟型高效栽培技术。

（一）品种选择

栽培品种选择生长势强、成枝率高且具有优良品质性状的早熟梨品种，以翠冠为佳。寄接品种选择品质优良、经济价值高与栽培品种熟期错开的梨品种，以晚熟梨品种最佳，如蒲瓜、香、王秋、新高、爱宕、晚秀等。

（二）寄接方法

1. 接穗的采集与保存

正常落叶后即可进行接穗采集，一般都在12月结合修剪进行。接穗以生长健壮、正常落叶、无病虫害的当年生中长果枝或发育较充实的徒长性结果枝上的腋花芽为佳，外观上茸毛消失，呈褐色充实状。枝条基部直径一般不超过

0.8cm，枝条顶端花芽下方直径不小于 0.4cm。对腋花芽难以形成的品种也可选用二年生徒长性发育枝上的短枝花芽，不选择二次生长的枝条以及二年生以上的枝条。

采集的接穗先阴干至表面干燥，进行整理包扎，使基部整齐一致。选择背阴处进行露地基部埋土贮藏，埋土深度 10～15cm，四周用泥土压实。短期保存也可用塑料膜包裹置室内常温遮阳保湿贮藏。有条件的梨园接穗采收后置于 5℃冷藏库中保存，以满足其低温要求。

2. **寄接时间**

露地栽培 1 月上旬到萌芽前均可嫁接，大棚栽培以盖膜前后嫁接成花率和产量最高。过早嫁接成花率低，畸形花比例高，具体表现在萌芽迟、萌发后幼叶短小、叶色淡、花朵小、花梗短等现象；过迟嫁接花期延迟，不便于管理，影响着果率。

3. **寄接方法**

寄接方法采用切接法。接穗切面在芽体之侧向或内向，切削面长 2～3cm，切削对侧的短切面斜度以 45°～50° 为宜，短切面长约 1cm，使接穗下面呈扁锲形。接穗上方长度以超过芽体尖端即可。接穗切削后尽量立即嫁接，不能立即嫁

接穗切削

砧枝切削并插入接穗

塑料带扎绑

接的用湿毛巾覆盖并置阴凉处，以防失水，放置时间不超过 1d。

寄接砧以着生在骨干枝上的徒长枝或上年中等发育枝为宜，直径在 1cm 左右。寄接砧枝条剪留长度约 8 ~ 20cm，选择砧木皮厚光滑的一侧，用刀在断面皮层略带木质部的地方垂直切下，削切深度略短于接穗的长斜面，宽度与接穗直径相等，使切口皮层与接穗形成层对应。接穗插入砧枝后，用厚 0.4mm 宽 1cm 的塑料带捆紧切接处，塑料带以顺手势从上而下绕 3 ~ 5 圈，同时包扎接穗上端剪口，确定接穗与砧木密接并使花芽露出。

4. 寄接数量

嫁接数量根据树体大小、来年计划产量与果实品质要求等因素来合理决定，不宜过多，以免结果太多影响树势和果实大小，并增加人工费用。一般每 667m^2 保持在 600 ~ 1 000 枝。

（三）寄接母树的培养

寄接母树是寄接两熟型栽培模式的主体，不光承担着第一季果的生产任务，同时还承担着花芽寄接载体的作用，并提供第二季果生长的光合产物。因此，要加强树体结构的构建，培育足够可供寄接的寄接枝；同时培育健壮的树势，满足两季生产的营养需要。树体结构宜采用低干矮化开心形树形（详见本章第三节），枝梢培养以培育内膛生长中庸的健壮发育枝为重点，处理好母树自身结果和寄接梨结果的主次关系，维持母树正常树形和均衡生长势。

冬季修剪时对骨干枝上萌发的长梢进行短截以满足寄接需要。对衰弱的骨干枝选留附近合适长梢拉枝处理后重新培养，使骨干枝保持良好的营养供应和枝梢抽发能力。夏季修剪时及时抹除寄接砧上萌发的发育枝，对寄接花芽萌发的果台枝保留 20cm 进行连续摘心，同时疏除过密发育枝，以促进营养积累和果实发育。

寄接母树的培养　　　　　　　　　　　　　　　　　　留桩修剪培养寄接砧

（四）果园管理

加强肥水管理，增加有机肥用量，减少氮肥施用以避免寄接母树萌生过多的徒长枝。一季果采收后增施一次采果肥，促进二季果的发育。在采前 2~3d 至采后 1 个星期内施入，以速效肥为主，施肥量根据树龄大小和树势强弱而定。一般成年梨树每株施入复合肥 500g 左右，兑水淋施，避免干施，有条件的最好结合灌水用滴灌施入。二季果采收后及时施入基肥，以利于树势的恢复，增加树体的营养积累，同时提高花芽分化质量。以施腐熟有机肥为主，施肥量以生产 1kg 果实需要施入 1kg 的有机肥为准，一般成年梨树株施腐熟有机肥 50kg 加复合肥 1~2kg。施肥方法可沿树冠外围开"井"字形沟进行深施，或结合梨园土壤深翻熟化，撒施到土壤表面后进行翻耕，深度以 20~30cm 为宜。

寄接前后和一季果采收后充分灌水。果实发育期土壤湿度应保持在 60%~80%，低于 60% 时应及时灌水。并结合病虫害防治用 1 000 倍绿芬威等叶面肥进行叶片喷肥，重点补充微量元素，以维持叶片正常的营养水平，延长叶片寿命，增强叶片光合能力。

（五）花果管理

1. 疏果

盛花后 20~30d 生理落果结束后进行疏果，疏除对象包括病虫果、畸形果、外伤果和过密果等，保留纵向发育、近于长形，底部萼端凸出，果梗发达，果面光亮，发育正常的幼果。一般一季果隔 20cm 左右留 1 个，二季果每寄接花芽根据品种果实大小保留 2~4 个果实。

寄接梨坐果状　保留 2~4 个果实并套袋

2. 套袋

翠冠梨露地栽培果锈多，影响外观，可采用小林 1-KK 双层果袋套袋，能改善果实外观，提高果实综合品质和商品性。大棚栽培可采用无袋栽培。

二季果必须进行套袋以防止梨小食心虫等虫害，可采用小林 1-KK 双层果袋或外黄内黑普通双层果袋，在谢花后 30~45d 进行。套袋前要做湿口处理，并扎严袋口，防止害虫进袋危害。蒲瓜梨套袋以外黄内黑的普通双层果袋效果最佳。

（六）病虫害防治

病虫害防治要根据两季梨病虫害的发生、为害规律，合理利用农业防治、物理防治、生物防治和化学防治等多种防治措施，把病虫害的为害控制在经济允许水平以下，从而实现环境无害化和果品安全化。防治的主要病害有梨锈病、梨黑星病、梨黑斑病、梨轮纹病等，主要虫害有梨小食心虫、梨木虱、梨瘿蚊、梨二叉蚜等。

刮除主干粗皮和病瘤

性引诱剂诱杀

冬季休眠期刮除枝干上的粗皮和轮纹病瘤，用涂刷剂（石灰 2kg、硫黄粉 1kg、食盐 0.1kg、水 5～6kg）涂刷主干和被刮除部位；清除地面落叶落果和病虫枝，清除杂草，并集中处理深埋或烧毁；用 3～5 波美度石硫合剂喷淋树体与地面。

谢花后用 20% 三唑酮可湿性粉剂 1 000 倍液（或 75% 百菌清可湿性粉剂 800 倍液）加 25% 吡虫啉可湿性粉剂 2 000 倍液（或 10% 蚜虫净可湿性粉剂 2 000 倍液）防治梨锈病、梨二叉蚜、梨木虱等。一季果果实发育期用 5% 来福灵乳油 2 000 倍液（或 1.8% 阿维菌素乳油 4 000 倍液）加 80% 大生 M-45 可湿性粉剂 800 倍液（或 70% 甲基托布津可湿性粉剂 800 倍液）防治梨木虱、螨类、斜纹夜蛾、梨轮纹病、黑斑病等；用性引诱剂诱杀梨小食心虫成虫。一季果采收前 15d 停止用药。二季果采收后用 20% 哒螨灵可湿性粉剂 1 500 倍液（或 1.8% 阿维菌素乳油 5 000 倍液）加 50% 多菌灵可湿性粉剂 800 倍液防治螨类、刺蛾类、轮纹病、黑斑病等。

感谢

浙江省温岭市科学技术局、温岭市农业林业局和国家现代农业（梨）产业技术体系为本书涉及的项目研究提供资金资助。

感谢温岭市农业林业局黄雪燕农艺师、陈伟立农艺师、陈丹霞农艺师、蔡美艳农艺师等，浙江大学硕士研究生陈露露、杨倩倩、吴瑞媛等，南京农业大学硕士研究生郭磊等，上海市农业科学院林木果树研究所骆军研究员、王晓庆研究实习员等，浙江省柑橘研究所林媚高级实验师、冯先桔助理研究员等在本项目研究中付出的智慧和辛劳。

感谢温岭市明圣高橙研究所、温岭市滨海早熟梨专业合作社、温岭市天盛生态农业有限公司、台州罗氏果业有限公司和上海仓桥水晶梨发展有限公司在本项目技术成果示范推广上作出的贡献，同时感谢浙江省农业厅、浙江省财政厅、浙江省科技厅和温岭市财政局为本项目技术成果示范推广提供资金资助。